研究生教材

# 电力系统仿真技术


主　编　李亚楼

副主编　黄彦浩

编　写　王艺璇　叶小晖　朱艺颖

张　星　孟江雯　吴国旸

赵　敏　董毅峰　詹荣荣

主　审　汤　涌



中国电力出版社

CHINA ELECTRIC POWER PRESS

## 内 容 提 要

本书介绍了机电暂态潮流、暂态稳定、短路电流分析的原理和过程、涉及的元件模型，以及 PSASP 电力系统分析综合程序和 PSD 电力系统分析软件工具的使用方法；电磁－机电暂态过程混合仿真的基本原理，国内常用的 ADPSS 和 PSD-PSModel 混合仿真软件；电力系统数模混合仿真技术和电力系统动态模拟（物理模拟）的基本原理。为了便于学习，本书提供了 PSASP、PSD、ADPSS，以及 PSD-PSModel 的上机案例和指导。

本书适用于电力系统及其自动化专业的本科生和研究生教学，也可供相关领域工程技术人员自学。

**图书在版编目（CIP）数据**

电力系统仿真技术 / 李亚楼主编 . 一北京：中国电力出版社，2021.10（2024.11 重印）
研究生教材
ISBN 978-7-5198-5749-3

Ⅰ . ①电…　Ⅱ . ①李…　Ⅲ . ①电力系统－系统仿真－研究生－教材　Ⅳ . ① TM7

中国版本图书馆 CIP 数据核字（2021）第 125954 号

---

出版发行：中国电力出版社
地　　址：北京市东城区北京站西街 19 号（邮政编码 100005）
网　　址：http://www.cepp.sgcc.com.cn
责任编辑：牛梦洁
责任校对：黄蓓　于维
装帧设计：赵丽媛
责任印制：吴　迪

---

印　　刷：固安县铭成印刷有限公司
版　　次：2021 年 10 月第一版
印　　次：2024 年 11 月北京第四次印刷
开　　本：787 毫米 ×1092 毫米　16 开本
印　　张：10.5
字　　数：250 千字
定　　价：30.00 元

---

# 本书编委会


**主　　编**　李亚楼

**副 主 编**　黄彦浩

**编　　委**　（按姓氏笔画排序）

王艺璇　叶小晖　朱艺颖　张　星　孟江雯

吴国旸　赵　敏　董毅峰　詹荣荣

# 前 言

电力系统仿真技术是电力系统研究的重要支撑，是电气工程专业研究生需要掌握的必要知识。本书基于中国电力科学研究院在电力系统仿真方面多年的研究与实践积累，采用理论与应用相结合、突出应用的方式介绍相关内容。通过本书的学习，学生可以了解电力系统计算机仿真的类别、掌握仿真模型的基本建立方法、了解电力系统分析算法的实现方式、了解不同类型的电力系统仿真方法所适用的问题、熟悉电力系统工程计算的要点，熟悉 PSASP、PSD、ADPSS、PSD-PSModel 等电力系统仿真分析软件的基本使用方法和数模混合仿真、动态模拟仿真实验室的主要功能，并能够使用其解决基本的潮流计算、短路电流计算和暂态稳定仿真分析问题。

本书共分九章，第一章介绍了电力系统仿真的概况；第二章电力系统暂态稳定常规计算，介绍了潮流、暂态稳定、短路电流分析的原理和过程，以及涉及的元件模型；第三章 PSASP 电力系统分析综合程序的使用和第四章 PSD 电力系统分析软件工具的使用，介绍了国内最常用的两个机电暂态电力系统分析软件；第五章针对 PSASP 和 PSD 的使用设置了上机实习；第六章电力系统电磁-机电暂态过程混合仿真的基本原理，介绍了电磁暂态仿真、电磁-机电混合仿真技术，以及国内常用的 ADPSS 和 PSD-PSModel 混合仿真软件；第七章针对 ADPSS 和 PSD-PSModel 的使用设置了上机实习；第八章电力系统数模混合仿真技术，介绍了电力系统数模混合仿真的概念，以及数模混合仿真的接口、应用、平台、实验室等情况；第九章电力系统动态模拟的基本原理，介绍了动态模拟的相关情况，以及实验室构成和实验实例。

参加本书编写的有李亚楼（第一章），赵敏（第二章、第五章第一节），黄彦浩（第三章），吴国旸、董毅峰（第四章、第五章第二节），张星、王艺璇、叶小晖（第六章、第七章），朱艺颖（第八章），詹荣荣、孟江雯（第九章）。

本书由中国电力科学院电网安全与节能国家重点实验室主任汤涌主审，在此特别感谢主审人对本书的大力支持和卓越贡献。

编者

2021 年 6 月

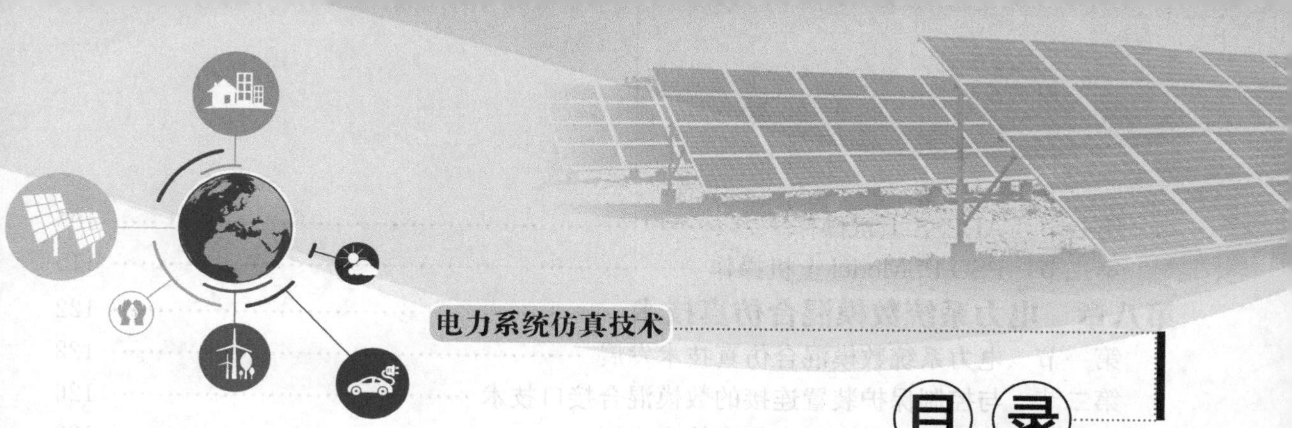



# 目录

# 第一章 概 述

## 第一节 电力系统仿真的介绍

电力系统是由发电、输电、配电和用电四部分组成的大型复杂人造系统。为了保证电力系统运行时的安全性和稳定性，在规划设计及运行控制时，必须准确把握其系统稳态及动态特性。由于安全性、经济性、可行性等原因，在实际电力系统上做实验研究，非常困难，甚至往往是不可行的。因此，基于相似原理构建模型对实际或设想电力系统开展实验研究，即电力系统仿真，成为分析系统特性的有效途径。

### 一、发展过程

最初，人们基于相似理论设计物理模型，通过在物理模型上做试验来研究实际电力系统，这就是电力系统动态模拟。它把实际电力系统中的各个部分，如同步发电机、变压器、输电线路、负荷、电容器、电抗器等按照相似条件缩小设计与制造比例，配置与实际系统一致的二次保护和监控系统，将这些部件相互连接组成一个电力系统模型，用这种模型替代实际电力系统进行各种系统控制和故障状态的试验和研究，以及保护控制系统的测试。

随着电力系统的发展，系统的规模和复杂程度不断增大，受到场地和实验室设备的限制，采用物理模型的动态模拟无法完全满足大系统实验研究的需要。随着计算机和数值计算技术的快速发展，数字计算机性价比不断提升，出现了用数字模型代替物理模型的新型仿真系统。其中，使用数字模型代替部分物理模型，其余部分仍采用物理模型的仿真称为数模混合仿真；完全使用数字模型代替物理模型的仿真称为数字仿真。数字仿真通过建立电力系统各原件的数学模型，并根据物理系统的连接关系组成全系统数学模型，在数字计算机上采用数值计算方法模拟电力系统运行特性，进而进行各种系统控制和故障状态的试验和研究。数字仿真受被研究系统规模和复杂性影响较小，使用灵活、扩展方便、成本较低，在电力系统试验研究中得到广泛应用。

### 二、类型

根据仿真目标、模型和实现手段的不同特征，电力系统仿真分为不同类型。

根据仿真目标，电力系统仿真可以划分为分析研究的系统仿真、培训运行人员的培训仿真、测试电网设备的试验仿真等。还可以根据具体目的进一步细分，系统仿真可以细分为规划仿真、运行仿真、输电网仿真、配电网仿真等，培训仿真可以细分为调度培训仿真、变电站培训仿真、直流换流站培训仿真、火电厂培训仿真、水电厂培训仿真、核电厂培训仿真等，试验仿真可以细分为继电保护试验仿真、安稳装置试验仿真、智能变电站试验仿真等。

根据仿真模型的不同，电力系统仿真可以分为采用物理模型的动态模拟、采用数字模型的数字仿真和部分采用物理模型、部分采用数字模型的数模混合仿真；根据仿真数据来源不同，电力系统仿真可以分为在线仿真和离线仿真；根据仿真系统与物理系统之间时间尺度的关系可以将电力系统仿真分为实时仿真和非实时仿真。如果仿真系统与物理系统之间的时间比例系数为1，即仿真系统与物理系统的动态过程按照相同速度同步运行，则这种仿真称为实时仿真，否则为非实时仿真。

根据实现手段还可以将数字仿真系统分为时域仿真、频域仿真等。根据仿真步长时域仿真可细分为毫秒级的机电暂态仿真、几十微秒级的电磁暂态仿真和几微秒级的小步长电磁暂态仿真，频域仿真也可以根据仿真方法进一步细分。

根据所研究的原型系统特性，电力系统仿真可以分为静态仿真、故障仿真和动态仿真。静态仿真可以根据研究方法进一步细分为静态潮流、静态优化潮流和静态稳定仿真；故障仿真可以根据故障类型细分为对称故障仿真和不对称故障仿真；动态仿真可以根据动态过程持续的时间细分为电磁暂态仿真、机电暂态仿真和中长期动态仿真。动态过程具有持续时间和影响范围的局部性，为了扩大仿真规模和提高仿真效率，人们研究了部分电网采用电磁暂态、其他部分使用机电暂态的仿真方法，以及部分仿真时步采用电磁暂态、其他时步采用机电暂态的仿真方法，这种仿真称为电磁-机电混合仿真；如果进一步考虑与中长期动态过程的混合仿真，则称这种仿真为电磁-机电-中长期（分为毫秒、秒、分钟级过程）混合仿真。

## 三、用途

由于具有的极好实用性和经济性，仿真在电力系统研究、试验、培训等多个领域得到广泛应用，主要包括：电力系统规划设计方案的验证，电力系统运行特性分析、稳定水平评估、安全风险评价、辅助决策、稳定控制，电力设备试验检测，系统运行人员培训等。

1. 研究用电力系统仿真

对运行或规划的电力系统进行精确建模和仿真，可以展现电力系统在各种正常和异常运行状态下的动态行为，详细分析研究系统的机理、特性和稳定性，分析系统在故障发生期间、故障后的响应特性，评估系统安全性，发现薄弱环节，并提出提高系统安全水平的措施。

对比系统仿真与物理过程结果，可以用于验证理论研究的正确性，以及仿真所建立模型的准确性。通过仿真与实践结果的反复对比，人们对电力系统的特性认识逐渐深入，所建立的仿真模型精确度得以不断提高。

2. 设计与试验用电力系统仿真

在新设备设计过程中，广泛使用仿真手段模拟半成品和成品设备在电力系统中的运行情况，以确定设备结构和参数，检测设备性能，制定改进方案。越是复杂的设备设计，采用系统仿真的方式越有价值，相对较小的系统仿真投入会产生明显的效益。新设备投运电网前，需要借助于仿真系统模拟其投运后运行情况，检测其功能和性能是否达到投运要求，降低因产品不合格对电力系统运行带来的风险。

由于要与试验设备在时间上同步运行，这类电力系统仿真必须是实时仿真系统，如数字实时仿真或者动态模拟系统。

3. 培训用电力系统仿真

为了提高电力系统调度中心、变电站、电厂等运行监控水平、运维人员的管理水平，降低人员操作不当引起的系统破坏及减少人身伤害，需要一种能够模拟电力系统工作状况及环境的系统，操作人员可以在上岗前后周期性地在这个系统上进行培训，这就是培训用电力系统仿真。

培训用仿真以提高运行、操作人员技术水平为目的，要求培训环境尽可能逼真，与实际操作环境尽可能相同，使得学员有身临其境之感，培养学员对系统变化的反应能力和判断力。与用于电力系统运行和规划的仿真相比，培训用电力系统仿真对于数学模型准确度和动态过程算法精确度要求不高。

## 第二节 大电网仿真技术现状及发展趋势

电力系统仿真是认识电网特性、分析系统稳定性的主要手段。大规模交直流混联带来电网特性的深刻变化，交直流相互作用、送受端相互影响加剧，对电力系统仿真的规模、准确度和速度提出更高要求。

要实现准确度高的仿真，准确建模是第一步。目前建模的难点是复杂电力电子设备的建模。电力电子技术得到很多应用，如常规高压直流输电，大规模新能源发电，SVC、TCSC、STATCOM 等灵活交流输电（FACTS）装置，柔性直流输电和电气化铁路等。建立这些设备对应的准确模型，并确定它们的参数，是大电网准确仿真的基础。

仅具有准确建模和大规模仿真的能力还不够，还必须大幅度提高仿真分析速度，并形成高效的仿真工具，才能真正服务于生产实际，实现多运行方式、海量预想故障的快速批量仿真分析。

本节从电力系统仿真建模、多时间尺度仿真、实时仿真三个方面梳理了目前仿真技术现状，针对交直流混联大电网发展需求，分析了这些仿真技术所面临的挑战。

### 一、仿真建模技术

建模是仿真分析的基础，模型的精确度决定了仿真准确度。根据不同需求，可以对同一设备建立适应于不同应用场景的仿真模型。比如发电机的稳态模型只包含功率和电压的有源节点，进行机电暂态分析就需要建立包含发电机本体及励磁、调速、电力系统稳定器（PSS）的微分方程模型，而且是不同精确度的多种模型；做中长期仿真时还要补充锅炉、蒸汽机等慢速动作模型。一般来说，采用更加精确的模型，会有更准确的仿真结果，但是也会增加参数的获取难度。比如发电机的高阶派克（Park）方程早在 20 世纪 60 年代就已经建立，但是由于缺少准确的暂态参数，仍然长期采用三阶以下的实用或经典模型，直到 2000 年以后，随着发电机及其控制器参数实测的开展，五阶准确模型才逐渐得到应用。

传统电力系统建模研究的重点是“四大模型”，即发电机、励磁、调速器、负荷。随着特高压交直流、柔性直流、新能源发电等工程在电力系统中的大量接入，电力系统的规模不断扩大，复杂性持续提升。目前的研究重点和难点主要是含大量电力电子器件的直流、新能源及柔性交流输电系统（FACTS）设备建模，以及负荷、新能源发电集群等系统整体特性等值建模。

（1）超、特高压直流输电设备建模。直流机电暂态仿真广泛使用的是准稳态模型，早期直流模型基于葛南直流（PSASP）和美国西部电网太平洋联络线（PSD-BPA）建立，已逐渐不适应于新近交直流电网仿真的需要。

2008 年起，国家电网公司科技部连续立项，在国调中心的持续支持下，中国电力科学研究院（中国电科院）开展超、特高压直流输电机电暂态建模研究，提出了新的直流模型，解决了换相失败、工程控制保护模型、参数实测方法等一系列技术问题，新直流模型已应用于国调中心系统方式计算，基本满足了现阶段系统运行需求。

电磁暂态仿真对直流一次系统广泛采用基础元件搭建的方式实现，对一次系统仿真的准确度依赖于软件采用的电磁暂态基础算法和基础元件建模的精细程度。电磁暂态对二次系统的仿真有多种实现方法，包括经典模型、针对不同厂家的简化适用模型、厂家封装模型、厂家开放详细模型、用户自定义实现的详细模型、与 Hidraw 程序接口实现的详细模型等。

电磁暂态直流模型在直流控制保护策略及其参数优化、直流输电暂态过程等研究中获得了广泛的应用。

直流机电暂态模型在换相失败、不对称故障、波形畸变、涌流等非基波因素的交直流系统特性仿真中具有局限性。厂家提供的电磁暂态直流详细模型，一般基于 EMTDC 软件，难以计及大电网的特性，且厂家模型规模庞大，有的还是封装模型，难以维护和调试。采用用户自定义或 Hidraw 程序接口实现的直流输电详细建模，还存在规模庞大、建模复杂、仿真效率低以及不适应于多回直流同时仿真的问题。

针对不同厂家的简化适用模型，根据应用场景的需要对直流控制保护进行简化后建模，能够一定程度兼顾仿真速度和仿真准确度，但是如何平衡仿真准确度和速度有很大难度。

(2) 新能源及 FACTS 设备建模。国内常用的机电暂态电力系统分析程序（如 PSASP、PSD-BPA）中已有各种新能源、FACTS 元件模型，如风力发电机、光伏电站、可控串联补偿装置（可控串补）、静止无功补偿器、静止同步补偿器、可控高压电抗器（高抗）等。

与特高压直流输电的建模类似，新能源和 FACTS 设备的建模存在生产厂家众多、设备特性各不相同、厂家技术封锁等建模难题，目前的模型难以和实际设备的动态特性保持一致，新能源发电集群的整体特性建模与电网仿真需求仍有差距。

(3) 各类负荷设备建模。电力系统仿真分析中常见的负荷模型包括静态负荷、动态负荷以及综合特性负荷。此外，针对电气化铁路、电解铝等特殊负荷也可以建立详细的电磁暂态模型，用于研究电能质量等问题。

负荷建模工作已经有较多的研究成果，结合大扰动实验等现场实测工作，提出了考虑配电网特性的综合负荷模型及其参数计算方法，提高了负荷模型精确度，将负荷建模工作向前推进了一大步。

负荷建模是电力系统仿真中的传统难题。电力系统负荷复杂多变，对系统稳定性有重要影响，但目前负荷模型存在负荷特征难以识别、负荷模型参数适应性不强等问题。

## 二、多时间尺度仿真技术

按照我国《电力系统安全稳定导则》（GB 38755—2019）的要求，我们需要对电网做全面的稳定分析计算，以了解电网特性，提出有针对性的提高电网安全稳定水平措施。全面稳定分析计算主要包括静态安全分析和动态安全分析，其中动态安全分析是关注的重点，可以细分为功角稳定、电压稳定、频率稳定和中长期稳定性。功角稳定和电压稳定还可以按照大扰动和小扰动细分。

进行安全稳定分析的仿真方法包括时域仿真方法、频域仿真方法、线性化特征根分析等，其中时域仿真分析法应用最为广泛。

电力系统时域仿真包括机电暂态、电磁暂态、电磁-机电暂态混合、中长期过程等技术，构成了多时间尺度的时域仿真体系。在实现形式上有实时仿真系统、平台级软件和单机软件，其中单机软件我们最为熟悉，包括电磁暂态程序（EMTP）、交直流电磁暂态程序（EMTDC）、电力系统研究所（PSD）系列软件、电力系统分析综合程序（PSASP）、电力系统仿真软件（PSS/E）、电网暂态仿真软件（NETMAC）等。目前时域仿真中常用工具如图 1-1 所示。

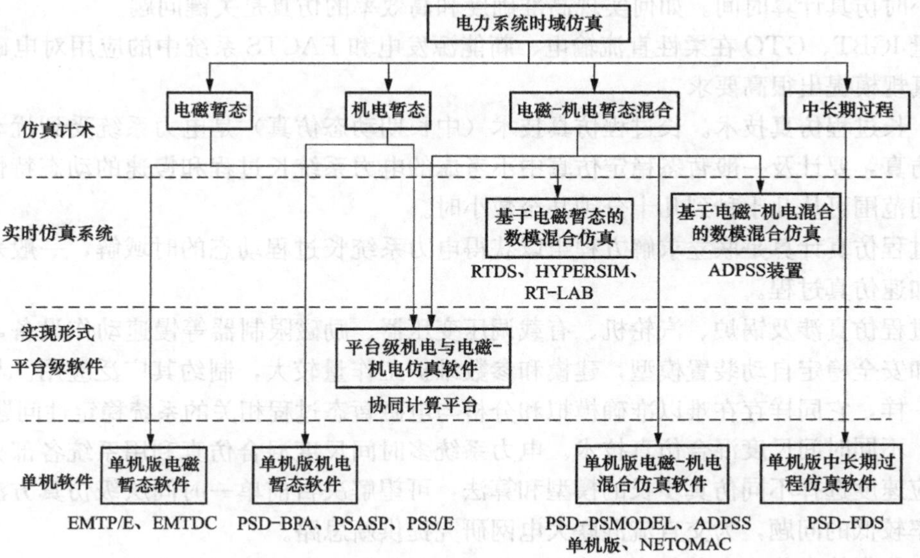


图 1-1　时域仿真中常用工具

（1）机电暂态仿真技术。机电暂态仿真主要研究电力系统受到大扰动后的暂态稳定和受到小扰动后的静态稳定性能。

机电暂态仿真算法成熟，仿真规模大，速度快，目前可实现数万节点规模电网的快速仿真，在大型电力系统的稳定性研究、交直流混联大电网规划和运行分析中得到广泛应用。

机电暂态仿真对直流等电力电子设备在换相失败、不对称故障的特性以及波形畸变、涌流等非基波因素的交直流系统特性仿真具有局限性，不能适应交直流相互影响的仿真要求。

（2）电磁暂态仿真技术。电磁暂态仿真是用数值计算方法对电力系统中从数微秒至数毫秒之间的电磁暂态过程进行仿真模拟，可准确仿真直流等电力电子设备换相失败、不对称故障、谐波等条件下的动态特性，可与实际控制保护装置连接实现实时仿真。

电磁暂态仿真主要用于研究局部电网或设备的详细暂态过程，如直流控制保护的定值分析、过电压研究等。（它是否可以用于大电网安全稳定性研究或者可用于多大规模电网研究存在争议。一种思路认为可以将目前已经搭建了上千节点的电磁暂态网络用于电网安全稳定研究；另一种思路认为可能存在数值稳定问题，仿真规模到一定程度就无法正常计算。）

电磁暂态仿真算法基本成熟，但是随着大量直流和其他电力电子设备接入，对仿真速度、仿真规模和数值稳定性提出更高要求。

电磁暂态仿真模型复杂、参数多，建模与参数维护工作量大。受模型与算法限制，仿真规模一般较小，模拟多回直流时，计算速度慢，不能适应交直流大电网的仿真要求。

（3）电磁暂态小步长仿真技术。值得关注的是，在电磁暂态仿真领域，相比较典型的

$50\mu s$ 仿真步长，还存在更小仿真步长的需求。

对 IGBT、GTO 等电力电子器件暂态特性进行建模和仿真时，由于开关动作频率很高，需要采用更小的仿真步长，如 $1\sim5\mu s$，这种仿真称为电磁暂态小步长仿真。

直接采用传统电磁暂态仿真算法进行小步长仿真的效率非常低，几秒钟的暂态过程可能需要数小时仿真计算时间。如何实现高准确度和高效率的仿真是关键问题。

大量 IGBT、GTO 在柔性直流输电、新能源发电和 FACTS 系统中的应用对电磁暂态小步长仿真规模提出很高要求。

（4）长过程仿真技术。长过程仿真技术（中长期动态仿真）是电力系统受到扰动后较长过程的仿真，要计及一般暂态稳定仿真中不考虑的电力系统长过程和慢速的动态特性，其计算的时间范围可从几十秒到几十分钟甚至数小时。

长过程仿真计算是联立求解方程组以获得电力系统长过程动态的时域解，一般采用变步长技术加速仿真过程。

长过程仿真涉及锅炉、汽轮机、有载调压变压器、励磁限制器等慢速动作设备，以及大量保护和安全稳定自动装置模型，建模和参数维护工作量较大，制约其广泛应用。与机电暂态仿真一样，它同样存在难以准确模拟和分析与电磁暂态过程相关的系统稳定性问题。

（5）不同时间尺度混合仿真技术。电力系统多时间尺度混合仿真利用系统各部分不同的动态响应速度选择不同仿真步长的模型和算法，可望解决目前单一时间层级仿真方法不够精确或效率较低的问题，为交直流混联大电网研究提供新思路。

混合仿真技术作为一种仿真准确度和仿真效率的折中方法，无法根本上解决大规模电网全部小步长精细仿真的问题。如何合理选择不同步长仿真对象、接口位置，以及如何进行接口方法的优化，以进一步提高仿真准确度，是混合仿真技术研究的重点。

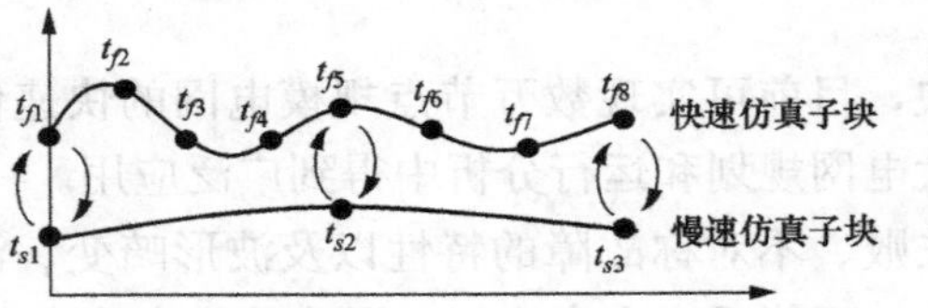


图 1-2　并行混合仿真示意图

为提高计算效率，可采用并行计算方式进行不同时间尺度的混合仿真。如图 1-2 所示，快速仿真子模块和慢速仿真子模块并行计算，在大步长处进行接口数据交换。

多时间尺度混合仿真技术的一个典型应用是电磁-机电暂态混合仿真技术。结合机电暂态与电磁暂态仿真的优点，规模与机电暂态相当，对直流等重点关注的电力电子设备采用电磁暂态模型进行精确仿真。图 1-3 所示是电磁-机电仿真的接口示意图，两侧步长相差数百倍，通过接口交换信息实现混合仿真。

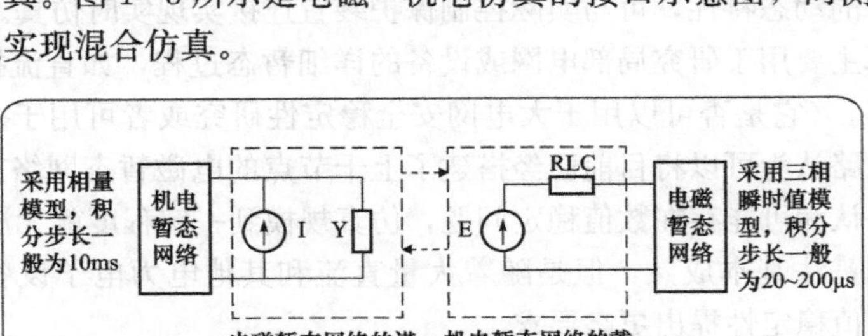


图 1-3　电磁-机电仿真的接口示意图

国家电网公司国调中心于2010年开始应用电磁-机电暂态混合仿真程序（ADPSS、PSD-PSModel），将特高压直流电磁暂态仿真引入系统稳定计算，采用以机电暂态仿真为主、电磁-机电混合仿真为辅的方法，互相校验，共同确定稳定控制极限，基本满足了近期制定电网运行方式及控制策略的需求。

目前电磁-机电混合仿真接口不能完全反映包含高次谐波在内的电网电磁暂态特性，还未彻底解决大电网电磁仿真问题。

### 三、实时仿真技术

电力系统实时仿真技术经历了20世纪50、60年代的动态物理模拟，以小型模拟设备代替原始大型设备进行模拟；到20世纪80、90年代的数模混合仿真，部分设备用物理模拟设备，其他大部分设备使用数字模型；20世纪90年代后期出现了全数字实时仿真技术。前两者受硬件限制，仿真规模小、试验工作量大、效率低，但是可以模拟认知困难、数学模型难以建立的设备；后者不受硬件限制，仿真规模大，使用方便，但是依赖于精确的数学模型和实时仿真算法。

全数字实时仿真技术占地面积小、建设周期短、可扩展性好、重复试验方便，是实时仿真的主要发展方向之一。目前数字实时仿真的硬件平台包括嵌入式板卡（RTDS）和高性能服务器（RT-LAB、Hypersim、ADPSS等）。国际上主流的数字实时仿真系统见表1-1。

**表1-1　数字实时仿真系统**

| 系统 | 国别 | 软硬件平台 | 建模 | 应用 |
|---|---|---|---|---|
| RTDS（实时数字仿真系统） | 加拿大 | PowerPC处理器、FPGA Vxworks操作系统 | 类EMTP模型库 | 电力系统、电力电子等 |
| Hypersim | 加拿大 | 多核处理器、FPGA Linux操作系统 | 类EMTP模型库 | 电力系统、电力电子等 |
| RT-LAB | 加拿大 | 多核处理器、FPGA QNX/Linux操作系统 | Matlab/Simulink | 电力系统、电力电子等 |
| ARENE | 法国 | 多核处理器 Unix操作系统 | 类EMTP模型库 | 电力系统 |
| dSPACE | 德国 | 多核处理器 | Matlab/Simulink | 汽车、航天等 |
| DDRTS | 中国 | 多核处理器 Windows操作系统 | 类EMTP模型库 | 电力系统 |
| ADPSS（电力系统全数字仿真装置） | 中国 | 多核处理器、FPGA Linux操作系统 | 类EMTP模型库、机电暂态模型库 | 电力系统、电力电子等 |

（1）RTDS是目前世界上技术最成熟、应用最广泛的数字实时仿真系统，它的硬件结构和软件特点比较具有代表性。RTDS的基本单元称作RACK，一套RTDS装置可包括几个或几十个RACK，RACK的数量决定系统的规模。

（2）Hypersim是加拿大魁北克水电局开发的一种基于并行计算技术、采用模块化设计、面向对象编程的电力系统全数字实时仿真软件，目前具有 Unix、Linux、Windows 3 种版本。Hypersim 具有电磁仿真准确、并行计算能力强大以及离线仿真灵活等特点。Hypersim 可以实现自动分网，自动计算所需 CPU 数目或仿真的最小步长。当 CPU 数目有限时，可以自动增大仿真步长。

(3) 电力系统全数字实时仿真装置（Advanced Digital Power System Simulator, ADPSS），是由中国电科院研发的基于高性能服务器机群的全数字仿真系统，具备电磁 - 机电混合仿真能力，最大规模为 3000 台机、30000 个电气节点。

数字实时仿真的核心技术包括：①并行计算技术。并行处理器间通信、数据交互和并行算法。②数模接口技术。电气量/通信等接口，灵活连接各种试验设备。

(1) 并行计算技术。数字仿真中的并行算法包括电磁 - 机电暂态混合仿真、机电暂态分网并行、电磁暂态分网并行等。机电侧的网络分割一般基于节点撕裂法和支路切割法；电磁侧的网络分割一般基于节点分裂法和长输电线解耦法。其中长输电线解耦法通信量小、并行效率高，在 RTDS、RT - LAB、Hypersim 及 ADPSS 等实时仿真系统中得到广泛采用。

(2) 数模接口技术。

1) CHIL 技术被广泛应用于电力系统各类控制保护装置的闭环试验和入网测试，包含继电保护、励磁调节器、FACTS 控制器、常规直流和柔性直流输电控制系统、安稳控制装置等。CHIL 技术已相对成熟，其未来发展主要面临以下挑战：

a. 接口规模限制。以开展直流控制保护系统闭环试验为例，一回特高压直流控制保护（简称控保）与数字仿真系统交互的模拟量/开关量超过 500 路，交互周期为 50$\mu$s。未来，若接入数十回直流控保进行闭环试验，则可能受到接口数据通信速度、处理器数量及任务分配机制的瓶颈限制。

b. 仿真规模限制。在开展安稳控制装置、FACTS 控制器和直流输电控制系统闭环试验时，需要准确模拟大电网的运行特性，但电网仿真规模直接取决于并行计算的处理器数量。受多处理器之间的通信瓶颈、并行同步性及稳定性的限制，参与并行计算的处理器数量存在上限。

2) PHIL 技术可接入电力系统一次设备进行闭环试验，主要用于直接接入不易建模的复杂设备进行数模混合仿真，如美国动力推进系统燃烧和声学（CAPS）实验室用于军用船舶推进高温超导电机的原型测试、中国电科院用于直流输电系统的试验研究等。

PHIL 技术需要用到功率接口设备，一般可选择模拟功率放大器或四象限电力电子换流器。放大器输出延迟小，但最大输出功率也较小；换流器输出功率大，但输出延迟为毫秒级，接口算法不易设计。受限于功率接口设备和仿真接口算法，目前 PHIL 的应用尚不广泛。

## 四、电力系统仿真发展趋势

通过针对不同应用场景选择合适的仿真工具，现有仿真手段能基本满足电网当前阶段的仿真和试验需要。但对于规模不断扩大、复杂度日益提高的交直流混联大电网研究，仍需要进一步提高仿真准确度和仿真效率，主要包括：

(1) 提高计算精确度。受限于直流、新能源、FACTS 和负荷等复杂模型的建模精确度，现有仿真工具尚无法精确模拟交直流系统电磁 - 机电真实交互过程。未来，随着大量大容量远距离直流工程投入、大规模新能源基地接入，需要进一步提高目前仿真工具的计算精确度。

(2) 扩大计算规模。随着大区电网之间联系越来越紧密，送受端电网有明显的相互影响，开展大电网分析时需要同时对多个大区进行整体建模，需要进一步扩大机电暂态仿真规模。同时，为满足大量直流及其近区电网的电磁暂态建模，电磁暂态仿真规模也需要不断拓展。

(3) 提高计算效率。随着未来特高压交直流工程快速建设，机电和电磁暂态仿真规模将不断扩大，使得整体计算效率急剧下降。在方式集中计算时，通常需要对上百个潮流组合及上万个故障进行百万次故障扫描，必须进一步提高仿真速度。

总之，应进一步深入研究特高压交直流混联大电网仿真技术，充分吸收各学科前沿技术，研发新算法、新硬件、新工具、新手段，以满足电网快速发展对仿真技术的需求。

# 第二章　电力系统暂态稳定常规计算

## 第一节　电力系统暂态稳定分析过程

随着经济发展，用电需求逐年增加，每年电网都有很多基建项目，电网结构可能发生或大或小的变化，这可能深刻影响电力系统运行特性。

电网调度运行机构需要根据电网变化情况录入新建设备参数，来维护日常的电网仿真分析参数，在此基础上，开展电网的运行方式等计算工作。如，每年国家电网公司国调中心通常要召集国网各省电网公司相关计算人员进行电网运行方式的联合计算工作，所关注的输电断面的送电能力是电网运行方式计算的一个重要工作，通常由运行方式人员安排几个典型方式，调出合理的潮流分布，然后对这几个典型运行方式进行各种校验。电网运行方式计算，涉及各种电力系统计算分析，比如潮流、暂态稳定、短路电流、小干扰分析等。在各种计算中，一般暂态稳定计算的内容最多，涉及面也最广：如 N-1、N-2 故障校核，直流故障，以及扰动引发的风机脱网等各种问题对送电能力影响的计算，送端安全稳定控制（简称安控）策略计算、联网通道安控策略计算，直流再启动逻辑和换相失败加速段计算，特高压直流同时换相失败安控策略计算等，这些都主要通过电力系统仿真软件的暂态稳定模块来计算完成。

目前，在国内，电网运行方式计算的软件主要有中国电科院的电力系统分析综合程序（PSASP）和 PSD 电力系统分析软件工具。以 PSASP 为例，暂态稳定分析过程如图 2-1 所示。首先是数据的准备工作，这个通常由电网公司调度运行部门各自维护本电网内的数据，

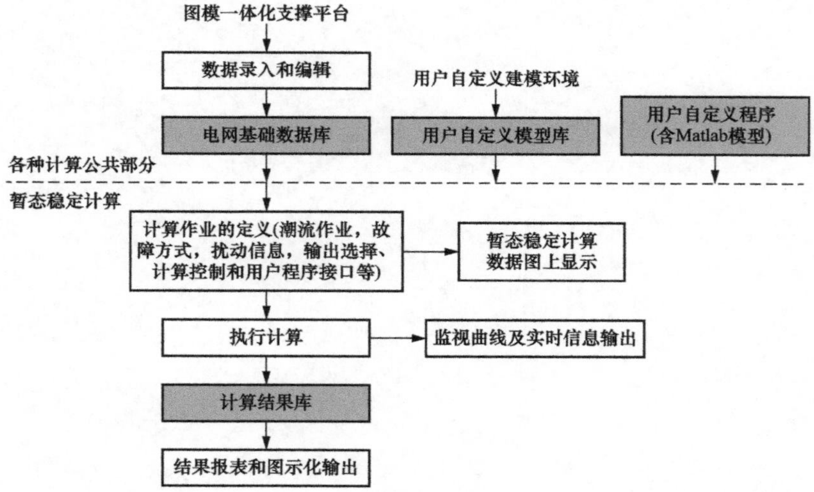


图 2-1　PSASP 暂态稳定分析过程

包括电网的网架结构数据、各动态元件的模型参数；数据准备完毕，进行数据的整合，由计算人员根据计算大纲要求调出若干个典型的潮流；选择不同的潮流，进行故障、稳控策略的设置，选择输出变量，输出仿真过程中的变化曲线，这里的故障、稳控策略的设置组合极为丰富，可用于描述各种典型扰动对电网运行特性的影响；执行计算后，输出结果曲线并对曲线进行分析，完成计算报告的编写。

## 第二节　潮　流　计　算

潮流计算是根据给定的电网结构、参数和发电机、负荷等元件的运行条件，确定电力系统各部分稳态运行状态参数的计算。通常给定的运行条件有系统中各电源和负荷点的功率、电源机端电压、平衡点的电压和相位角等。待求的运行状态参量包括电网各母线的电压幅值和相角，以及各支路的功率分布、网络的功率损耗等。

对运行中的电力系统，通过潮流计算可以分析负荷变化、网络结构改变等各种情况会不会危及系统的安全，系统中所有母线的电压是否在允许的范围以内，系统中各种元件（线路、变压器等）是否会出现过负荷，以及可能出现过负荷时应事先采取哪些预防措施等；对规划中的电力系统，通过潮流计算可以检验所提出的电力系统规划方案（如新建变电站、线路改造、电磁环网解环等）能否满足稳态运行的基本要求。

潮流计算是电力系统分析最基本的计算，通过潮流计算可以确定系统的稳态运行方式，是其他系统分析计算的基础。在 PSASP 中，潮流计算是网损计算、静态安全分析、暂态稳定计算、小干扰稳定计算、短路电流计算、静态和动态等值计算的基础。

潮流计算在数学上可归结为求解非线性方程组，其数学模型简写为一非线性方程组，即

$$F(X)=0$$

其中：节点平衡方程式为

$$F=(f_1,f_2,\cdots\cdots,f_n)^{\mathrm{T}}$$

待求的各节点电压向量为

$$X=(x_1,x_2,\cdots\cdots,x_n)^{\mathrm{T}}$$

牛顿-拉夫逊法是解非线性方程式的有效方法。这个方法把非线性方程式的求解过程变成反复对相应的线性方程式的求解过程，通常称为逐次线性化过程，这是牛顿-拉夫逊法的核心。

由此决定潮流计算有以下特点：

(1) 迭代算法及其收敛性。对于非线性方程组问题，各种求解方法都离不开迭代，迭代存在收敛问题。

(2) 解的多值性和存在性。对于非线性方程组的求解，从数学的观点来看，应该有多组解。如果设定的初值合理，一般都能收敛到合理解。但也有收敛到不合理解（成片区域的母线电压过低或过高）的特殊情况。这些解是数学解（因为它们满足节点平衡方程式）而不是实际解。需改变迭代初值或计算方法后再重新计算。

如果所给的运行条件无实数解，则认为该潮流计算问题无解。当迭代不收敛时，可能有两种情况：一种是解（指实数解）不存在，此时需检查数据，进行必要的调整；另一种是计算方法不收敛。

潮流计算是否收敛，不仅与被计算的系统有关，而且和所选用的计算方法也紧密相关。以 PSASP 潮流计算程序为例，提供了下列方法供选择。

1. PQ 分解法

该方法基于牛顿法原理，如果电力系统线路参数线路电阻/电抗比（$R/X$）通常很小的情况，对求解修正量的修正方程系数矩阵加以简化，使其变为常数阵（即所谓的等斜率），且 P、Q 迭代解耦。这样可减少每次迭代的计算时间，提高计算速度。

2. 牛顿法（功率式）

该方法的数学模型是基于节点功率平衡方程式，再应用牛顿法形成修正方程，求每次迭代的修正量。该方法通常收敛性很好。

牛顿法是求解电力系统潮流这种非线性方程最经典的方法。一般来说，牛顿法求解可靠，推荐采用。但牛顿法对初值有一定要求。PQ 分解法根据电力系统的一些特有运行特性，对牛顿法作了简化，收敛速度快且不影响最终结果，但其有一定应用限制（如 $R/X$ 比值不能过大等）。

3. 最优因子法

该方法首先将潮流计算求解非线性方程组的问题化为无约束的非线性规划问题，在求解时把用牛顿法所求的修正量作为搜索方向，再根据所求出最佳步长加以修正。该方法属非线性规划原理，原则上能求出其解（若存在）或断定问题无解，但由于数值计算的因素比较复杂，实际应用时并非完全理想化。如果在迭代过程发生振荡的情况，若最佳乘子 $\mu$ 逼近于零，说明问题无解；若最佳乘子保持在 1 附近，则要考虑其他的因素。

最优因子法是潮流计算新一代算法，收敛性比牛顿法更好，适用于大规模电网等复杂潮流计算。

4. 牛顿法（电流式）

该方法与牛顿法（功率式）的区别是其数学模型基于节点电流平衡方程式。该方法通常收敛性很好。

5. PQ 分解转牛顿法

牛顿法迭代的特点是要求初值较好，且在迭代接近真解时，收敛速度非常快，为此设计了 PQ 分解转牛顿法。该方法是先用 PQ 分解法，当迭代达到一定精确度时，转牛顿法迭代，使牛顿法能获得较好的初值，这样可改善其收敛性，加快计算速度。

PQ 分解转牛顿法是对牛顿法的改进，收敛性很好，同样适用于大规模电网潮流计算，但也有与 PQ 分解法相同的应用限制。

随着电网的发展，电网规模越来越大，存在全网电压压差、相角差逐步拉大，如依然按照电压幅值为 1.0(p. u.)、相角为零为全网母线设置迭代初值，牛顿法会出现收敛性问题，最优因子法的收敛性也不能完全保证。因此，为保证上述算法的收敛性，应为上述算法选择一个合适的迭代初值。PSASP 潮流程序提供了辅助措施：“预设平衡点”“读上次潮流结果为潮流初始值”。其中，“预设平衡点”在仍保持系统原有平衡点的基础上，为各种方法增加了初值的预计算；“读上次潮流结果为潮流初始值”将最近一次收敛潮流的母线电压相角结果作为本次潮流计算的迭代初值。经实践证明，这两种措施能有效提高牛顿法、最优因子法的收敛性。

## 第三节　机电暂态稳定和短路电流计算

### 一、暂态稳定计算

电力系统暂态稳定一般是指电力系统遭受如输电线短路故障等大干扰时，同一交流电网内各同步发电机保持同步运行并过渡到新的或恢复到原来运行状态的能力。暂态不稳定可以表现为第一摆失稳，对大系统也可能是后续摇摆失稳。暂态稳定研究的时间范围一般为扰动后 3～5s，大系统考虑互联模式振荡可延长至 10～20s。

电力系统遭受大干扰之后是否能继续保持稳定运行的主要标志：一是各同步发电机（同一交流电网）之间的相对角摇摆是否逐步衰减；二是局部地区的电压水平是否在可接受范围内。通常大干扰后的暂态过程会出现两种可能的结局：一种是各发电机转子间相对角度随时间的变化呈摇摆状态，且振荡幅值逐渐衰减，各机组之间的相对转速最终衰减为零，各节点电压逐渐回升到接近正常值，系统回到扰动前的运行状态，或者过渡到一个新的运行状态。在此运行状态下，所有发电机仍然保持同步运行。这种结局，电力系统是暂态稳定的。另一种结局是暂态过程中某些发电机转子之间的相对角度随时间不断增大，使这些发电机之间失去同步或者局部地区电压长时间很低。这种结局，电力系统是暂态不稳定的，或称电力系统失去暂态稳定。发电机失去同步后，将在系统中产生功率和电压的强烈振荡，使一些发电机和负荷被迫切除，在严重的情况下甚至导致系统的解列或瓦解。

1. 暂态稳定计算分析

为了保证电力系统的安全稳定性，在系统规划、设计和运行过程中都需要进行暂态稳定计算分析。其主要应用范围包括：复杂和严重事故的事后分析，通过再现事故后系统的动态响应，以了解稳定破坏的原因，并研究正确的反事故措施；在规划设计阶段，考核系统承受极端严重故障的能力，即超出正常设计标准的严重故障，以研究减少这类严重故障发生的频率和防止发生恶性事故的措施；对电力系统暂态电压稳定性进行分析评估；从系统承受故障能力的角度进行计算分析，如 N-1、N-2 事故，故障临界切除时间和系统传输功率极限等方面，对动态元件的配置及其对暂态稳定的影响进行考虑，例如：电气制动、快速调整汽门、切机、单相重合闸等。特别是大容量远距离输电和大电网互联的发展以及新型元件的投入运行，电力系统暂态稳定问题的研究和计算更是一个至关重要的课题。

如前所述，暂态稳定是研究系统受到大干扰后，同步运行稳定性的问题。暂态稳定计算的数学模型包括一次电网的数学描述（网络方程）和发电机、励磁调节器、调速器、电力系统稳定器、负荷、无功补偿、直流输电、继电保护等一次设备和二次装置动态特性的数学描述（微分/差分方程），以及各种可能发生的扰动方式和稳定措施的模拟等。

暂态稳定计算的数学模型可归结为网络方程和微分方程联立求解，即

$$\begin{cases} X = F(X,Y) \\ Y = G(X,Y) \end{cases} \tag{2-1}$$

其中

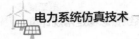

$$F = (f_1, f_2, \cdots\cdots, f_n)^T$$
$$X = (x_1, x_2, \cdots\cdots, x_n)^T$$
$$G = (g_1, g_2, \cdots\cdots, g_n)^T$$
$$Y = (y_1, y_2, \cdots\cdots, y_n)^T$$

式中：$X$ 为网络方程求解的变量；$Y$ 为微分方程求解的变量。

2. 暂态稳定计算方法

暂态稳定计算具体的处理方法是：采用梯形隐积分迭代法求解微分方程；采用直接三角分解和迭代相结合的方法求解网络方程；微分方程和网络方程两者交替迭代，直至收敛，以完成一个时段 $t$（在机电暂态仿真中，通常为 0.01s，即半个周波）的求解。

（1）求解微分方程的梯形隐积分迭代法。

微分方程见式(2-2)

$$Y = G(X, Y) \tag{2-2}$$

它的求解方法原理，与单变量微分方程的求解方法是一致的。

设微分方程式

$$\frac{dY}{dt} = f(Y, t) \tag{2-3}$$

当 $t_n$ 处函数值 $Y_n$ 已知时，可按式(2-4)求出 $t_{n+1} = t_n + \Delta t$ 处的函数值 $Y_{n+1}$

$$Y_{n+1} = Y_n + \int_{t_n}^{t_{n+1}} f(y, t) dt \tag{2-4}$$

式(2-4)中的定积分相当于图 2-2 中阴影部分的面积。

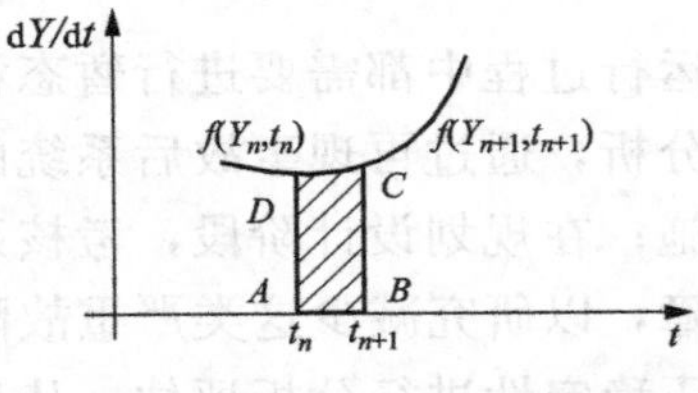


图 2-2　梯形积分法的几何解释

当步长 $\Delta t$ 足够小时，函数 $f(y,t)$ 在 $t_n$ 到 $t_{n+1}$ 之间的曲线可以近似地用直线代替，因此有

$$Y_{n+1} = Y_n + \frac{\Delta t}{2}[f(Y_n, t_n) + f(Y_{n+1}, t_{n+1})] \tag{2-5}$$

式(2-5)是梯形隐积分法的差分方程，也就是把微分方程转换成代数方程求解。由于式(2-5)的右侧也含有待求量 $Y_{n+1}$，这种隐式形式很难直接求解，通常采用如下的迭代方法

$$Y_{n+1}^{k+1} = Y_n + \frac{\Delta t}{2}[f(Y_n, t_n) + f(Y_{n+1}^k, t_{n+1})] \tag{2-6}$$

式中：$k$ 为迭代次数，并设 $Y_{n+1}^0 = Y_{n+1}$。

这样，按式 (2-6)，由 $Y_{n+1}^0$ 求 $Y_{n+1}^1$，再由 $Y_{n+1}^1$ 求 $Y_{n+1}^2$，依此类推，直至

$$|Y_{n+1}^{k+1} - Y_{n+1}^k| < \varepsilon \tag{2-7}$$

此时，求得 $n+1$ 时段的值为

$$Y_{n+1} = Y_{n+1}^{k+1} \tag{2-8}$$

为了简化叙述，现设暂态稳定的梯形隐积分方程如下

$$Y^{k+1} = G(X, Y^k) \tag{2-9}$$

（2）求解网络方程的直接三角分解和迭代相结合方法。

当微分方程的解 $Y$ 确定之后，网络方程即变成线性方程组，有

$$A(Y)X^T = b(Y) \tag{2-10}$$

式中：$A(Y)$ 为含有 $Y$ 变量的系数矩阵；$b(Y)$ 为含有 $Y$ 变量的列向量。由于 $Y$ 是微分方程的解，在微分方程的求解过程中，$Y$ 值频繁变化，使系数矩阵 $A(Y)$ 也随着变化，这样，求解网络方程将消耗很多时间。为此，从式(2-10)的系数矩阵中，分离出一常数阵 $A_c$（$A_c$ 应尽量为主对角线元素占优），有

$$A_c X^T = b(Y,X) \tag{2-11}$$

对于式(2-11)可通过式(2-12)的迭代过程求解

$$A_c X^{T(k+1)} = b(Y,X^k) \tag{2-12}$$

当电网结构不变时，$A_c$ 为常数阵，在对 $A_c$ 做三角分解后，求解网络方程的工作量即是根据 $b(Y,X^0)$ 通过前代，回代求出 $X^1$，再根据 $b(Y,X^1)$ 求出 $X^2$，以此类推，直至

$$\| X^{k+1} - X^k \| < \varepsilon \tag{2-13}$$

式中：$\varepsilon$ 为迭代允许误差，其值可取 0.0001～0.0005。

在网络非突变时刻，一般只需迭代 2～3 次即可收敛。这要比求解式(2-11)节省很多计算时间。此外，由于网络方程的系数矩阵为稀疏阵，求解时采用稀疏矩阵的技巧。

为了简化叙述，现设网络迭代方程如下

$$X^{k+1} = F(X^k,Y) \tag{2-14}$$

如上所述，在暂态稳定计算中，微分方程和网络方程均采用迭代法，具体的做法是交替迭代，同时收敛。对于每一积分时段，其迭代过程如图 2-3 所示。

上述的积分过程，可以消除微分方程和网络方程的交接误差。

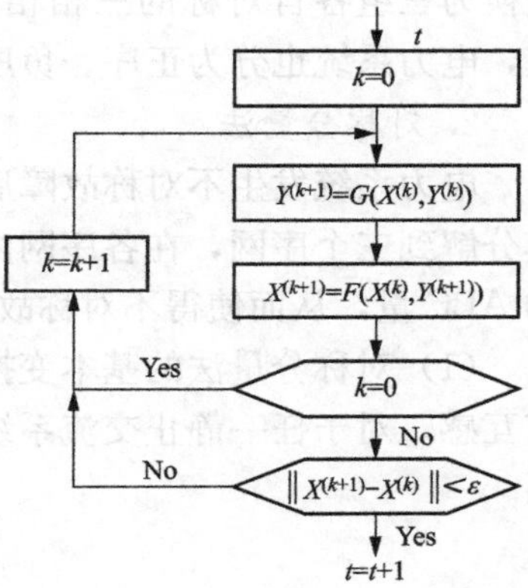


图 2-3　微分方程和网络方程迭代过程

## 二、短路电流计算

电力系统短路的类型主要有三相短路、两相短路、单相接地短路和两相接地短路，其中三相短路属对称故障，其余属不对称故障。除不对称短路外，电力系统的不对称故障还有一相或两相断开的情况，称为非全相运行。三相断线属对称故障。短路电流计算是在某种故障情况下，求出短路点的故障电流、电压，以及全网各母线电压和支路电流的计算。

短路电流计算主要用于解决下列问题：

(1) 电气主接线方案的比较与选择，确定是否需要采取限制短路电流的措施。

(2) 电气设备及载流导体的动热稳定校验和开关电器的开断能力校验。

(3) 接地装置设计。

(4) 继电保护装置的设计与整定。

(5) 输电线对通信线路的影响。

(6) 故障分析。

### 1. 短路电流计算方法

短路电流计算的一般方法是：利用对称分量法实现 ABC 系统与 120 系统参数转换；列出正序、负序、零序网络方程；推导出故障点的边界条件方程；将网络方程与边界条件方程联立求解，求出短路电流及其他分量。

电力系统正常运行时可认为是三相对称的，即各元件三相阻抗相同，三相电压、电流大小相等，相与相间的相位差也相等，且具有正弦波形和正常相序。对称的三相交流系统，可以用单相电路来计算。只要计算出一相的量值，其他两相就可以推算出来，因为其他两相的模值与所计算相相等，相位相差±120°。三相对称短路或断线时，交流分量三相是对称的。因此，可以利用系统固有的对称性，只需分析其中一相，避免逐相进行计算的复杂性。

但是，电力系统发生单相接地短路、两相短路和两相接地短路，以及单相断线和两相断线等不对称故障时，三相阻抗不相同，三相电压、电流大小不相等，相与相间的相位差也不相等。对这样的三相系统不能只分析其中一相，通常采用对称分量法进行分析。

对称分量法是电力系统短路电流计算的基本方法，其目的是将一组不对称的 ABC 量，变换为三组各自对称的三相相量，分别称为正序、负序和零序量。与各序电压、电流量对应，电力系统也分为正序、负序和零序网络。

2. 对称分量法

电力系统发生不对称故障后产生的不对称电压、电流量，通过应用对称分量法，可以将其分解到三个序网，在各序网内按照序电压、电流对称的方式进行分析，之后再合成为实际的 ABC 量，从而使得不对称故障计算大为简化。

(1) 对称分量法的基本变换方式。通常情况下，电力系统都是三相并列运行，各相之间有互感。对于任一静止交流系统元件，可以用式(2 - 15)简单表示其各相电流、电压之间的关系

$$\begin{bmatrix}\dot{U}_a\\\dot{U}_b\\\dot{U}_c\end{bmatrix}=\begin{bmatrix}z_{aa}&z_{ab}&z_{ac}\\z_{ba}&z_{bb}&z_{bc}\\z_{ca}&z_{cb}&z_{cc}\end{bmatrix}\begin{bmatrix}\dot{I}_a\\\dot{I}_b\\\dot{I}_c\end{bmatrix}\tag{2 - 15}$$

式中：$z_{aa}$、$z_{bb}$ 和 $z_{cc}$ 为各相自阻抗，其余为相间互阻抗。由于电力系统元件参数一般三相对称，因此各相之间的互阻抗完全对称或循环对称。在系统故障后，若三相电流平衡，则可取一相参数进行分析。此时，在故障点 A、B、C 各相间除因故障类型形成的连接外（如 ABC 相间短路，造成故障点 A、B、C 相相连），没有其他联系，而在系统中 A、B、C 各相间存在互感。

在系统发生不对称故障时，很多时候系统电流并不能保持平衡。此时，使用 ABC 三相相量进行分析将会比较复杂。为了简化计算过程，引入了对称分量法，将 ABC 三相相量变换到了正、负、零系统（也称为 120 系统，正序量用下标 1、负序量用下标 2、零序量用下标 0 表示）下。以 A 相为基准相，变换式如下

$$\begin{bmatrix}\dot{I}_{a1}\\\dot{I}_{a2}\\\dot{I}_{a0}\end{bmatrix}=\frac{1}{3}\begin{bmatrix}1&\alpha&\alpha^2\\1&\alpha^2&\alpha\\1&1&1\end{bmatrix}\begin{bmatrix}\dot{I}_a\\\dot{I}_b\\\dot{I}_c\end{bmatrix}\tag{2 - 16}$$

式中：$\alpha$ 为运算子，$\alpha=e^{j120}$。

$\alpha$ 具有如下性质

$$\begin{cases}1+\alpha+\alpha^2=1\\ \alpha^3=1\end{cases} \tag{2-17}$$

式(2-16)表示的是 120 系统的电流相量与 ABC 系统的电流相量之间的变换关系，120 系统的电压相量与 ABC 系统的电压相量之间的变换关系相同。经变换后的 120 系统与原 ABC 系统电压、电流量的关系如下

$$\begin{cases}\dot{I}_k=\dot{I}_{k1}+\dot{I}_{k2}+\dot{I}_{k0}\\ \dot{U}_k=\dot{U}_{k1}+\dot{U}_{k2}+\dot{U}_{k0}\end{cases} \tag{2-18}$$

式中，$k\in\{a,b,c\}$，即各相电压、电流分别等于对应相的正、负、零序电压、电流之和。

若以 A 相为基准相，则有

$$\begin{cases}\dot{I}_{b1}=\alpha^2\dot{I}_{a1}\\ \dot{I}_{b2}=\alpha\dot{I}_{a2}\\ \dot{I}_{c1}=\alpha\dot{I}_{a1}\\ \dot{I}_{c2}=\alpha^2\dot{I}_{a2}\\ \dot{I}_{a0}=\dot{I}_{b0}=\dot{I}_{c0}\end{cases} \tag{2-19}$$

由式(2-18)、式(2-19)可得

$$\begin{cases}\dot{I}_a=\dot{I}_{a1}+\dot{I}_{a2}+\dot{I}_{a0}\\ \dot{I}_b=\alpha^2\dot{I}_{a1}+\alpha\dot{I}_{a2}+\dot{I}_{a0}\\ \dot{I}_c=\alpha\dot{I}_{a1}+\alpha^2\dot{I}_{a2}+\dot{I}_{a0}\end{cases} \tag{2-20}$$

由式(2-19)可得各序电流相量的矢量图，如图 2-4 所示。

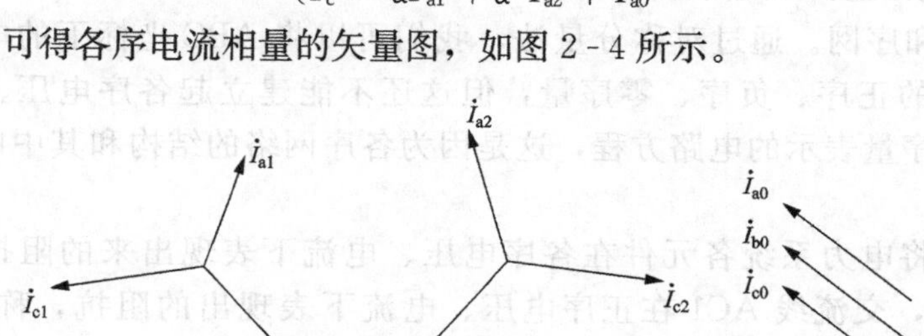

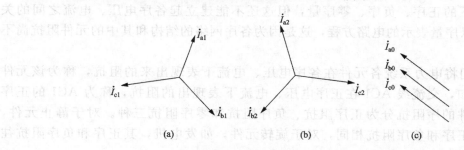

图 2-4　三序电流相量的矢量图

(a) 正序电流相量；(b) 负序电流相量；(c) 零序电流相量

类似地，可得到各序电压相量的矢量图。

将式(2-15)中的三相电压、三相电流用式(2-16)、式(2-20)变换为序分量，可得

$$\begin{bmatrix}\dot{U}_1\\ \dot{U}_2\\ \dot{U}_0\end{bmatrix}=\frac{1}{3}\begin{bmatrix}1&\alpha&\alpha^2\\1&\alpha^2&\alpha\\1&1&1\end{bmatrix}\begin{bmatrix}z_{aa}&z_{ab}&z_{ac}\\z_{ba}&z_{bb}&z_{bc}\\z_{ca}&z_{cb}&z_{cc}\end{bmatrix}\begin{bmatrix}1&1&1\\ \alpha^2&\alpha&1\\ \alpha&\alpha^2&1\end{bmatrix}\begin{bmatrix}\dot{I}_1\\ \dot{I}_2\\ \dot{I}_0\end{bmatrix} \tag{2-21}$$

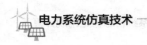

当元件参数完全对称时，即 $z_{aa}=z_{bb}=z_{cc}=z_s$，$z_{ab}=z_{ac}=z_{ba}=z_{bc}=z_{ca}=z_{cb}=z_m$ 时，由式（2-21）可得

$$\begin{bmatrix}\dot{U}_1\\ \dot{U}_2\\ \dot{U}_0\end{bmatrix}=\begin{bmatrix}z_s-z_m & 0 & 0\\ 0 & z_s-z_m & 0\\ 0 & 0 & z_s+2z_m\end{bmatrix}\begin{bmatrix}\dot{I}_1\\ \dot{I}_2\\ \dot{I}_0\end{bmatrix} \tag{2-22}$$

令 $z_1=z_s-z_m$，$z_2=z_s-z_m$，$z_0=z_s+2z_m$，式(2-22) 可写为

$$\begin{cases}\dot{U}_1=z_1\dot{I}_1\\ \dot{U}_2=z_2\dot{I}_2\\ \dot{U}_0=z_0\dot{I}_0\end{cases} \tag{2-23}$$

式中：$z_1$、$z_2$、$z_0$ 分别为元件的正序、负序、零序阻抗。

从式(2-23)可以看出，各序分量具有独立性，即某序电压仅与该序电流有关，与其他序电流无关，反之亦然。这样，我们可以对正序、负序、零序分量分别进行计算，然后根据式(2-20)合并成三相相量。

从本质上讲，对称分量法是一种数学变换，它通过式(2-16)将紧密耦合的 ABC 系统变换为了三个“独立”的交流系统。在系统对称运行时，120 系统之间没有耦合，只有在发生不对称故障时，在故障点才会有耦合。需要注意的是，这里的零序分量与直流分量是不同的，它们实际上是交流量，只是三相相位相同。

在实际系统中，利用各序分量的性质，通过一些技术手段，可以测得系统的正序、负序、零序电压、电流量。以此为基础，可以构成相应原理的保护装置。

（2）序阻抗和序网。通过对称分量法，我们可以将 ABC 坐标下的电压、电流量变换为 120 坐标下的正序、负序、零序量，但这还不能建立起各序电压、电流之间的关系，无法列出以序量表示的电路方程，这是因为各序网络的结构和其中的元件阻抗尚不能确定。

这里，我们将电力系统各元件在各序电压、电流下表现出来的阻抗，称为该元件的序阻抗。例如，交流线 AC1 在正序电压、电流下表现出的阻抗，称为 AC1 的正序阻抗。同一元件的序阻抗分为正序阻抗、负序阻抗和零序阻抗三种。对于静止元件，如交流线，其正序和负序阻抗相同，对于旋转元件，如发电机，其正序和负序阻抗往往不同。

序网由系统中所有元件在对应序电压、电流下表现出的序阻抗，及其对应的等值电路组成，例如，零序网中的交流线，其等值电路与正序网相同，是一个 Π 形电路，同时具有相应的零序阻抗参数。同一系统的序网分为正序网、负序网和零序网三种。需要注意的是，同一元件在不同的序网中，其等值电路可能不同，例如，三绕组变压器由于绕组联结方式的设置习惯，其正序等值电路与零序等值电路一般是不同的。

如果一个元件的某序阻抗是无穷大的，则可认为该元件在该序网中不存在，称其没有该序通路。反之，则称其在该序网络中存在或有该序通路。例如，若两绕组变压器 T1 的零序阻抗是无穷大的，则 T1 在零序网中不存在，即 T1 没有零序通路。

序网是对称分量法分析的基础，不同的故障计算所需要的序网也不同，例如，三相短路电流计算只需要正序网，而单相短路电流计算则需要正序、负序、零序网。因此，在进行分析计算前需确定需要哪种序网，及其相应的结构与参数。

## 第四节　机电暂态稳定和短路电流计算常用元件模型

由于在基于不同的计算标准时，元件模型及其参数获取可能会有所差异，因此本节主要介绍目前国内进行仿真计算时常用元件的数学模型。

1. 同步发电机模型

(1) 同步发电机的计算假定。

同步发电机是电力系统的重要设备，也是系统短路电流的主要来源。在短路电流计算中需将其根据所选模型转化为对应的等值电路；在暂态稳定计算中，还需考虑其随时间变化的各种变量，以及调节器的作用。

为便于分析，对同步发电机常采用以下简化假设：

1) 同步发电机转子结构相对于纵轴与横轴分别对称。

2) 忽略同步发电机内部磁滞、磁路饱和、涡流等的影响，设发电机铁芯部分的磁导率为常数，可应用叠加原理。

3) 定子 A、B、C 三相绕组在结构上完全相同，相差 120°电角度，其产生的磁动势在气隙中正弦分布。

4) 同步发电机定子和转子均具有光滑的表面，不影响定子和转子的电感。

5) 在同步发电机空载且转子恒速旋转时，定子绕组的空载电动势是时间的正弦函数。

同步发电机的正序网络模型主要采用 $dq$ 坐标系下的方程式作为数学模型，其完整模型是 Park 方程。在实际应用中，根据转子等值阻尼绕组所考虑的数目、用同步发电机暂态和次暂态参数表示发电机方程式时所采用的假设，以及计及磁路饱和影响的方法的不同，同步发电机也具有不同精确度的模型，以适应不同应用场合下的电力系统分析计算。

本书同步发电机模型中各参量正方向参考示意图如图 2-5 所示。

(2) 同步发电机的正序模型。

1) 6 阶同步发电机模型。基于同步发电机参数的同步发电机的机电暂态仿真模型可由 Park 方程导出，具体细节可参见电力系统分析的有关教材或专著。在一定的假设基础上，经过一系列的方程变换和变量替换后，Park 方程式可转化为式(2-24)的一组方程，作为描述 6 阶同步发电机模型的基本方程式

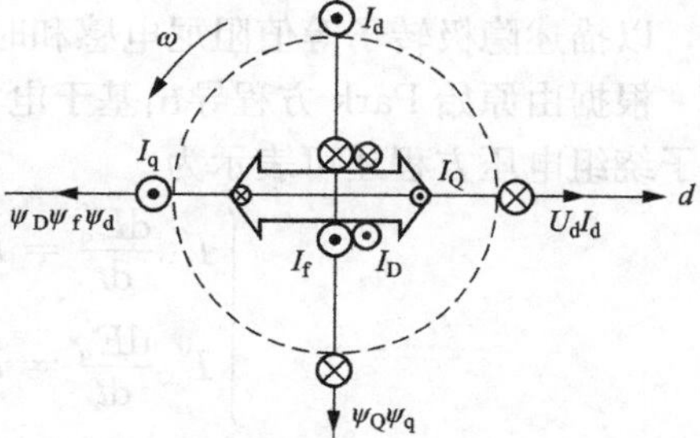


图 2-5　同步发电机中各参量正方向参考示意图

$$\begin{cases} T'_{d0}\dfrac{dE'_q}{dt}=E_{fd}-[E'_q+(x_d-x'_d)I_d+(K_G-1)E'_q] \\ T''_{d0}\dfrac{dE''_q}{dt}=-E''_q-(x'_d-x''_d)I_d+E'_q+T''_{d0}\dfrac{dE'_q}{dt} \\ T'_{q0}\dfrac{dE'_d}{dt}=E'_d+(x_q-x'_q)I_q \\ T''_{q0}\dfrac{dE''_d}{dt}=-E''_d+(x'_q-x''_q)I_q+E'_d+T''_{q0}\dfrac{dE'_d}{dt} \\ T_J\dfrac{d\omega}{dt}=\dfrac{P_T}{\omega}-(\Psi_d I_q-\Psi_q I_d)-D(\omega-\bar{\omega}_0)2\pi f_0 \\ \dfrac{d\delta}{dt}=(\omega-1)2\pi f_0 \\ \Psi_q=\dfrac{1}{\omega}(-R_a I_d-U_d) \\ \Psi_d=\dfrac{1}{\omega}(R_a I_q+U_d) \end{cases} \tag{2-24}$$

式中：$T'_{d0}$、$T''_{d0}$分别为同步发电机 $d$ 轴暂态、次暂态开路时间常数；$T'_{q0}$、$T''_{q0}$分别为同步发电机 $q$ 轴暂态、次暂态开路时间常数；$T_J$ 为同步发电机惯性时间常数；$\delta$ 为同步发电机转子电角度相对于同步旋转坐标轴的相对角；$\Psi_d$、$\Psi_q$ 分别为同步发电机定子 $d$ 轴、$q$ 轴磁链；$E'_q$、$E''_q$ 分别为同步发电机 $q$ 轴暂态、次暂态电动势；$E_{fd}$ 为同步发电机励磁电动势；$x_d$、$x'_d$、$x''_d$ 分别为发电机 $d$ 轴同步电抗、暂态电抗和次暂态电抗；$I_d$、$I_q$ 分别为同步发电机定子 $d$ 轴、$q$ 轴电流；$K_G$ 为饱和系数，$K_G=1+\dfrac{b}{a}E'^{(n-1)}_q$，$a$、$b$、$n$ 为同步发电机饱和参数；$E'_d$、$E''_d$ 分别为同步发电机 $d$ 轴暂态、次暂态电动势；$x_q$、$x'_q$、$x''_q$ 分别为发电机 $q$ 轴同步电抗、暂态电抗和次暂态电抗；$P_T$ 为同步发电机机械功率；$\omega$ 为发电机角频率；$D$ 为同步发电机阻尼系数，s；$\bar{\omega}_0$ 为系统惯性中心角频率，$\bar{\omega}_0=\dfrac{\sum_{i=1}^{n}T_{Ji}\omega_i}{\sum_{i=1}^{n}T_{Ji}}$；$f_0$ 为基准频率；$R_a$ 为同步发电机定子电阻；$U_d$、$U_q$ 分别为同步发电机定子 $d$ 轴、$q$ 轴电压。在上述参数中，所有的电阻和电抗都是标幺值，各时间常数的单位都是 s。

该模型适合研究隐极转子同步发电机的详细模型，考虑了 $q$ 轴阻尼绕组的电磁暂态过程，以描述隐极转子等值阻尼电感和时间常数大，对应暂态过程阻尼强的物理本质。

根据由原始 Park 方程导出基于电机参数的 6 阶基本方程式的不同假设，同步发电机的转子绕组电压方程还可表示为

$$\begin{cases} T''_{d0}\dfrac{dE''_q}{dt}=E'_q-E''_q-(X'_d-X''_d)I_d \\ T'_{d0}\dfrac{dE'_q}{dt}=E_{fd}-E'_q\dfrac{X_d-X'_d}{X'_d-X''_d}(E'_q-E''_q) \\ T''_{q0}\dfrac{dE''_d}{dt}=E'_d-E''_d+(X'_q-X''_q)I_q \\ T'_{q0}\dfrac{dE'_d}{dt}=-E'_d-\dfrac{X_q-X'_q}{X'_q-X''_q}(E'_d-E''_d) \end{cases} \tag{2-25}$$

式(2-24)考虑了同步发电机运行状态随时间变化的情况，可用于暂态稳定分析；而对于短路电流计算，由于不涉及系统的动态过程，其计算结果是某一时刻的短路电流值，因此式(2-24)中所有与时间有关的部分都可以略去，包括含有时间常数的项和对时间求导的项。此外，同步发电机的励磁电动势 $E_{fd}$，以及与磁链有关的各项也不是短路电流计算需求取的量，因此可将式(2-24)简化为

$$\begin{cases} E''_q = -(x'_d - x''_d)I_d + E'_q \\ E'_d = (x_q - x'_q)I_q \\ E''_d = (x'_q - x''_q)I_q + E'_d \end{cases} \tag{2-26}$$

用 $U_d$、$U_q$ 分别表示稳态情况下 $d$、$q$ 轴绕组的电动势，则可进一步得到式（2-27）

$$\begin{cases} U_d + R_a I_d - x_q I_q = 0 \\ U_q + R_a I_q + x_d I_d = E_q \\ U_d + R_a I_d - x'_q I_q = E'_d \\ U_q + R_a I_q - x'_d I_d = E'_q \\ U_d + R_a I_d - x''_q I_q = E''_d \\ U_q + R_a I_q - x''_d I_d = E''_q \end{cases} \tag{2-27}$$

假设 $\dot{U}_t$、$\dot{I}_t$ 分别为系统同步旋转参考轴（$x$、$y$ 轴，对应通用坐标系）下电机端电压和电流的相量。引入一个虚构电动势 $\dot{E}_Q$，用于根据 $\dot{U}_t$、$\dot{I}_t$ 决定 $q$ 轴与 $x$ 轴之间的电角度 $\delta$，其与 $\dot{U}_t$、$\dot{I}_t$ 之间的关系为

$$\dot{E}_Q = \dot{U}_t + (R_a + jx_q)\dot{I}_t \tag{2-28}$$

由此可绘出同步发电机稳态相量图，如图 2-6 所示。

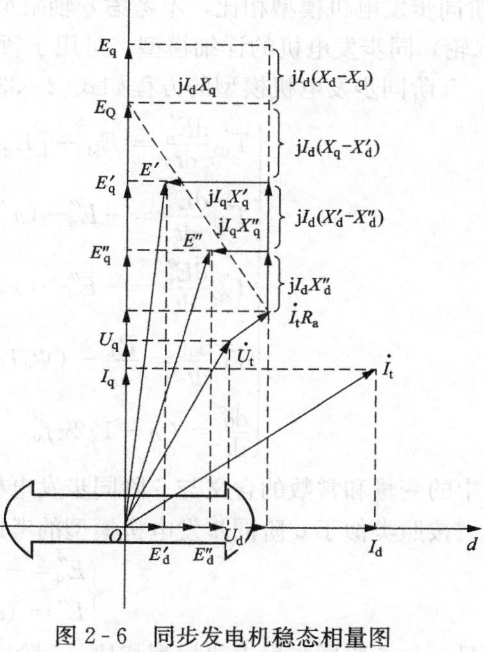


图 2-6　同步发电机稳态相量图

式(2-27)和式(2-28)构成了对应于 6 阶同步发电机模型的短路电流计算方程组。该方程组是在 $dq$ 坐标系下建立的，在实际计算中，接入网络时，还需将 $dq$ 坐标系下的同步发电机定子电压、电流转换为通用坐标系下的定子电压、电流。设 $U_R$、$U_I$ 分别为通用坐标系下定子电压的实部、虚部，$I_R$、$I_I$ 为通用坐标系下定子电流的实部、虚部。则 $dq$ 坐标系下与通用坐标系下的定子电压、电流的变换关系为

$$\begin{bmatrix} U_q \\ U_d \end{bmatrix} = \begin{bmatrix} \cos\delta & \sin\delta \\ \sin\delta & -\cos\delta \end{bmatrix} \begin{bmatrix} U_R \\ U_I \end{bmatrix} \tag{2-29}$$

$$\begin{bmatrix} I_q \\ I_d \end{bmatrix} = \begin{bmatrix} \cos\delta & \sin\delta \\ \sin\delta & -\cos\delta \end{bmatrix} \begin{bmatrix} I_R \\ I_I \end{bmatrix} \tag{2-30}$$

根据式(2-27)～式(2-29)，注入网络的电流可表示为

$$\begin{bmatrix} I_R \\ I_I \end{bmatrix} = \begin{bmatrix} g_R & b_R \\ b_I & g_I \end{bmatrix} \begin{bmatrix} E''_q \\ E''_d \end{bmatrix} - \begin{bmatrix} G_R & B_R \\ B_I & G_I \end{bmatrix} \begin{bmatrix} U_R \\ U_I \end{bmatrix} \tag{2-31}$$

其中

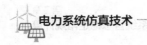

$$g_R=\frac{R_a\cos\delta+x''_q\sin\delta}{R_a^2+x''_dx''_q},\qquad b_R=\frac{R_a\sin\delta-x''_d\cos\delta}{R_a^2+x''_dx''_q}$$

$$b_I=\frac{R_a\sin\delta-x''_q\cos\delta}{R_a^2+x''_dx''_q},\qquad g_I=\frac{R_a\cos\delta-x''_d\sin\delta}{R_a^2+x''_dx''_q}$$

$$G_R=\frac{R_a-(x''_d-x''_q)\sin\delta\cos\delta}{R_a^2+x''_dx''_q},B_R=\frac{x''_d\cos^2\delta+x''_q\sin^2\delta}{R_a^2+x''_dx''_q}$$

$$B_I=\frac{-x''_d\sin^2\delta-x''_q\cos^2\delta}{R_a^2+x''_dx''_q},\quad G_I=\frac{R_a+(x''_d-x''_q)\sin\delta\cos\delta}{R_a^2+x''_dx''_q}$$

由式(2-31)可以看出，同步发电机接入系统可以等值为与 $E''_d$ 和 $E''_q$ 有关的注入电流，以及用 $G_R$、$B_R$、$G_I$、$B_I$ 表示的导纳两部分。

在实际计算时，可由式(2-28)计算出 $\delta$，再由式(2-24)计算出 $E''_d$ 和 $E''_q$，而后利用式(2-31)，将同步发电机并入网络。从式(2-31)可以看出，在使用 6 阶同步发电机模型进行短路电流计算时，实际上只用到了与 $E''_d$ 和 $E''_q$ 有关的参数和方程，对于方程组(2-27)有

$$\begin{cases}U_d+R_aI_d-x''_qI_q=E''_d\\U_q+R_aI_q+x''_dI_d=E''_q\end{cases}\tag{2-32}$$

工程应用时，可在 6 阶同步发电机模型基础上进行进一步简化，以适应不同的参数情况和计算要求。

2）5 阶同步发电机模型。5 阶同步发电机模型是考虑 $E''_q$、$E''_d$、$E'_q$ 电动势变化的模型，与 6 阶同步发电机模型相比，不考虑 $q$ 轴阻尼绕组的电磁暂态过程。该模型适合研究凸极转子（水轮）同步发电机的详细模型，可用于暂态稳定计算。

5 阶同步发电机模型的方程如式(2-33)。

$$\begin{cases}T'_{d0}\dfrac{dE'_q}{dt}=E_{fd}-[E'_q+(x_d-x'_d)I_d+(K_G-1)E'_q]\\T''_{d0}\dfrac{dE''_q}{dt}=-E''_q-(x'_d-x''_d)I_d+E'_q+T''_{d0}\dfrac{dE'_q}{dt}\\T''_{q0}\dfrac{dE''_d}{dt}=-E''_d+(x_q-x''_q)I_q\\T_J\dfrac{d\omega}{dt}=\dfrac{P_T}{\omega}-(\Psi_dI_q-\Psi_qI_d)-D(\omega-\bar{\omega}_0)2\pi f_0\\\dfrac{d\delta}{dt}=(\omega-1)2\pi f_0\end{cases}\tag{2-33}$$

式中的变量和常数的含义与 6 阶同步发电机模型相同。

按照类似于 6 阶同步发电机模型的考虑，在短路电流计算中，可以将式(2-33)简化为

$$\begin{cases}E''_q=-(x'_d-x''_d)I_d+E'_q\\E''_d=(x_q-x''_q)I_q\end{cases}\tag{2-34}$$

可见，与 6 阶同步发电机模型相比，5 阶同步发电机模型略去了与 $E'_d$ 有关的各项。相应地，式(2-27)也可简化为

$$\begin{cases}U_d+R_aI_d-x''_qI_q=E''_d\\U_q+R_aI_q+x''_dI_d=E''_q\end{cases}\tag{2-35}$$

在实际计算中 5 阶同步发电机模型方程接入网络的处理过程与 6 阶同步发电机模型相同。从上述方程可以看出，5 阶同步发电机模型也使用 $E''_{\mathrm{d}}$ 和 $E''_{\mathrm{q}}$ 进行计算，因此在用于短路电流计算时，实际上与 6 阶同步发电机模型相同。若 $x''_{\mathrm{d}}=x''_{\mathrm{q}}$，则式(2-31)中 $G_{\mathrm{R}}$、$B_{\mathrm{R}}$、$G_{\mathrm{I}}$、$B_{\mathrm{I}}$ 均为常数。

3) 4 阶同步发电机模型。4 阶同步发电机模型在 6 阶同步发电机模型的基础上进一步简化，为考虑 $E'_{\mathrm{q}}$、$E'_{\mathrm{d}}$ 电动势变化的模型。模型中不考虑转子 $d$、$q$ 两轴的阻尼绕组 $D$、$Q$ 的次暂态电磁过程，计入 $d$ 轴励磁绕组 $f$ 和 $q$ 轴阻尼绕组 $g$ 的暂态电磁过程。

4 阶同步发电机模型的方程如式(2-36)。

$$\begin{cases}T'_{\mathrm{d0}}\dfrac{\mathrm{d}E'_{\mathrm{q}}}{\mathrm{d}t}=E_{\mathrm{fd}}-[E'_{\mathrm{q}}+(x_{\mathrm{d}}-x'_{\mathrm{d}})I_{\mathrm{d}}+(K_{\mathrm{G}}-1)E'_{\mathrm{q}}]\\ T'_{\mathrm{q0}}\dfrac{\mathrm{d}E'_{\mathrm{d}}}{\mathrm{d}t}=-E'_{\mathrm{d}}+(x_{\mathrm{q}}-x'_{\mathrm{q}})I_{\mathrm{q}}\\ T_{\mathrm{J}}\dfrac{\mathrm{d}\omega}{\mathrm{d}t}=\dfrac{P_{\mathrm{T}}}{\omega}-(\Psi_{\mathrm{d}}I_{\mathrm{q}}-\Psi_{\mathrm{q}}I_{\mathrm{d}})-D(\omega-\omega_0)2\pi f_0\\ \dfrac{\mathrm{d}\delta}{\mathrm{d}t}=(\omega-1)2\pi f_0\end{cases}\tag{2-36}$$

式中的变量和常数与 6 阶同步发电机模型相同。

按照类似于 6 阶同步发电机模型的处理方法，在短路电流计算中，可以将式(2-36)简化为

$$E'_{\mathrm{d}}=(x_{\mathrm{q}}-x'_{\mathrm{q}})I_{\mathrm{q}}\tag{2-37}$$

可见，与 6 阶同步发电机模型式(2-26)相比，其中仅剩与 $E'_{\mathrm{d}}$ 有关的方程。相应地，式(2-27)也可简化为

$$\begin{cases}U_{\mathrm{d}}+R_{\mathrm{a}}I_{\mathrm{d}}-x'_{\mathrm{q}}I_{\mathrm{q}}=E'_{\mathrm{d}}\\ U_{\mathrm{q}}+R_{\mathrm{a}}I_{\mathrm{q}}+x'_{\mathrm{d}}I_{\mathrm{d}}=E'_{\mathrm{q}}\end{cases}\tag{2-38}$$

从上述方程可以看出，4 阶同步发电机模型使用 $E'_{\mathrm{q}}$ 和 $E'_{\mathrm{d}}$ 进行计算，因此只需用到对应的 $x'_{\mathrm{q}}$ 和 $x'_{\mathrm{d}}$ 参数。同时，注入网络的电流方程［式 (2-31)］中的 $E''_{\mathrm{q}}$ 和 $E''_{\mathrm{d}}$ 分别用 $E'_{\mathrm{q}}$ 和 $E'_{\mathrm{d}}$ 代替，其参数计算中的 $x''_{\mathrm{q}}$ 和 $x''_{\mathrm{d}}$ 分别用 $x'_{\mathrm{q}}$ 和 $x'_{\mathrm{d}}$ 代替。

4) 3 阶同步发电机模型。3 阶同步发电机模型在 4 阶同步发电机模型的基础上进一步简化，只考虑 $E'_{\mathrm{q}}$ 电动势变化，即仅计及转子 $d$ 轴励磁绕组暂态电磁过程（以 $E'_{\mathrm{q}}$ 电动势变化表示）。在暂态稳定计算中，该模型适用于需要考虑励磁机暂态过程的计算场合。

3 阶同步发电机模型的方程见式 (2-39)。

$$\begin{cases}T'_{\mathrm{d0}}\dfrac{\mathrm{d}E'_{\mathrm{q}}}{\mathrm{d}t}=E_{\mathrm{fd}}-[E'_{\mathrm{q}}+(x_{\mathrm{d}}-x'_{\mathrm{d}})I_{\mathrm{d}}+(K_{\mathrm{G}}-1)E'_{\mathrm{q}}]\\ T_{\mathrm{J}}\dfrac{\mathrm{d}\omega}{\mathrm{d}t}=\dfrac{P_{\mathrm{T}}}{\omega}-(\Psi_{\mathrm{d}}I_{\mathrm{q}}-\Psi_{\mathrm{q}}I_{\mathrm{d}})-D(\omega-\bar{\omega}_0)2\pi f_0\\ \dfrac{\mathrm{d}\delta}{\mathrm{d}t}=(\omega-1)2\pi f_0\end{cases}\tag{2-39}$$

其中的变量和常数与 6 阶同步发电机模型相同。

按照 6 阶同步发电机模型的处理方法，由式 (2-39) 无法得到与 $E'_{\mathrm{q}}$ 有关的方程，但是由式 (2-27) 可以得到

$$U_q + R_a I_q + x'_d I_d = E'_q \tag{2-40}$$

在实际计算中 3 阶同步发电机模型代入处理过程与 6 阶同步发电机模型相同，但计算只使用 $E'_q$，因此只需用到与 $E'_q$ 有关的方程，以及 $x_q$ 和 $x'_d$。式（2-31）的 $E''_q$ 和 $E''_d$ 分别以 $E'_q$ 和 0 代替；$x''_q$ 和 $x''_d$ 分别用 $x_q$ 和 $x'_d$ 代替。

5）2 阶同步发电机模型。2 阶同步发电机模型有三种，一是在 3 阶同步发电机模型的基础上进一步简化，考虑 $E'_q$ 恒定；二是考虑 $E''$ 恒定；三是考虑 $E'$ 恒定。第一种模型在暂态稳定计算中近似模拟励磁调节器的作用，后面两种模型一般只用于短路电流计算。

a. 考虑 $E'_q$ 恒定的 2 阶同步发电机模型。其微分方程只有 2 阶转子微分方程，有

$$\begin{cases} T_J \dfrac{d\omega}{dt} = \dfrac{P_T}{\omega} - (\Psi_d I_q - \Psi_q I_d) - D(\omega - \bar{\omega}_0) 2\pi f_0 \\ \dfrac{d\delta}{dt} = (\omega - 1) 2\pi f_0 \end{cases} \tag{2-41}$$

按照 6 阶同步发电机模型的处理方法，由式(2-41)无法得到与 $E'_q$ 有关的方程，但可由式(2-27)得到与 3 阶同步发电机模型相同的结果［式(2-40)］，其计算应用、所需变量也与 3 阶同步发电机模型相同。

b. 考虑 $E''$ 恒定的 2 阶同步发电机模型。由于在模型中考虑次暂态电动势 $E''$ 恒定，符合短路瞬间转子绕组磁链不变的物理现象，因此其一般只适用于短路电流计算。该模型的微分方程同式(2-31)，由其也无法得到与 $E''$ 有关的方程，假定 $d$、$q$ 两轴次暂态电抗相同，即 $x''_q = x''_d$，可得

$$\begin{cases} U_d + R_a I_d - x''_d I_q = E''_d \\ U_q + R_a I_q + x''_d I_d = E''_q \end{cases} \tag{2-42}$$

用相量形式表示为

$$\dot{U}_t + R_a \dot{I}_t + jx''_d \dot{I}_t = \dot{E}'' \tag{2-43}$$

在应用该模型时，注入网络的电流方程［式(2-31)］中的参数 $x''_q$ 用 $x''_d$ 代替。

c. 考虑 $E'$ 恒定的 2 阶同步发电机模型。即同步发电机经典模型。在考虑电动势 $E'_q$ 恒定的模型基础上假定 $d$、$q$ 两轴暂态电抗相同，即忽略暂态的凸极效应，令 $x_q = x'_d$，由式(2-27)可得

$$\begin{cases} U_d + R_a I_d - x'_d I_q = 0 \\ U_q + R_a I_q + x'_d I_d = E'_q \end{cases} \tag{2-44}$$

用相量形式表示为

$$\dot{U}_t + R_a \dot{I}_t + jx'_d \dot{I}_t = \dot{E}' \tag{2-45}$$

在应用该模型时，注入网络的电流方程［式(2-31)］中的 $E''_q$ 和 $E''_d$ 分别以 $E'_q$ 和 0 代替；$x''_q$ 和 $x''_d$ 均用 $x'_d$ 代替。

（3）同步发电机的负序和零序模型。根据同步发电机的计算假定，同步发电机只有正序电动势，没有负序和零序电动势，故其负序、零序模型即为负序、零序电抗模型。

同步发电机的负序电抗为其端点的负序电压同步频率分量与流入定子绕组的负序电流同步频率分量的比值，由同步发电机负序旋转磁场所遇到的磁阻决定，在不同的不对称情况下，同步发电机的负序电抗体现不同的值。在短路电流的工程计算中，可将负序电抗取为 $x''_d$

和 $x''_q$ 的算术平均值，即

$$x_2 = \frac{x''_d + x''_q}{2} \tag{2-46}$$

若是无阻尼绕组的凸极机，负序电抗可取为

$$x_2 = \sqrt{x'_d x_q} \tag{2-47}$$

对于汽轮机和有阻尼绕组的水轮机，近似可取 $x_2 = 1.22x''_d$；对于无阻尼绕组的同步发电机，近似可取 $x_2 = 1.45x'_d$。

同步发电机的零序电抗为其端点的零序电压同步频率分量与流入定子绕组的零序电流同步频率分量的比值。其变化范围为 $x_0=(0.15\sim0.6)x''_d$。由于同步发电机中性点通常不接地，即零序电流不能通过同步发电机，这时同步发电机的等值零序电抗为无穷大。

实际计算中，对于以自身容量为基准的同步发电机的参数，在使用时需折算至系统基准容量下。设 $S_B$ 为系统基准容量，单位为MVA；$S_N$ 为同步发电机组额定容量，单位为MVA，则以系统基准容量为基准的电抗标幺值（p. u.）为

$$x^* = x \times \frac{S_B}{S_N} \tag{2-48}$$

式中：$x$ 为同步发电机以其自身容量为基准的各电抗。

若在建模时，需将连接到同一母线的若干台同步发电机等值为少数几台同步发电机，则应首先考虑将阻抗与额定容量均相同的发电机合并。设有 $n$ 台同步发电机，每台同步发电机额定容量为 $S_N$，则有

$$\begin{cases} x_{eq} = x \\ S'_N = nS_N \end{cases} \tag{2-49}$$

式中：$S'_N$ 为等值后同步发电机的总额定容量；$x_{eq}$ 为以 $S'_N$ 为基准的等值机各电抗。

2. 负荷模型

负荷是电力系统的重要组成部分，对系统短路电流水平有一定程度的影响。在电力系统仿真分析中，一般采用反映某一个节点全部负荷特性的综合负荷数学模型。综合负荷往往由各种不同种类的具体负荷所组成，不仅组成情况随时变化，而且各个节点的负荷构成也不相同，因此要准确获得负荷的数学模型是很困难的。到目前为止，针对负荷的建模已进行了大量的理论研究工作和现场实测分析，并据此制定出各种不同的数学模型。

在暂态稳定计算、短路电流计算中，常用的负荷模型主要有恒阻抗负荷模型、感应电动机负荷模型，以及这两种模型的混合型负荷模型。此外，静态负荷模型、综合负荷模型也有一定的使用。

（1）恒阻抗负荷模型。采用恒阻抗负荷模型时，负荷等值为一个对地阻抗，其值计算如下

$$Z_L = \frac{U_L^2}{S_L} \tag{2-50}$$

式中：$Z_L$ 为负荷的等值正序阻抗，Ω；$U_L$ 为负荷所连母线的电压，kV；$S_L$ 为负荷的复功率，MVA。

需要注意的是，在式(2-50）中，$Z_L$ 和 $S_L$ 均为复数。

在采用恒阻抗负荷模型时，负荷的负序阻抗可按照式(2-51）计算

$$Z_{L2} = 0.35Z_L \tag{2-51}$$

（2）感应电动机负荷模型。考虑转子运动机械暂态和转子绕组电磁暂态，忽略定子绕

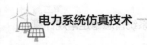

组的电磁暂态过程的感应电动机数学模型如下

$$\begin{cases} T_J \dfrac{ds}{dt} = T_M - T_E \\ T'_{d0} \dfrac{d\dot{E}'}{dt} = -jsT'_{d0}\dot{E}' - \dot{E}' - j(X-X')\dot{I} \\ \dot{U} = \dot{E}' - (r_s + jX')\dot{I} \\ T_M \approx k[\alpha + (1-\alpha)(1-s)^p] \\ T_E \approx -\mathrm{Re}(\dot{E}'\dot{I}) \end{cases} \tag{2-52}$$

式中：Re(•)表示复数取实部；$s$ 为转子滑差，$s=\dfrac{\omega_0-\omega}{\omega_0}$，$\omega$ 为转子角速度，$\omega_0$ 为相应同步转速；$T_M$ 为感应电动机机械转矩；$T_E$ 为感应电动机电磁转矩；$\dot{E}'$ 为感应电动机暂态电动势；$\dot{U}$ 为感应电动机端电压；$\dot{I}$ 为感应电动机端电流；$T_J$ 为感应电动机转子惯性时间常数；$T'_{d0}$ 为感应电动机开路暂态时间常数；$X$ 为感应电动机同步电抗；$X'$ 为感应电动机暂态电抗；$r_s$ 为定子绕组电阻；$\alpha$ 为机械转矩中与转速无关部分占总机械转矩的比例；$p$ 为与负荷机械特性有关的指数；$k$ 为感应电动机负载率。

注意式中转矩正方向规定与同步发电机的相反。感应电动机同步电抗等参数的计算式如下

$$\begin{cases} X = X_s + X_m \\ X' = X_s + \dfrac{X_m X_r}{X_m + X_r} \\ T'_{d0} = \dfrac{X_r + X_m}{r_r} \end{cases} \tag{2-53}$$

式中：$X_s$ 为定子绕组漏抗；$X_m$ 为定子、转子绕组间的互感抗；$r_r$ 和 $X_r$ 为转子绕组电阻及漏抗。

感应电动机的等值电路图如图 2-7 所示。

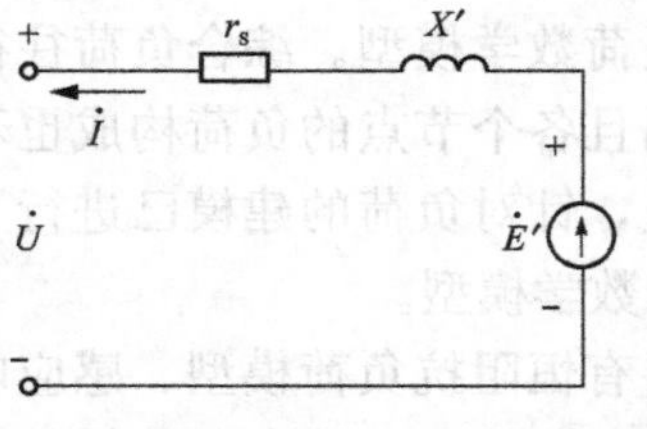


图 2-7 感应电动机的等值电路图

用于短路电流计算时，式(2-53)中所有与时间有关的部分都可以略去，因此可将式(2-53)简化为

$$\dot{U} = \dot{E}' - (r_s + jX')\dot{I} \tag{2-54}$$

需要注意的是，式(2-53)和式(2-54)描述的是单台感应电动机情况。在负荷模型应用时，通常用 1 台感应电动机模拟多台感应电动机，此时式中 $r_s$、$X$ 和 $X'$ 需分别乘以系数 $k_M$，以反映全部感应电动机负荷。式(2-52)变为

$$\begin{cases} T_J \dfrac{ds}{dt} = T_M - T_E \\ T'_{d0} \dfrac{d\dot{E}'}{dt} = -jsT'_{d0}\dot{E}' - \dot{E}' - jk_M(X-X')\dot{I} \\ \dot{U} = \dot{E}' - (k_M r_s + jk_M X')\dot{I} \\ T_M \approx k[\alpha + (1-\alpha)(1-s)^p] \\ T_E \approx -\mathrm{Re}(\dot{E}'\dot{I}) \end{cases} \tag{2-55}$$

式(2-54)变为

$$\dot{U}=\dot{E}'-(k_{M}r_{s}+jk_{M}X')\dot{I} \tag{2-56}$$

在采用等效电压源法进行短路电流计算时，感应电动机负荷等值为一个接地阻抗，根据GB/T 15544.1—2013《三相交流系统短路电流计算》，其数值可按式(2-57)计算

$$|Z_{M}|=\frac{1}{I_{LR}/I_{MN}}\frac{U^{2}_{MN}}{S_{MN}} \tag{2-57}$$

式中：$Z_M$ 为感应电动机等值阻抗，Ω；$U_{MN}$ 为感应电动机额定电压，kV；$S_{MN}$ 为感应电动机额定视在功率，MVA；$I_{LR}/I_{MN}$ 为感应电动机堵转电流与额定电流之比。

由于 $Z_M=R_M+jX_M$，若 $R_M/X_M$ 已知，则 $X_M$ 可按式（2-58）求得

$$X_{M}=\frac{|Z_{M}|}{\sqrt{1+(R_{M}/X_{M})^{2}}} \tag{2-58}$$

若 $R_M/X_M$ 未知，可按下述方法估计其数值：

1）对于每对电极功率 $P_{MN}\geqslant 1MW$ 的中压电动机，$R_M/X_M=0.10$。

2）对于每对电极功率 $P_{MN}<1MW$ 的中压电动机，$R_M/X_M=0.15$。

3）对于电缆连接的低压电动机群，$R_M/X_M=0.42$。

感应电动机的负序阻抗可认为与正序阻抗相等。

(3) 混合型负荷模型。当采用恒阻抗负荷模型与感应电动机负荷模型混合的负荷模型时，需指定一个恒阻抗比例系数 $K_L$，该系数表明在总的负荷量中有多少采用恒阻抗负荷模型。设按恒阻抗考虑的负荷量为 $S_{LH}$，按感应电动机考虑的负荷量为 $S_{LM}$，则它们与总负荷量 $S_L$ 的关系为

$$\begin{cases}S_{LH}=K_{L}S_{L}\\S_{LM}=(1-K_{L})S_{L}\end{cases} \tag{2-59}$$

在按 $K_L$ 确定 $S_{LH}$ 和 $S_{LM}$ 后，模型可各自按恒阻抗和感应电动机分别处理，在负荷接入节点形成两个并联的接地阻抗。之后，在形成系统节点导纳矩阵时，可将这两个阻抗合并，都作为负荷接入节点的一部分自导纳。

(4) 静态负荷模型。负荷的静态特性是指当电压或频率变化比较缓慢时，负荷吸收的功率与电压或频率之间的关系。在实际应用中，可用一组代数方程式描述负荷的静态特性。

PSASP 程序中的静态负荷模型拟合多项式有两种，分别为

$$\begin{cases}\text{有功功率}\\P=P_{0}[A_{p}(U/U_{0}{}^{2})^{N_{p}}+B_{p}(U/U_{0})+C_{p}](\omega/\omega_{0})^{F_{p}}\\\text{无功功率}\\Q=Q_{0}[A_{q}(U/U_{0}{}^{2})^{N_{q}}+B_{q}(U/U_{0})+C_{q}](\omega/\omega_{0})^{F_{q}}\end{cases} \tag{2-60}$$

$$\begin{cases}\text{有功功率}\\P=P_{0}[A_{p}(U/U_{0}{}^{2})^{N_{p}}+B_{p}(U/U_{0})+C_{p}][\omega_{0}+(\omega-\omega_{0})F_{p}]\\\text{无功功率}\\Q=Q_{0}[A_{q}(U/U_{0}{}^{2})^{N_{q}}+B_{q}(U/U_{0})+C_{q}][\omega_{0}+(\omega-\omega_{0})F_{q}]\end{cases} \tag{2-61}$$

式中：$P_0$ 为初始有功功率；$A_p$、$B_p$、$C_p$ 为有功功率-电压静特性参数，$A_p+B_p+C_p=1$；$U$ 为电压；$U_0$ 为初始电压；$\omega$ 为频率；$\omega_0$ 为初始频率；$N_P$ 为有功电压指数；$F_q$ 为有功频率系数；$A_q$、$B_q$、$C_q$ 为无功功率-电压静特性参数，$A_q+B_q+C_q=1$；$N_q$ 为无功电压指数；$F_q$ 为无功频率系数。

（5）综合负荷模型。综合负荷模型分为动态部分和静态部分。其中，动态部分采用感应电动机负荷模型结构，静态部分采用静态负荷模型结构。静态部分初始有功功率由负荷参数中的静态负荷比例确定。

此外，在综合负荷模型的基础上，加入等值发电机、配电网等值阻抗以及配电网无功补偿固定电容器部分，形成了考虑配电网的综合负荷模型，其结构如图 2-8 所示。

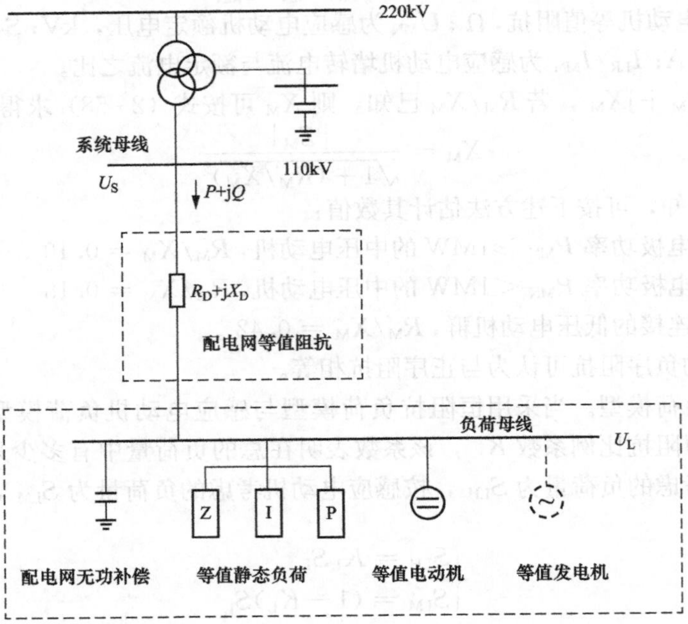


图 2-8　考虑配电网的综合负荷模型结构图

3. 直流输电系统模型

直流输电系统由直流相关元件和交流元件两大部分组成。前者包括换流器、逆变器和直流输电线等，后者包括换流变压器、滤波器等。其中，滤波器可为直流输电系统的运行提供无功补偿。按我国目前的直流输电系统设计、运行方式，其无功一般都是过补偿的，即在直流输电系统正常运行时，会对交流系统提供无功。

目前，国家电网公司的直流输电工程采用的控制保护技术大部分源于 ABB 技术，不同的工程之间，控制保护的结构与逻辑类似，控制细节、参数设定稍有区别。PSASP 与 PSD-BPA 暂态稳定仿真中使用最普遍的为同一直流模型，在 PSASP 中，该直流模型称为 5 型直流模型；在 PSD-BPA 中，该直流模型称为 DA 卡模型。整体上控制模型遵循的是 ABB 限幅型控制，即通过对电流控制输出触发角的上下动态限幅，实现不同的控制功能。

在发生短路故障时，直流输电系统自身提供的短路电流有限，但其滤波器会以并联电容器的形式对故障电流产生影响。根据直流输电系统运行经验，由于直流线路在交流输电系统故障后并不马上退出运行，依然会输送功率，因此其依然会吸收无功。对于补偿直流线路无功损耗的并联补偿，其在故障后发出的无功一般仍会被直流输电系统吸收，而且由于并联补偿的无功随着电压的平方变化，因此可能还会不足，还需占用部分过补偿容量，甚至从交流输电系统吸收无功。

当发生故障后 10ms 以内，直流整流侧的触发角会因控制系统调整而增大（由正常运行时的 15°左右增大到 40°左右），从而增加对无功的吸收。

从略为保守的角度考虑，在对短路电流进行估算时，可忽略直流输电系统，但应考虑无功补偿的过补偿部分，将这部分补偿作为并联电容接入直流接入点。若是基于潮流方式进行较精确的计算，可将直流输电系统作为恒阻抗负荷，同时考虑其无功的过补偿部分。

4. 等值系统模型

在进行短路电流计算时，经常需对外部系统进行等值，如下级电网在边界母线处等值上级电网，或反之。目前，对于正序系统的等值主要有两种不同的数学模型，一是考虑外部系统等值阻抗与等值电动势的等值发电机模型，即等值电动势源与系统等值阻抗串联，或等值电流源与系统等值阻抗并联；二是仅考虑外部系统等值阻抗的数学模型，即仅含有接地的系统等值阻抗。对于外部系统的负序和零序等值阻抗，可均按接地阻抗处理。

在无特别说明时可认为正序、负序阻抗相同。若给出的是边界母线的短路电流，则可按式(2-62)计算系统等值阻抗

$$Z_{eq} = \frac{E_{eq}}{I_f} \tag{2-62}$$

式中：$E_{eq}$ 和 $I_f$ 分别为等值电动势和短路电流的标幺值。

需要注意的是：

（1）在概略计算时，可取 $E_{eq} = 1.0\angle 0$ p. u. 。

（2）求取 $I_f$ 时，应将边界母线本系统侧的元件断开。

（3）若是多点等值，并且等值点之间在外部系统中有联系通路，则不可采用该方法，而应使用专用的多点等值程序，或 Ward 等值法进行等值计算。

5. 其他设备

除上述元件外，电力系统中还包括有母线、断路器、隔离开关、同步调相机、风力发电机组、光伏发电系统，以及 SVC（静止无功补偿器）、STATCOM（静止同步补偿器）等各种 FACTS（灵活交流输电系统）设备。PSASP、PSD-BPA 机电暂态仿真程序对风力发电机组、光伏发电系统、FACTS 进行了详细的仿真建模，并集成为详细的系统模型，且这些模型经过大量的实际仿真计算验证。这些元件在短路电流计算时采用的处理如下所述：

（1）母线作为网络的节点，其自身阻抗不考虑。

（2）断路器和隔离开关的阻抗忽略不计，其仅影响计算网络的拓扑结构。

（3）同步调相机按同步机处理。

（4）风力发电机组分为固定转速、双馈和直驱三种，前两种可按同等容量的感应电动机处理，最后一种可忽略其影响。

（5）光伏发电系统对短路电流的贡献目前还缺乏系统研究，但由于其通过逆变器并网，一般可忽略其对短路电流的影响。

（6）SVC、STATCOM 等 FACTS 设备也可忽略其对短路电流的影响。

# 第三章　PSASP 电力系统分析综合程序的使用

## 第一节　电力系统分析综合程序简介

电力系统分析综合程序（Power System Analysis Software Package，PSASP）是一套历史长久、功能强大、使用方便的电力系统分析程序，是高度集成和开放的具有我国自主知识产权的大型软件包。PSASP 的开发始于 1973 年，在计算机硬件软件环境方面，PSASP 经历了晶体管计算机的机器指令版、小型机 FORTRAN 语言版、微机 DOS 版和微机 Windows 版。多年来，PSASP 一方面不断增加和扩展其功能以适应飞速发展的电力系统计算分析的需要；另一方面它不断跟踪计算机新技术，使其应用更加友好和方便。

PSASP 为我国一些重大电力工程项目的建设和运行做出了重要贡献，广泛应用于全国各网省调、香港地区的电网规划设计、生产调度运行、科学研究、高等院校、大工业用电企业、地调和县调等，已拥有超过 600 家用户，成为电力系统设计运行和实验研究的必备工具。

1. PSASP 程序的基本构成

PSASP 程序主要包含潮流计算、暂态稳定计算、短路电流计算、最优潮流和无功优化计算、静态安全分析计算、网损分析计算、静态和动态等值计算、用户自定义模型和程序接口、直接法稳定计算、小干扰稳定分析、电压稳定分析、继电保护整定计算、线性/非线性参数优化、谐波分析、马达启动计算等模块。

目前 PSASP 最新的版本是 PSASP7 系列，PSASP7 的开发立足于可修改、可扩展、跨平台、兼容性好、数据库通用、设置灵活等新的设计理念、总体架构和开发手段，既保持了核心计算的功能强大和可靠，又为今后的持续发展奠定了良好的基础。

PSASP7 拥有全新的图模一体化平台，同一系统可有多套电网图形，支持厂站主接线，可实现各类元件图元样式的灵活定义和扩展。可边绘图边建数据，在数据已知的情况下可以自动快速绘制。PSASP7 具有全新的用户自定义建模环境。在设计过程中吸取了 Matlab 和 Visio 等工具的优点，应用图形组态技术，可灵活定义功能框的样式。程序引入了模型组件的概念，通过建立组件库起到扩展功能框的作用。

PSASP7 的体系结构如图 3 - 1 所示。

2. PSASP 图模一体化平台

为了便于用户使用以及软件功能扩充，在 PSASP7 中设计和开发了图模一体化支持平台。该平台具备多文档界面（Multi Document Interface，MDI），可以方便地建立电网分析的各类数据，绘制所需要的各种图形（单线图、地理位置接线图、厂站主接线图等）。该平台服务于 PSASP 的各计算模块，在此之上可以进行各种分析计算，输出计算结果。

PSASP 图模一体化平台的主要功能和特点可概括如下。

（1）用户可以通过平台方便地建立电网数据、绘制电网图形、进行各种分析计算，人机界面友好，操作方便。

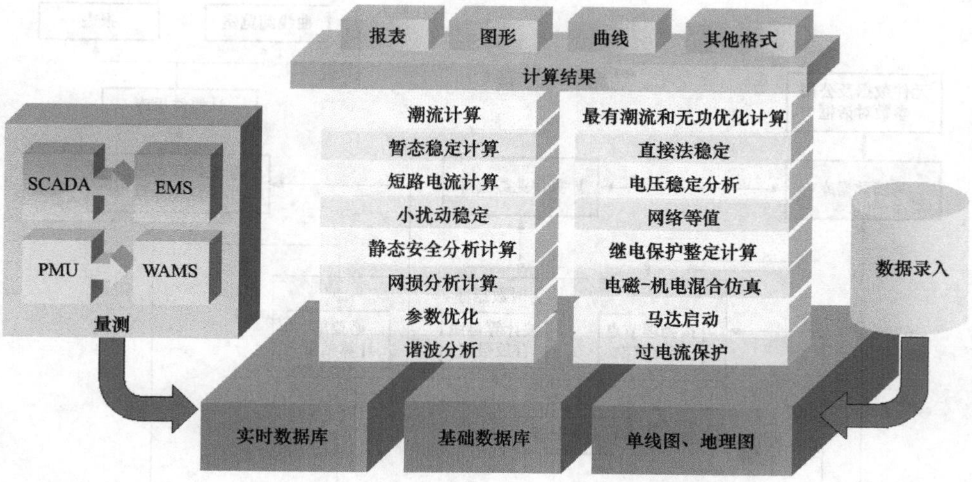


图 3-1　PSASP7 的体系结构

（2）真正实现了图模一体化。可边绘图，边建数据，也可根据已有数据进行图形自动快速绘制。图形、数据自动对应，所见即所得。

（3）应用该平台可以绘制各种电网图形，包括单线图、地理位置接线图、厂站主接线图等，具体特点包括：①图形独立于计算模块，并为各计算模块共享；②可在图形上进行各种计算操作，并在图上显示各种计算结果；③同一系统可对应多套单线图、地理位置接线图、厂站主接线图，多层子图嵌套；④可定义各种厂站主接线模板，通过模板自动生成厂站主接线图及其数据；⑤各种电网图形基于统一的图形组态定义，实现了各类元件图元样式的灵活定义和扩展。

（4）具备安全的数据架构，进行了层次化的数据保护，保证了电网数据和图形的安全性和一致性。

（5）采用实时数据库为图形界面显示和分析计算提供快速数据访问途径，从而保证了 PSASP7 版图形显示和分析计算的高效性，并可与在线数据接口，便于 PSASP 的在线应用。

（6）具备网络拓扑和网络校验功能，可对各计算模块的计算数据进行数据校验和网络拓扑计算。

（7）兼容 PSASP 各种版本的数据，提供 BPA、IEEE 等数据格式的转换接口。

（8）通过与实际厂站中物理元件的对应，实现 PSASP 与在线数据接口。平台可接入 SCADA/EMS 等实际量测信息，实现 PSASP 在线分析计算。

（9）使用标准 Qt 图形库支持，保证了程序的多平台兼容性，可运行于 Windows/Linux/UNIX 操作系统下。

（10）向 AutoCAD，MatLab，Excel 等通用软件开放。

PSASP7 图模一体化平台包括基础数据库、单线图、地理位置接线图、厂站主接线图、实时数据库、用户自定义建模环境等。平台组成及关系如图 3-2 所示。

3. *PSASP7 程序的启动*

在开始菜单程序组“电力系统分析综合程序（PSASP）”中点击 PSASP 7 菜单项，弹出 PSASP7 软件欢迎界面。

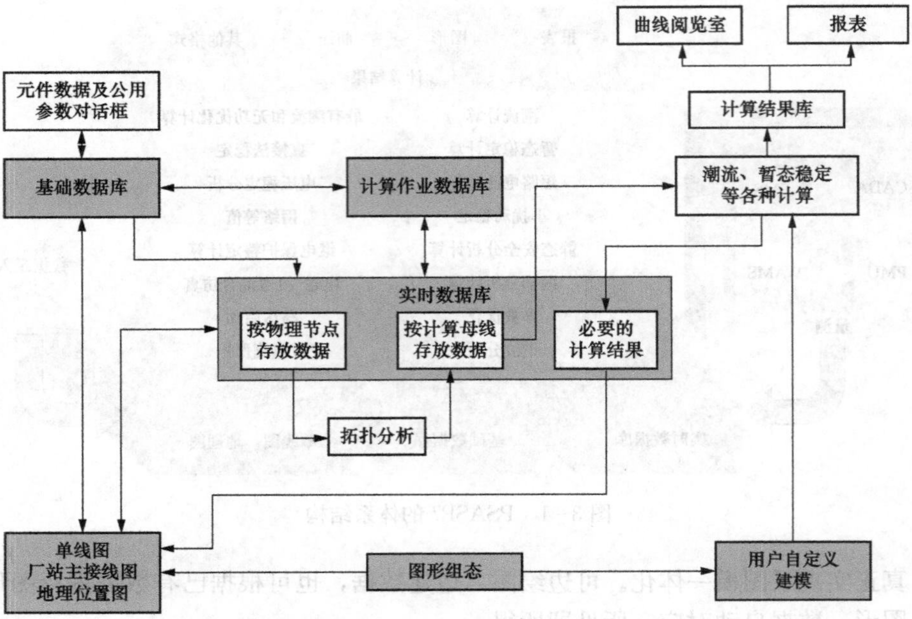


图 3-2　PSASP7 图模一体化平台组成及关系图

之后即进入图模一体化平台集成环境。PSASP7 的数据和图形以工程方式组织，工程即一套电力系统数据、图形（包括单线图、地理图、厂站图等）和计算结果的统称。每个工程对应一个存储目录及一个工程名。

如果要新建工程，需选取菜单“工程 | 新建…”项或点击“文件”工具栏中的“ ”按钮，弹出如图 3-3 所示的“新建工程”对话框。

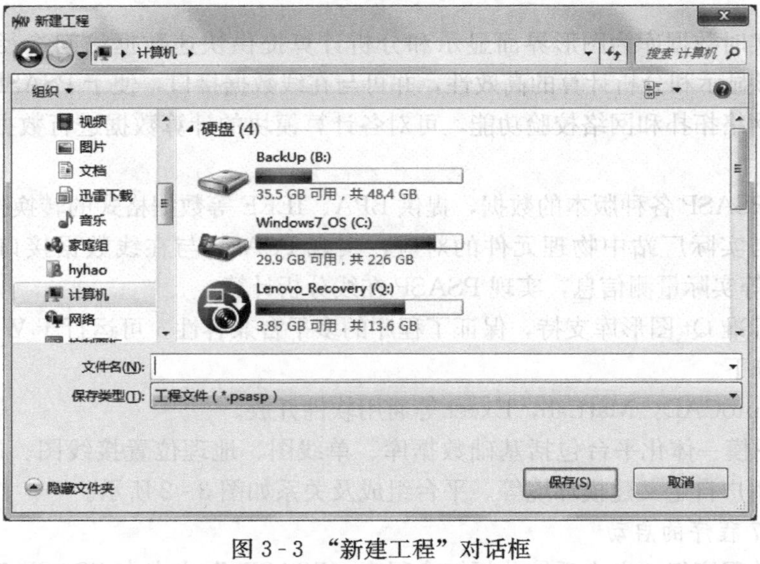


图 3-3　“新建工程”对话框

在该对话框中，选择工程存放的路径，并给出对应的工程名，之后点击“保存”按钮，即可新建一个工程。点击“取消”按钮，即取消新建工程操作。

注意：新建工程将在所选路径下建立一个与工程同名的文件夹，工程的所有文件均保存在该文件夹下。

如需打开一个已有工程，需选取菜单“工程｜打开工程…”项或点击“文件”工具栏中的“📂”按钮，弹出如图3-4所示的“打开工程”对话框。

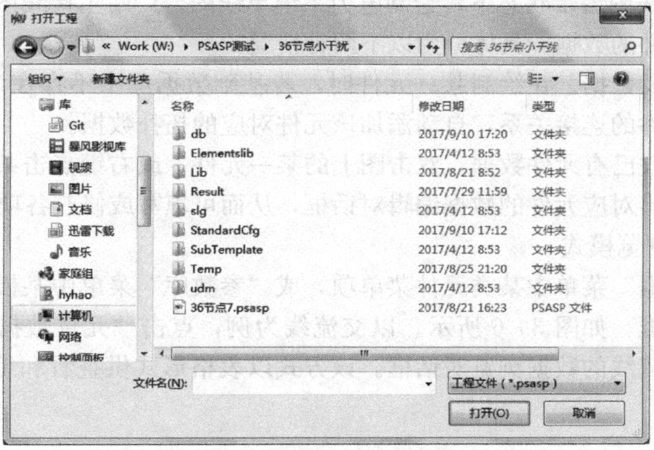

图3-4 “打开工程”对话框

在该对话框中，选择要打开的工程文件（后缀为“psasp”），之后点击“打开”按钮，即可打开所选择的工程。

4. PSASP7建立数据的基本方法

在进行电力系统元件数据录入之前，应先对电网进行划分，划分的内容包括区域、分区、厂站，它们的逻辑关系分别为区域包含分区，分区包含厂站，厂站包含母线，母线包含节点。一个工程至少有一个区域、一个分区和一个厂站。最好按照实际情况建立相应关系。区域、分区、厂站、母线和节点的关系如图3-5所示。

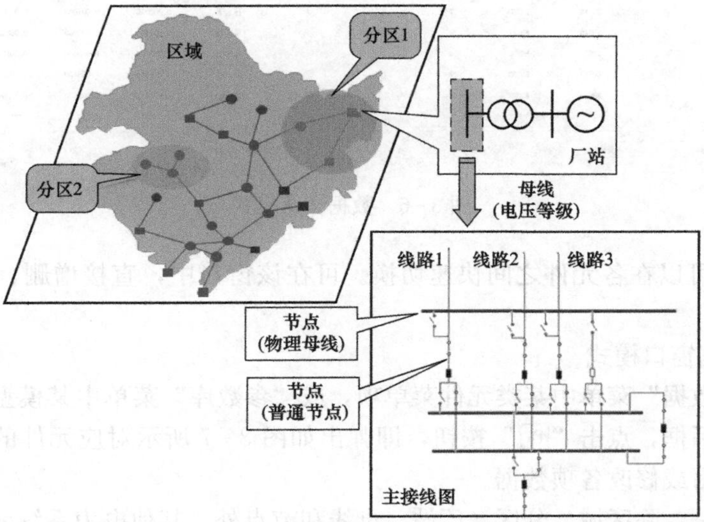


图3-5 区域、分区、厂站、母线和节点的关系

PSASP7可通过单线图操作、数据浏览模式和数据窗口模式三种方式来新建、编辑和浏览数据。在图模一体化平台的单线图编辑状态下，可以通过上述方式编辑基础数据库中的元件数据。

方式1：单线图操作

在PSASP7单线图编辑状态下，绘制电力系统单线图、厂站主接线图各元件的同时，即可建立和编辑各元件的数据。具体分为以下两种情况：

（1）新建元件及数据。在绘制某一元件时，若基础数据库中不存在该元件对应的数据，则程序会根据该元件的连接关系，自动添加该元件对应的拓扑数据。

（2）查看、修改已有元件数据。双击图上的某一元件，或右键点击某一元件，选取“数据”菜单项，即弹出对应元件的数据编辑对话框，从而可填写或修改各项数据。

方式2：数据浏览模式

点击“元件数据”菜单中某类元件菜单项，或“参数库”菜单中某模型参数菜单项，即弹出数据浏览对话框，如图3-6所示。以交流线为例，点击“元件数据 | 交流线…”菜单项，便进入编辑交流线的数据浏览对话框。该方式以表格形式供查看和编辑，便于各记录间的数据比较。

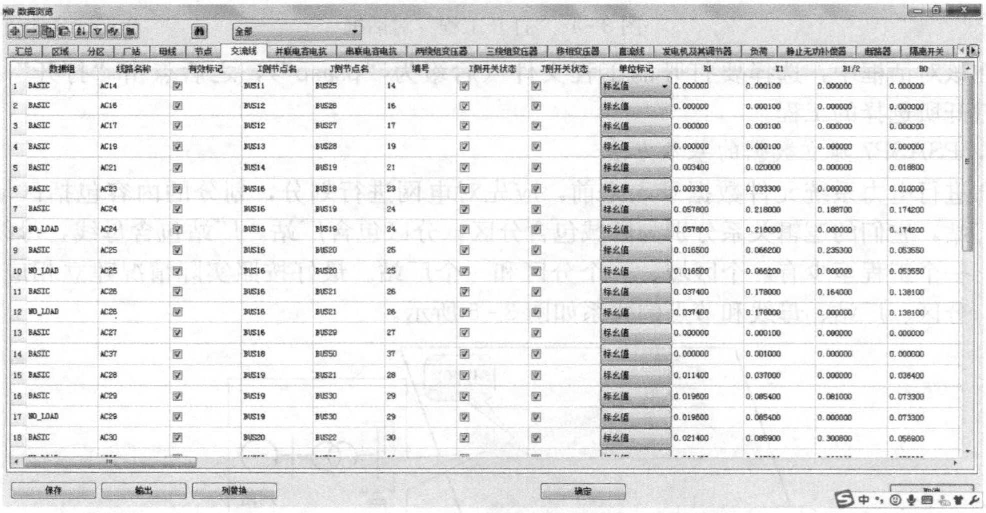


| | 数据组 | 线路名称 | 有效标记 | I侧节点名 | J侧节点名 | 编号 | I侧开关状态 | J侧开关状态 | 单位标记 | R1 | X1 | B1/2 | B0 |
|---|---|---|---|---|---|---|---|---|---|---|---|---|---|
| 1 | BASIC | AC14 | ☑ | BUS11 | BUS25 | 14 | ☑ | ☑ | 标幺值 | 0.000000 | 0.000100 | 0.000000 | 0.000000 |
| 2 | BASIC | AC16 | ☑ | BUS12 | BUS26 | 16 | ☑ | ☑ | 标幺值 | 0.000000 | 0.000100 | 0.000000 | 0.000000 |
| 3 | BASIC | AC17 | ☑ | BUS12 | BUS27 | 17 | ☑ | ☑ | 标幺值 | 0.000000 | 0.000100 | 0.000000 | 0.000000 |
| 4 | BASIC | AC19 | ☑ | BUS13 | BUS28 | 19 | ☑ | ☑ | 标幺值 | 0.000000 | 0.000100 | 0.000000 | 0.000000 |
| 5 | BASIC | AC21 | ☑ | BUS14 | BUS19 | 21 | ☑ | ☑ | 标幺值 | 0.003400 | 0.020000 | 0.000000 | 0.018800 |
| 6 | BASIC | AC23 | ☑ | BUS16 | BUS18 | 23 | ☑ | ☑ | 标幺值 | 0.003300 | 0.033300 | 0.000000 | 0.010000 |
| 7 | BASIC | AC24 | ☑ | BUS16 | BUS19 | 24 | ☑ | ☑ | 标幺值 | 0.057800 | 0.218000 | 0.188700 | 0.174200 |
| 8 | NO_LOAD | AC24 | ☑ | BUS16 | BUS19 | 24 | ☑ | ☑ | 标幺值 | 0.057800 | 0.218000 | 0.000000 | 0.174200 |
| 9 | BASIC | AC25 | ☑ | BUS16 | BUS20 | 25 | ☑ | ☑ | 标幺值 | 0.016500 | 0.066200 | 0.235300 | 0.053550 |
| 10 | NO_LOAD | AC25 | ☑ | BUS16 | BUS20 | 25 | ☑ | ☑ | 标幺值 | 0.016500 | 0.066200 | 0.000000 | 0.053550 |
| 11 | BASIC | AC26 | ☑ | BUS16 | BUS21 | 26 | ☑ | ☑ | 标幺值 | 0.037400 | 0.178000 | 0.164000 | 0.138100 |
| 12 | NO_LOAD | AC26 | ☑ | BUS16 | BUS21 | 26 | ☑ | ☑ | 标幺值 | 0.037400 | 0.178000 | 0.000000 | 0.138100 |
| 13 | BASIC | AC27 | ☑ | BUS16 | BUS29 | 27 | ☑ | ☑ | 标幺值 | 0.000000 | 0.000100 | 0.090000 | 0.000000 |
| 14 | BASIC | AC37 | ☑ | BUS18 | BUS50 | 37 | ☑ | ☑ | 标幺值 | 0.000000 | 0.001000 | 0.000000 | 0.000000 |
| 15 | BASIC | AC28 | ☑ | BUS19 | BUS21 | 28 | ☑ | ☑ | 标幺值 | 0.011400 | 0.037000 | 0.000000 | 0.036400 |
| 16 | BASIC | AC29 | ☑ | BUS19 | BUS30 | 29 | ☑ | ☑ | 标幺值 | 0.019600 | 0.085400 | 0.081000 | 0.073300 |
| 17 | NO_LOAD | AC29 | ☑ | BUS19 | BUS30 | 29 | ☑ | ☑ | 标幺值 | 0.019600 | 0.085400 | 0.000000 | 0.073300 |
| 18 | BASIC | AC30 | ☑ | BUS20 | BUS22 | 30 | ☑ | ☑ | 标幺值 | 0.021400 | 0.085900 | 0.300800 | 0.056900 |

图3-6 数据浏览模式

通过标签，可以在各元件之间快速切换。可在该窗口中，直接增删、修改交流线基础数据。

方式3：数据窗口模式

点击“元件数据”菜单中某类元件菜单项，或“参数库”菜单中某模型参数菜单项，即弹出数据浏览对话框，点击“▣”按钮，即弹出如图3-7所示对应元件的“数据编辑”对话框，从而可填写或修改各项数据。

需要注意的是，除区域、分区、厂站、母线和节点外，其他电力系统元件数据，都含有一个数据组属性。利用数据组可将数据根据需要合理组织和科学命名，以便计算时抽取形成所需数据，从而起到灵活定义电网规模结构和运行方式的作用。

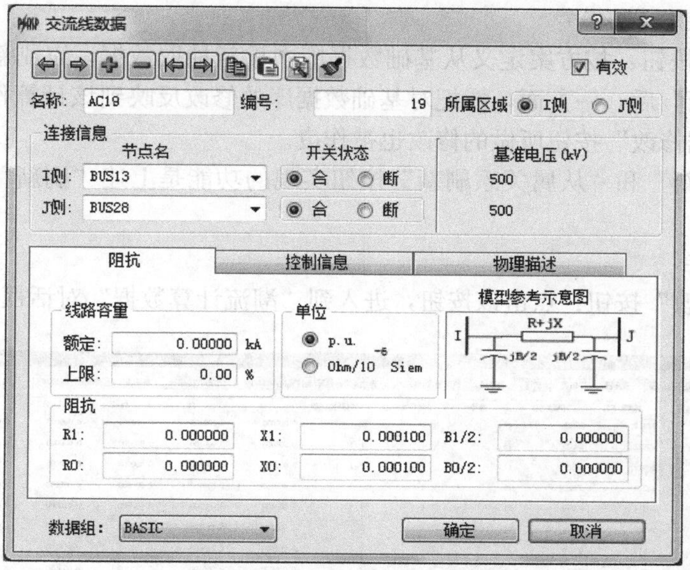


图 3-7 “数据编辑”对话框

## 第二节 PSASP潮流程序

执行潮流计算之前，需要先定义潮流计算作业。

进入潮流计算运行环境后，点击菜单“潮流｜作业定义”或工具栏中的，弹出“潮流计算信息”对话框，如图 3-8 所示。

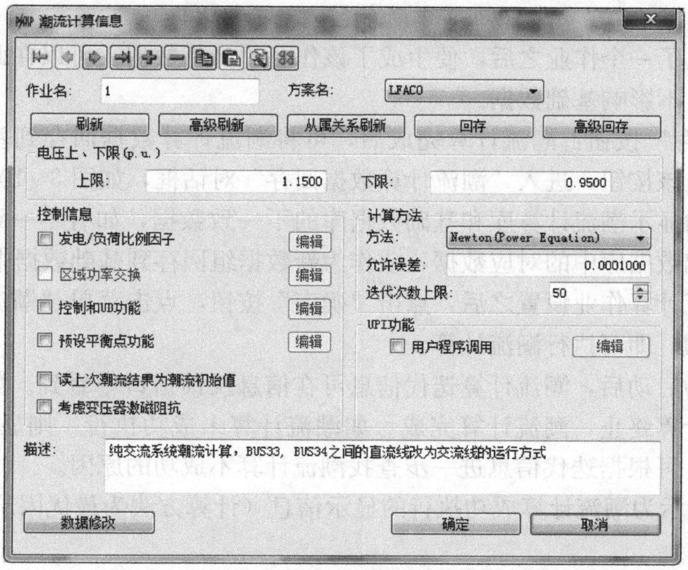


图 3-8 “潮流计算信息”对话框

点击工具栏中的“[+]”可以新建一个潮流计算作业。该对话框中主要有以下部分。

1. 潮流作业定义栏

(1)“刷新”按钮：按方案定义从基础数据库中重新抽取数据，以刷新该潮流作业计算数据。点击“刷新”后，一方面，能把对基础数据库的修改反映到该计算作业中来；另一方面，曾通过“数据修改”按钮所做的修改也被作废。

(2)“高级刷新”和“从属关系刷新”按钮实现的功能是上述“刷新”按钮实现功能的改进。

2. 控制信息栏

(1)“数据修改”按钮：点击该按钮，进入到“潮流计算数据”对话框，如图 3-9 所示。

图 3-9 “潮流计算数据”对话框

当选择或定义了一个作业之后，便生成了该作业的计算数据，可以在此处仅对计算数据进行调整和修改，不影响基础数据。

(2)“高级回存”按钮：潮流计算完成后，可将潮流计算数据回存到基础数据中，保存该潮流方式。点击该按钮，进入“潮流计算数据回存”对话框，如图 3-10 所示。

该界面将自动显示潮流计算库和基础数据库的不一致数据，如有不一致，可选择用计算数据直接覆盖基础数据库中的对应数据，或作为新数据组回存到基础数据中。

完成以上潮流计算作业设置之后，点击“确定”按钮，点击菜单“潮流 | 潮流计算”或在工具栏上点击[▷]，即可执行潮流计算。

潮流计算成功启动后，潮流计算迭代信息可在信息反馈窗口中看到。如潮流计算成功执行，则显示潮流计算终止，潮流计算完成。如潮流计算未成功执行，则显示潮流计算终止，潮流计算不成功，可根据迭代信息进一步查找潮流计算不成功的原因。

如图 3-11 所示为潮流计算成功执行的显示信息（计算方法为最优因子法 Optimum Factor）。

如图 3-12 所示为潮流计算未成功执行的显示信息（计算方法为最优因子法 Optimum Factor）。

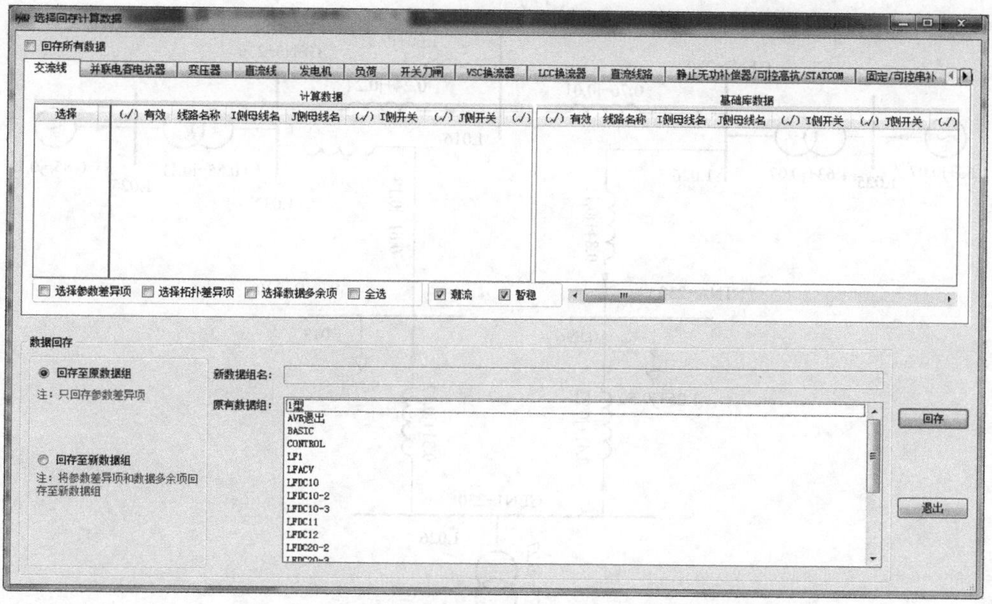


图 3-10 “潮流计算数据回存”对话框

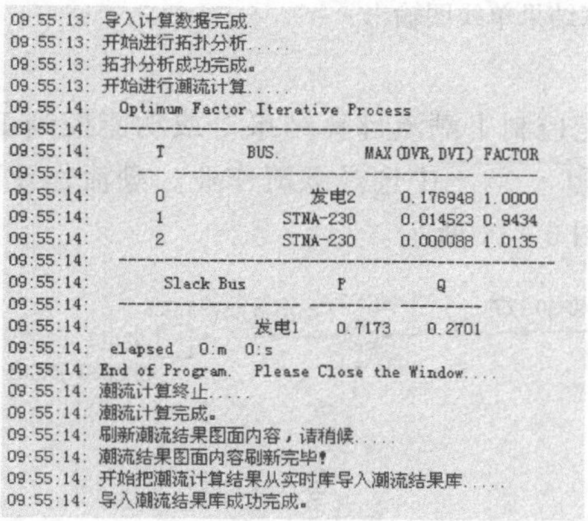


图 3-11 潮流计算成功执行

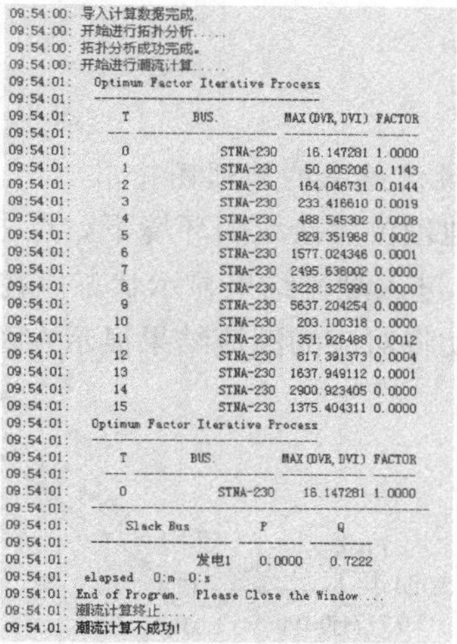


图 3-12 潮流计算未成功执行

一个潮流计算成功执行（又称收敛）后，该潮流作业的计算结果即会保存在数据库中。PSASP7 提供多种计算结果查看方式：在单线图和地理图中展示潮流结果状态；以 Excel 报表或文本形式输出结果报表。

1. 潮流结果的单线图输出

点击菜单“潮流｜潮流结果”或工具栏中的PQ，可在画好的单线图上显示潮流结果。执行潮流计算后，如果潮流计算收敛，单线图上显示内容会自动切换到潮流结果显示，如图 3-13 所示。

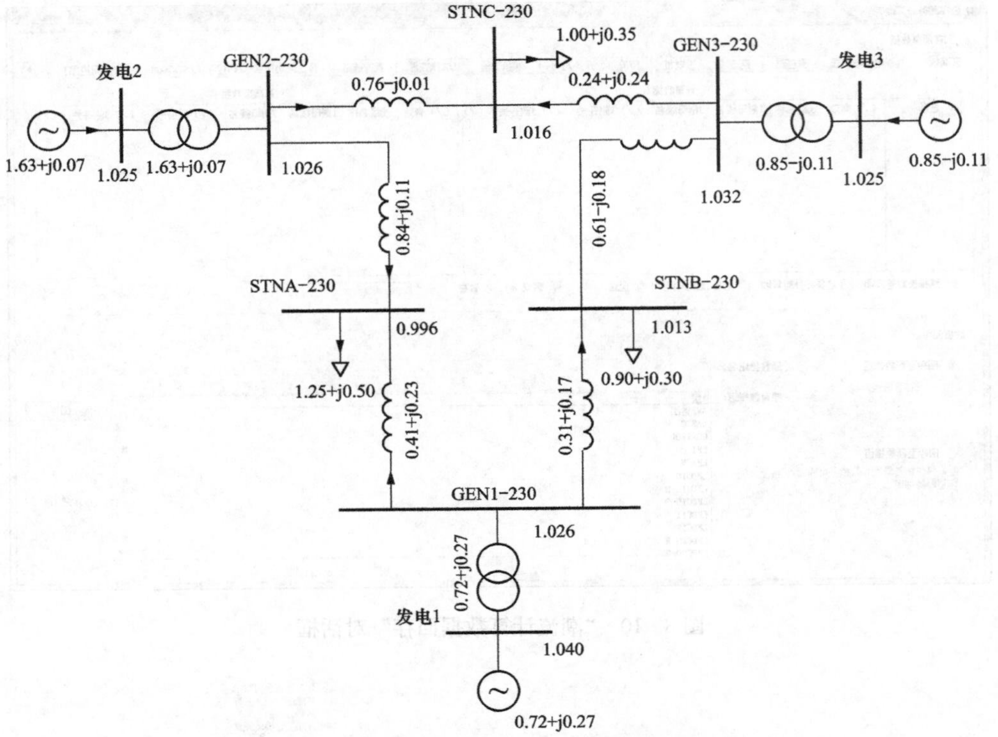


图 3-13　潮流计算结果单线图输出

2. 潮流结果的地理图输出

在地理位置接线图环境下，点击菜单“功能控制｜潮流计算结果”或功能控制工具栏按钮，进入潮流结果显示状态。在作业下拉框中选择潮流作业。潮流作业确定后，程序自动将对应的潮流结果显示在画面上。如图 3-14 所示。

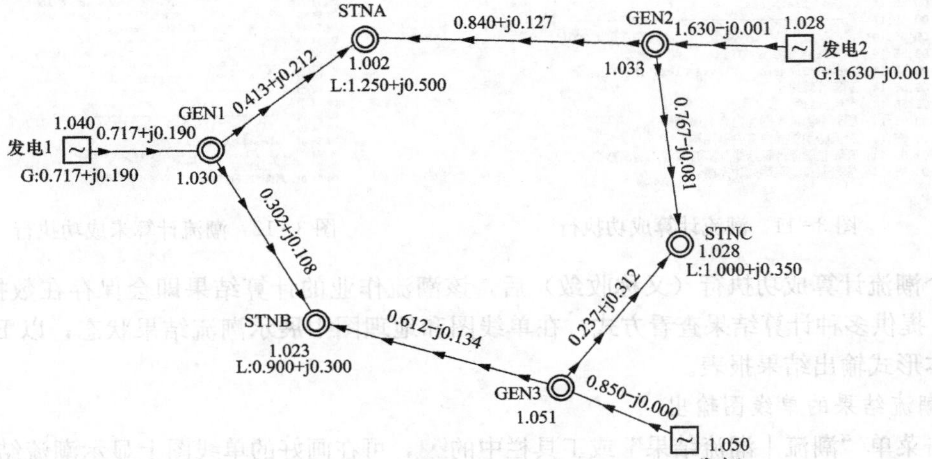


图 3-14　潮流计算结果地理图输出

3. 潮流结果报表的灵活编辑

在图模一体化平台的潮流输出菜单中，可选择潮流结果报表输出。点击菜单“潮流｜报表输出”或工具栏中的，再点击子菜单中的“潮流输出”，进入“潮流结果报表输出”对话框，如图 3-15 所示。

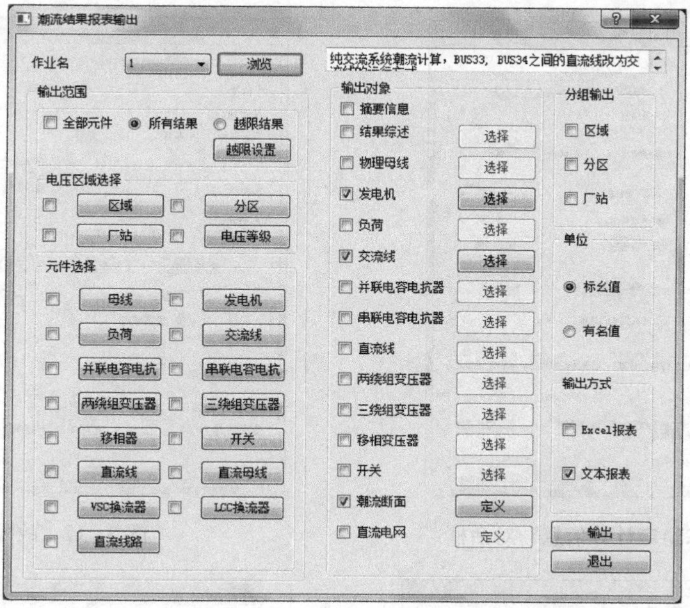


图 3-15“潮流结果报表输出”对话框

在此界面定义需要输出的内容，可以 Excel 报表和文本形式输出。

## 第三节　PSASP 稳定程序

进入暂态稳定计算运行环境后，点击暂态稳定工具栏中的作业定义按钮“”或暂态稳定计算菜单中“作业定义”菜单命令，弹出“暂态稳定计算信息”对话框，如图 3-16 所示。通过该对话框可完成暂态稳定计算作业定义的所有工作。

选择“网络故障”前的复选框后，点击“编辑”按钮调出相应对话框进行故障的设置，如图 3-17 所示。

点击工具栏“”按钮增加一条记录，“故障地点”选择一条支路（如交流线、变压器、并联电容电抗器等），“故障点位置 K”为 100%，“故障方式”选择三相接地，“故障接入时间”起始时间为 0s，结束时间为 0.12s。以上设置表示交流系统三相短路故障，0s 故障，0.12s 切除。如图 3-18 所示。

点击“输出信息”中的“选择”按钮，弹出相应对话框进行输出信息的录入，如图 3-19 所示。

该对话框提供了丰富的输出信息，可以将暂态稳定计算的 10 多类输出量（发电机功角，母线电压相角，母线电压，发电机变量，感应电动机变量，SVC 变量，直流线变量，交流线路、变压器支路变量，TCSC 变量，负荷变量等）中，同一类的几个变量组合在一个坐标系中。变量以不同的坐标作为区别，既可在计算完毕后以报表和曲线的形式输出变量数值，又可选择其中若干在计算过程中监视变量的数值变化。在设置时，需要选中某一个变量坐标，再点击“选择”按钮，进入相应子窗口进行编辑。

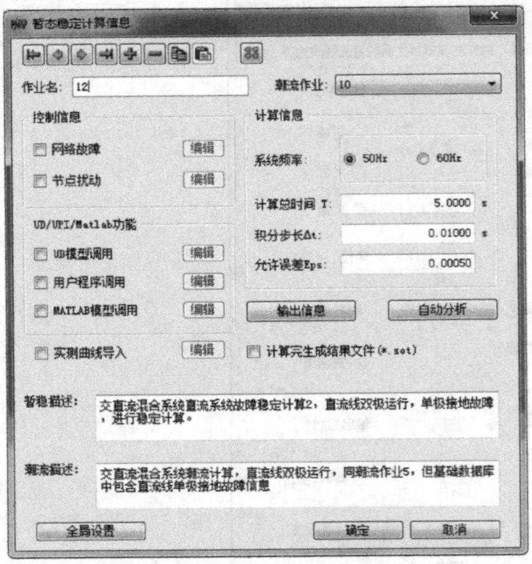


图 3-16 “暂态稳定计算信息”对话框

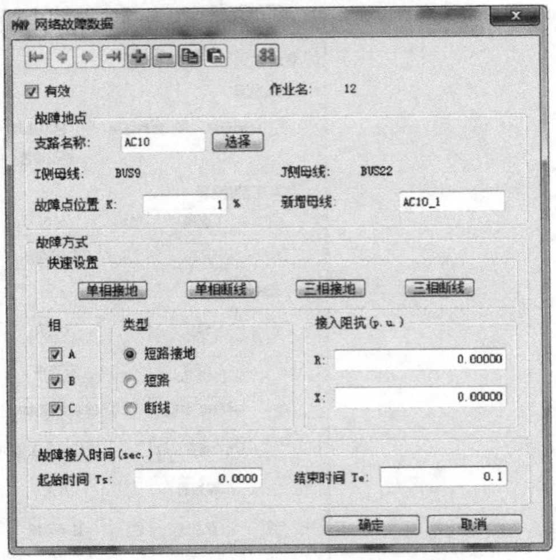


图 3-17 故障设置

图 3-18 网络故障数据设置举例

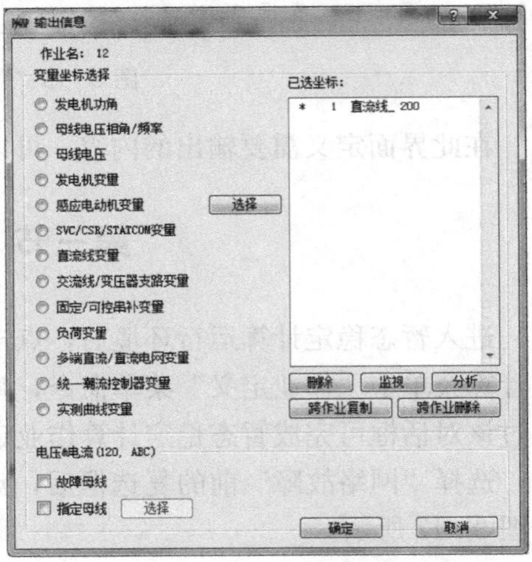


图 3-19 “输出信息”对话框

当建立完成暂态稳定计算作业后，可进行暂态稳定计算。将需进行计算的作业选择为当前暂态稳定作业，点击“暂稳计算工具栏”的“启动”按钮“”或“暂稳 | 启动”菜单命令即可开始该作业的暂态稳定计算。

通过点击“暂稳工具栏”的报表曲线按钮“”或“暂稳 | 报表曲线”菜单项，并选择相应的摘要信息、直接方式、编辑方式、自动分析、输出至文件、电流电压输出等功能即可进行计算结果的输出。

## 第四节 PSASP短路电流程序

PSASP7具有强大的短路电流计算功能，主要特点有：

(1) 可进行交直流混合电力系统的短路电流计算。

(2) 可进行电网的正序、负序、零序戴维南等值阻抗计算，可以在设定范围内进行扫描计算，也可在指定地点进行。

(3) 可进行简单故障方式的短路电流计算，可以在设定范围内进行扫描计算，也可在指定地点进行。

(4) 可进行复杂故障方式短路电流计算，即任意母线和线路上任意点的各种组合方式的复杂故障计算。

(5) 计算时可考虑平行线路零序互感的影响。

(6) 短路电流计算可基于给定的潮流方式，也可以基于网架结构、不基于潮流方式进行。

其中，扫描计算是指依次在扫描范围内的每一条母线处设置预定的简单故障，逐一计算，直到全部母线计算完毕。若扫描范围内共有 $n$ 条母线，则共进行 $n$ 次短路电流计算，各计算相互独立互不影响。

PSASP7短路电流计算大体分为两类，一类是基于方案的短路电流计算，另一类是基于潮流的短路电流计算。前者可以看作是对短路电流的估算，后者可以看作是针对某一具体运行方式的短路电流计算。

PSASP7基于方案短路电流计算的基本计算方法，所采用的计算条件是：

(1) 忽略负荷。

(2) 将发电机电抗后电动势设为1.0p.u.，相角为0°计算时，在接入故障前先由发电机电抗后电动势计算全网各母线开路电压。

(3) 同步发电机模型只考虑 $X_d'$ 或 $X_d''$。

(4) 考虑支路电阻、变压器非标准变比、并联无功补偿等。

此外，在基于方案计算时还可以自由指定计算条件或者选择计算条件组合。

PSASP7基于潮流的短路电流计算所采用的计算条件是：

(1) 考虑负荷，负荷模型可以是恒阻抗或感应电动机，其他类型的负荷模型均按恒阻抗考虑。

(2) 将潮流计算结果电压作为开路电压。

(3) 同步发电机按所设定的模型考虑，可设定各种详细程度不一的模型，从6阶到2阶经典模型。

(4) 考虑支路电阻、变压器非标准变比、并联无功补偿等。

PSASP7按“作业”方式组织短路电流计算数据和计算结果。一个“作业”可以看作是一次计算过程所需全部数据、计算设置和计算结果的集合，不同作业之间的计算设置和计算结果不会相互影响。

PSASP7短路电流计算信息对话框如图3-20所示。

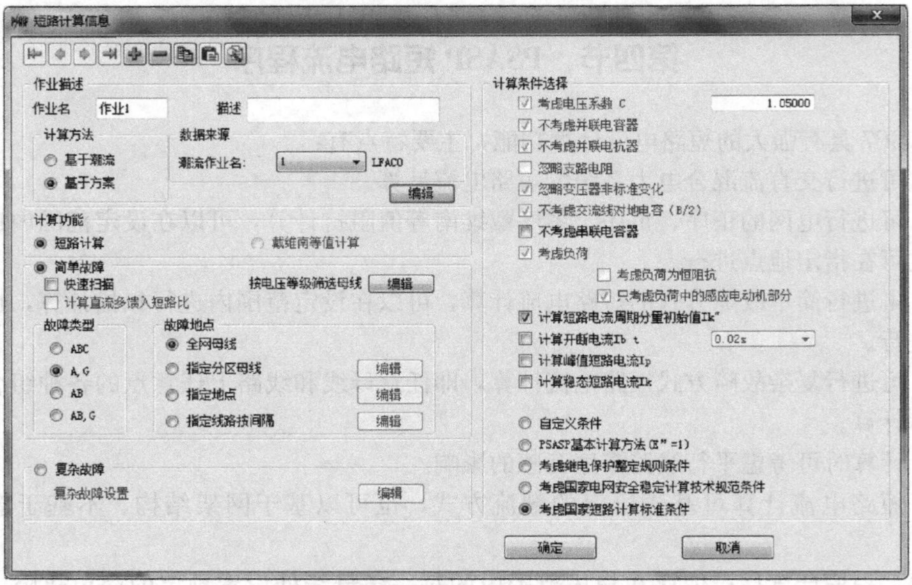

图 3-20　PSASP7 短路电流计算信息对话框

该对话框主要由以下几部分组成。

(1) 作业描述栏。

1) 作业名：作业名称。

2) 计算方法：在该栏中可以选择是否基于潮流进行短路电流计算，并选择相应的潮流作业。如果是基于方案的短路电流计算也需要选择一个潮流作业，只是该潮流作业不要求收敛。实际上 PSASP 短路程序借用了潮流程序的计算库，以方便对计算数据的修改。

(2) 计算功能栏。

1) 短路计算栏：短路电流计算。

2) 戴维南等值阻抗栏：戴维南等值阻抗计算。

(3) 简单故障栏。选中后可以设置简单故障，简单故障是指在同一时刻系统内只有一个故障发生，无论设置多少简单故障，这些故障间都没有相互影响。

1) 快速扫描栏：勾选后程序将仅计算故障点电流，不计算母线电压、支路电流，从而达到节约计算时间、缩小结果数据的目的。

2) 故障类型栏：可选其一。

a. ABC 为三相短路故障。

b. A，G 为 A 相短路接地故障。

c. AB 为 AB 两相短路故障。

d. AB，G 为 AB 两相短路接地故障。

3) 故障地点栏，可通过以下四种方式之一来确定故障地点：

a. 全网母线表示是否进行全网各母线短路扫描计算。

b. 指定分区母线表示是否进行某分区中各母线短路扫描计算。

c. 指定地点表示是否指定短路点。

d. 指定线路按间隔表示选择一条线路按固定间隔设置简单故障并计算，可监测故障点和各支路电流的变化。

(4) 复杂故障栏：是否为复杂故障。

复杂故障是指在同一时刻系统内有两个或两个以上的故障同时发生。在一个短路作业中，复杂故障和简单故障计算只能二选一。

若要进行戴维南等值计算，可选择图 3-20 中“戴维南等值计算”。

(5) 计算条件选择栏。该栏内的各项只有在进行基于方案的简单故障计算时才可选，其中上方 10 个计算条件和 4 个计算量的有效性，由下方 5 种计算方法选择决定。

10 个可选的计算条件如下：

1) 考虑电压系数 C。选择该项后，程序将按照设定的电压系数直接设置网络的开路电压。

2) 不考虑并联电容器。选择该项后，程序将忽略数据中所有并联电容器。

3) 不考虑并联电抗器。选择该项后，程序将忽略数据中所有并联电抗器。

4) 忽略支路电阻。选择该项后，程序将忽略数据中所有支路电阻，包括交流线、变压器、并联电容电抗、串联电容电抗等的电阻。

5) 忽略变压器非标准变比。选择该项后，程序将认为变压器分接头位于主抽头位置。

6) 不考虑交流线对地电容 (B/2)。选择该项后，程序将忽略所有线路对地电容。

7) 不考虑串联电容器。选择该项后，程序将忽略串联电容器。

8) 考虑负荷。选择该项后，程序将考虑负荷对短路电流的影响，且按照负荷的实际模型进行处理。

a. 考虑负荷为恒阻抗。只有选择了考虑负荷项，该项才可进行选择。选择该项后，程序将所有负荷模型都作为恒阻抗处理。

b. 只考虑负荷中的感应电动机部分。只有选择了考虑负荷项，该项才可进行选择。选择该项后，程序将只考虑负荷模型中的感应电动机部分。

4 个计算量如下：

1) 计算短路电流周期分量初始值 $I_k''$，该值即为通常短路电流计算时得到的结果。

2) 计算开断电流 $I_b$，该值为短路电流周期分量经过一定时间衰减后的结果。通过合理设置 $t$ 的数值，可以估算在断路器开断时刻短路电流周期分量的值。

3) 计算峰值短路电流 $I_p$，该值为短路时短路电流的峰值，包含周期分量和非周期分量。

4) 计算稳态短路电流 $I_k$，该值为短路电流在周期分量和非周期分量衰减结束后的结果。

5 种计算方法如下：

1) 自定义条件。选择该项时，用户可指定计算考虑的条件，此时前 7 个计算条件均可选，4 个计算量中只能选择“计算短路电流周期分量初始值 $I_k''$”。需要注意的是如果选择了“考虑电压系数 C”，则程序直接将故障点开路电压按 C 设置，如果没有选择，则程序依然按照发电机电抗后电动势为 $1\angle 0°$p. u. 计算全网开路电压。

2) PSASP 基本计算方法 ($E''=1$)。该方法对应于 PSASP 基于方案的基本算法和计算条件。选择该项时，前 7 个计算条件均无效且不可选，程序按照发电机电抗后电动势为 $1\angle 0°$p. u. 计算全网开路电压。

3) 考虑继电保护整定规则条件。选择该项时前 7 个计算条件均无效，但“忽略支路电阻”“忽略变压器非标准变比”和“不考虑交流线对地电容（B/2）”均默认选中，4 个计算量中只能选择“计算短路电流周期分量初始值 $I''_k$”。此时，程序将按照继电保护整定规程规定的方法进行计算。

4）考虑国家电网安全稳定计算技术规范条件。选择该条件后程序将根据安全稳定计算技术规范设定默认条件，此时电压系数和是否考虑负荷可设置。若考虑负荷可选择按数据中原始负荷模型考虑、将负荷考虑为恒阻抗，以及仅考虑负荷中的感应电动机部分。

5）考虑国家短路电流计算标准条件。选择该项后，程序将根据国家短路电流计算标准（等同于 IEC 60909《三相交流系统短路电流计算》）进行计算，此时前 6 个计算条件选择框均不可编辑，除“忽略支路电阻”项外，其余各相均选中；“不考虑串联电容器”项有效，默认选中；程序可计算全部 4 个计算量；$I''_k$和 $I_k$ 必须有一个选中，如果计算 $I_b$ 或 $I_p$，必须计算 $I''_k$。

在计算完毕后，PSASP7 可通过报表输出短路电流计算结果，也可直接在单线图上显示结果。

# 第四章　PSD电力系统分析软件工具的使用

## 第一节　PSD电力系统分析软件工具简介

PSD电力系统分析软件工具（见图4-1）是中国电力科学研究院系统所电力系统分析软件包的统一标志，简称PSD软件（PSD是电力系统研究所的英文Power System Department缩写）。

图4-1　PSD电力系统分析软件工具图标

自20世纪80年代，BPA（Bonneville Power Administration）电力系统仿真工具引进中国，中国电力科学研究院系统所几代人持续不断跟进电力系统新技术发展，在仿真技术方面，通过研究、开发及应用等环节迭代式探索，已形成成熟可靠的PSD电力系统仿真分析应用软件体系，开发实现了具备完全自主知识产权的暂态稳定仿真、全过程动态稳定仿真、机电电磁混合仿真等一系列先进的大型软件仿真工具，有力地促进了我国数字仿真技术的自主研发和推广应用。

PSD电力系统分析软件工具计算规模大、速度快、数值稳定性好、界面友好、功能强大、运行可靠，已在我国电力系统规划、设计、调度、生产运行、科研部门以及高校教学、科研中得到广泛应用，应用范围覆盖国家电网、南方电网以及其他大中小型电力系统，用户数量超过600家，整体技术水平达到了国际先进水平。

近年来PSD电力系统分析软件工具的应用包括各级电网调度运行方式日常滚动计算，特高压试验示范工程投产后互联电网运行特性及控制策略研究，特高压试验示范工程华北电网安全稳定运行研究，藏中电网安全稳定控制策略研究，“三华”电网1000kV/500kV系统间安全稳定控制措施协调研究，西北电网适应大规模太阳能并网影响及措施研究，柔性直流支撑弱交流系统的协调控制技术研究，大容量柔性直流输电系统协调控制研究，江苏电网UPFC潮流和机电暂态仿真模型研究，电网系统保护特性深化研究等多类科研、生产项目。PSD电力系统分析软件工具为我国电网安全、稳定、可靠、可持续发展提供强有力的技术支撑。

1. PSD电力系统分析软件工具概述

PSD电力系统分析软件工具是以电力系统核心计算为基础，结合电网仿真建模、计算、分析应用的实际需求，广泛采用仿真、计算机、信息等相关技术的最新发展成果，建立的一整套服务于科研生产，高效开放的仿真软件应用体系。

PSD电力系统分析软件随应用场景变化，其工具分属于数据维护工具、仿真基本计算、统计分析以及结果处理等几方面，其中仿真基本计算包括潮流计算、暂稳计算、短路电流计算、小干扰计算、电压稳定计算、无功优化计算、全过程动态稳定计算、机电电磁混合计算等。不同的仿真应用工具通过适当整合复用形成综合应用，如全自动静态安全批分析（批量安全分析）、全自动暂态安全批分析、全自动动态安全分析、稳控策略自动校核和涉网保护参数自动校核等。近年来随着对稳定判据机理深入研究，通过提炼电网安全稳定控制措施研究咨询累积的经验，逐步形成一整套智能化方法寻找电网安全稳定控制辅助决策，研制开发了热稳定辅助决策、暂态稳定辅助决策、动态稳定辅助决策等辅助决策工具。PSD电力系统分析软件工具可按工程实际需要，集成到新一代PSDEdit智能编辑环境，也可以基于上一代PSD-PSAW平台进行操作。PSD电力系统分析软件工具结构如图4-2所示。

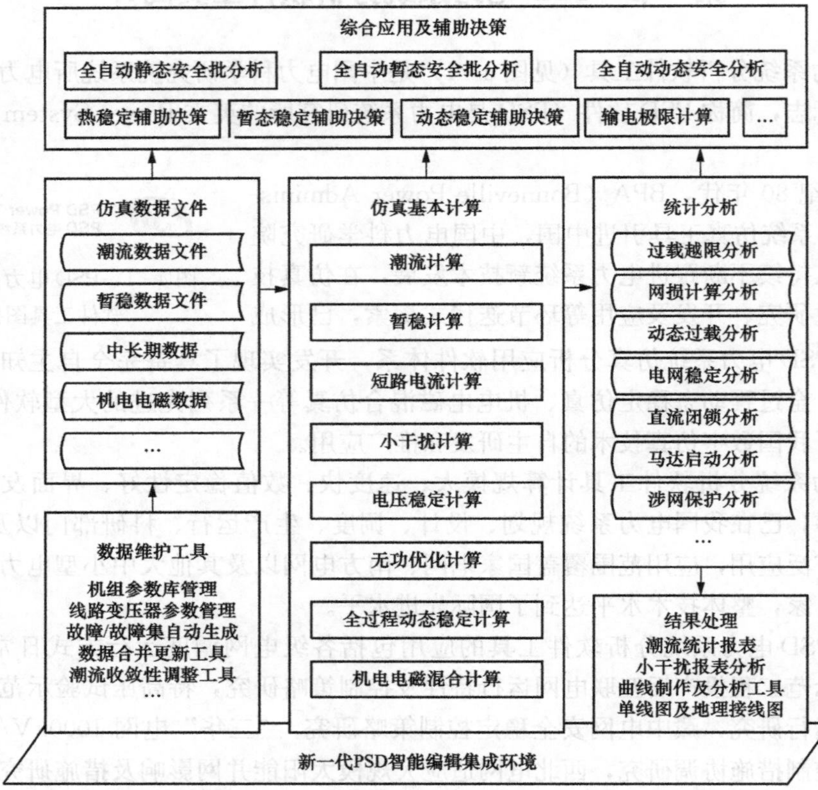


图4-2　PSD电力系统分析软件工具结构

2. PSDEdit智能编辑集成环境

为适应仿真用户高效、易用、可靠等实用化特征要求，新一代PSDEdit智能编辑集成环境集成电网新元件设备模型应用、智能数据建模维护、典型参数管理、结果自动分析、批量任务扫描、高性能网络计算、网络授权分享等多类高效应用。数据建模易用化，显著提升数字电网维护效率；仿真过程自动化，大幅降低人力投入；批量任务并行化，大幅缩短任务集合处理时间；结果分析智能化，有力保障运行决策的科学性。PSDEdit智能编辑集成环境逐步成为仿真技术人员引领电网科学发展优选使用的有力工具。

PSDEdit智能编辑集成环境主要功能特点：

（1）支持风电、光伏、柔性直流、多端直流、统一潮流控制器（UPFC）等新元件模型，能实现元件模型属性的可定制识别。

4）实时帮助提示，随光标的移动对不同的数据项实时地给出提示，如图4-8所示。

5）数据文件比较功能。

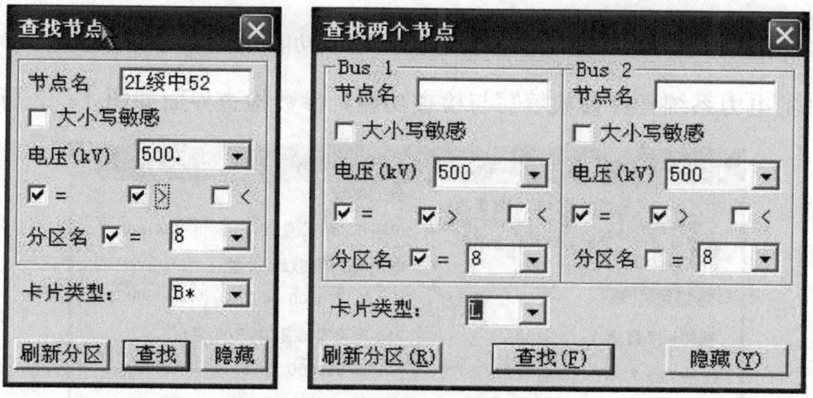


图4-7　查找功能界面

图4-8　实时帮助提示

6）多重撤消、重复功能。

7）全屏幕编辑功能。

8）以不同的字体和颜色来区分数据文件中不同的内容，并且字体以及颜色都可以由用户来自己改变。

9）对话框形式的数据填写和修改，如图4-9、图4-10所示。

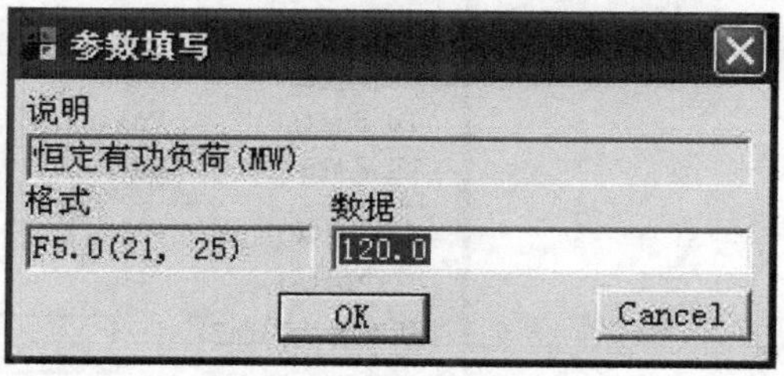


图4-9　对话框形式

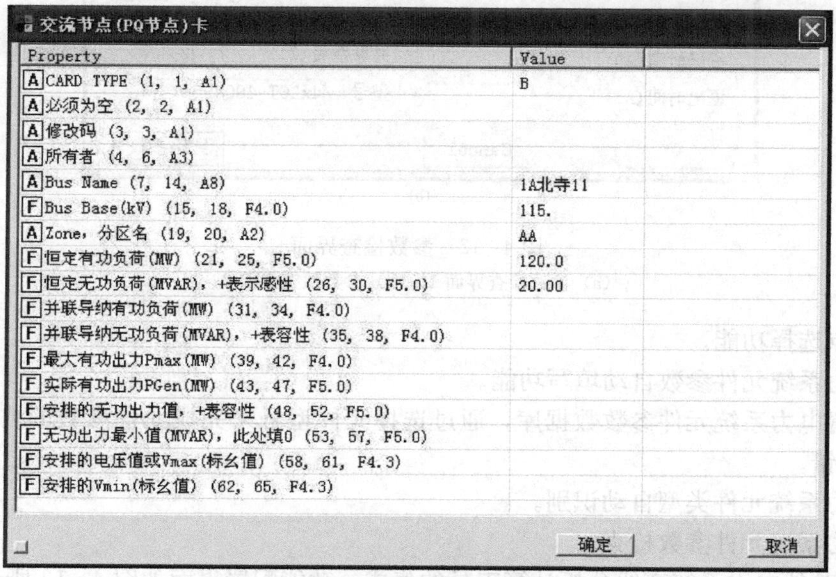


图4-10　数据编辑界面

10）一行数据中数据项的快速选择、移动功能，图标如图 4 - 11 所示。

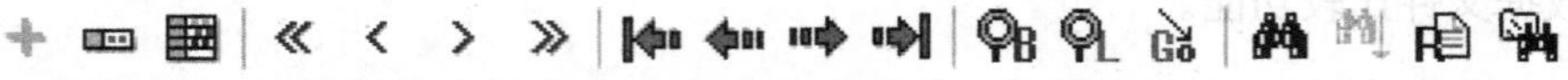

图 4 - 11　快速选择、移动功能图标

（4）实用的电力系统元件参数填写与检查功能，参数检查界面如图 4 - 12 所示。

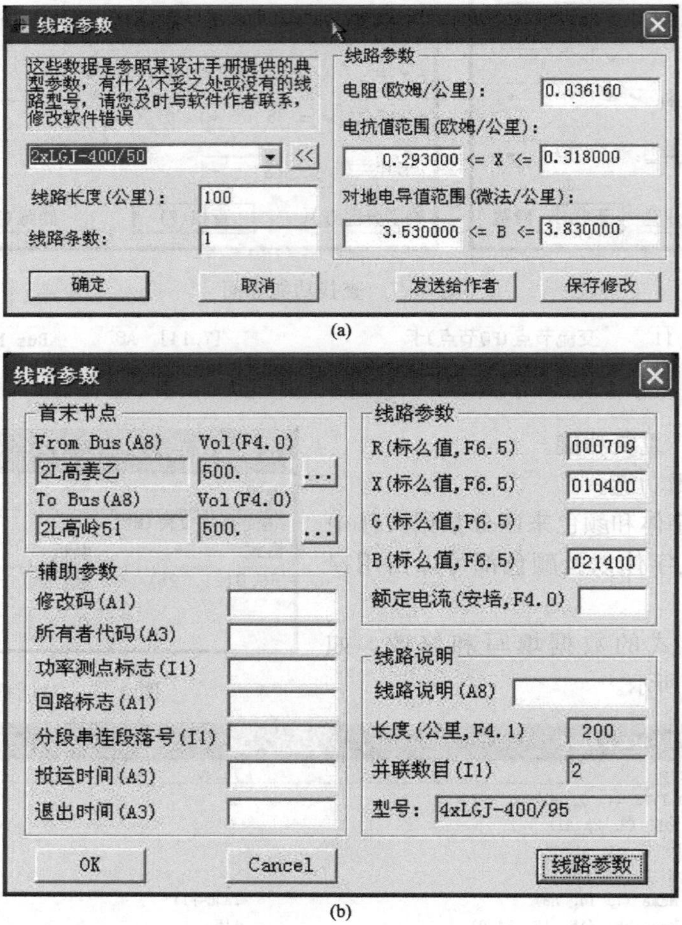


图 4 - 12　参数检查界面
（a）参数检查界面 1；（b）参数检查界面 2

1）节点选择功能。

2）电力系统元件参数自动填写功能。

3）内置电力系统元件参数数据库，通过选择元件型号来完成元件参数的自动填写，有效地避免出错。

4）电力系统元件类型自动识别。

5）电力系统元件参数检查。

（5）与其他电力系统离线分析计算工具的集成，功能配置界面如图 4 - 13 所示。

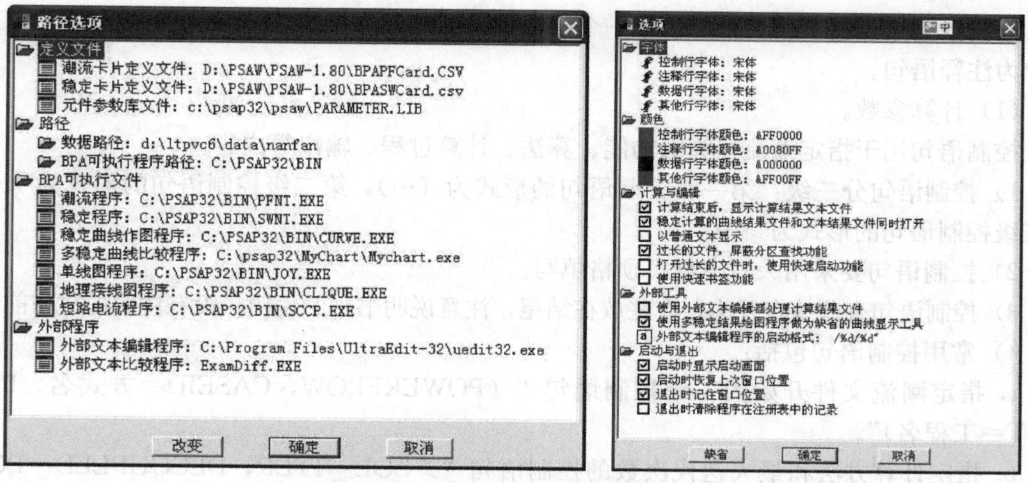

图 4 - 13　功能配置界面

1）执行潮流、稳定计算，计算中的输出信息在输出窗口显示，计算后的结果可以选择自动显示或刷新。

2）电力系统地理接线图、单线图、稳定作图等其他程序都能通过图 4 - 14 所示的快捷键进行链接和调用。以上这些程序都能通过选择改变程序执行路径。

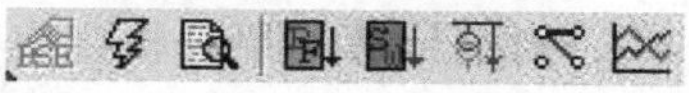
图 4 - 14　快捷键

# 第二节　PSD - PF 潮流程序

执行潮流计算之前，需要先打开潮流数据文件，潮流数据文件是以“dat”为后缀的文本文件。

进入 PSAW 或 PSDEdit 运行环境后（如图 4 - 15 所示），点击菜单“文件｜打开”或工具栏中的图标，打开潮流数据文件。

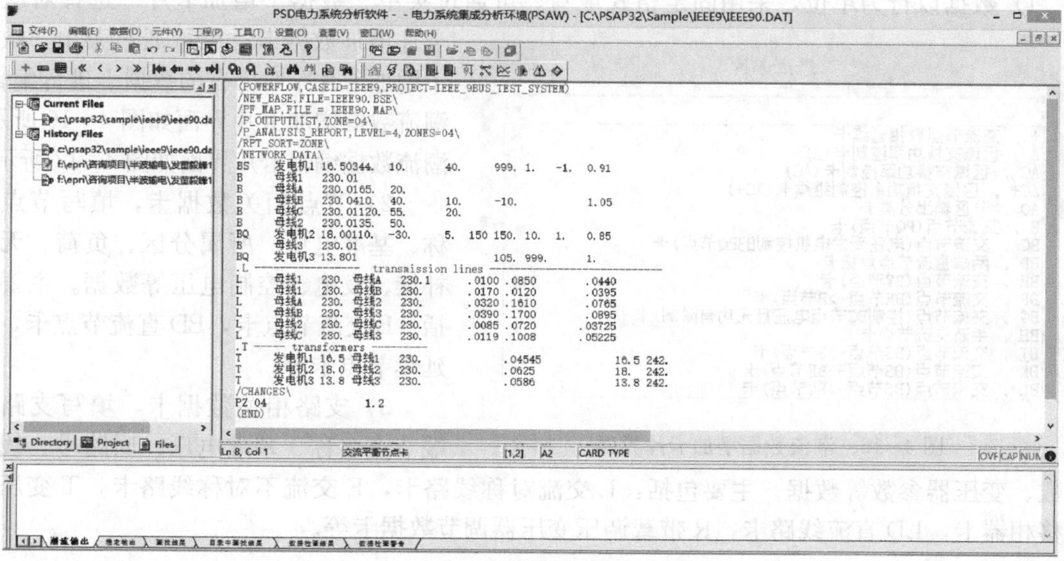

图 4 - 15　潮流数据编辑界面

潮流数据文件包括三个部分：第一个部分为计算参数，第二个部分为网络数据，第三个部分为注释语句。

(1) 计算参数。

控制语句用于指定潮流计算的功能、算法、计算过程、输出等内容。

1) 控制语句分三级：第一级控制语句的形式为 (…)，第二级控制语句的形式为/…\，第三级控制语句的形式为＞…＜。

2) 控制语句要采用大写字母，顶格填写。

3) 控制语句有些放在开头，有些放在结尾，注意说明书中的说明，没有注明的放在前面。

4) 常用控制语句包括：

a. 指定潮流文件开始的一级控制语句“(POWERFLOW，CASEID=方式名，PROJECT=工程名)”。

b. 指定计算方法和最大迭代次数的控制语句“＞SOL_ITER，DECOUPLED=PQ 法次数，CURRENT=改进牛顿法次数，NEWTON=牛顿法次数＜”。

c. 指定计算结果输出的控制语句“/P_OUTPUT_LIST，…\”。

d. 指定计算结果输出顺序的控制语句“/RPT_SORT=…\”。

e. 指定计算结果分析列表的控制语句“/P ANALYSIS，LEVEL=？\”。

f. 指定潮流结果二进制文件名的控制语句“/NEW_BASE，FILE=文件名\”。

g. 指定地理接线图使用的结果文件控制语句“/PF_MAP，FILE=文件名\”。

h. 指定网络数据的控制语句“/NETWORK_DATA\”。

i. 网络数据修改控制语句“/CHANGE\”。

j. 指定潮流数据文件结束的控制语句“(END)”。

(2) 网络数据。

网络数据用于填写潮流计算所需要的电网稳态参数，节点负荷发电等注入量主要包括节点相关数据、支路相关数据、区域率控制相关数据等。

1) 数据以行为单位，采用固定格式填写。可通过菜单“数据 | 增加卡片”选择对应的卡片增加数据卡，也可通过菜单“数据 | 增加卡片”对已有的数据卡进行编辑。潮流数据增加卡片界面如图 4-16 所示，潮流数据编辑卡片界面如图 4-17 所示。

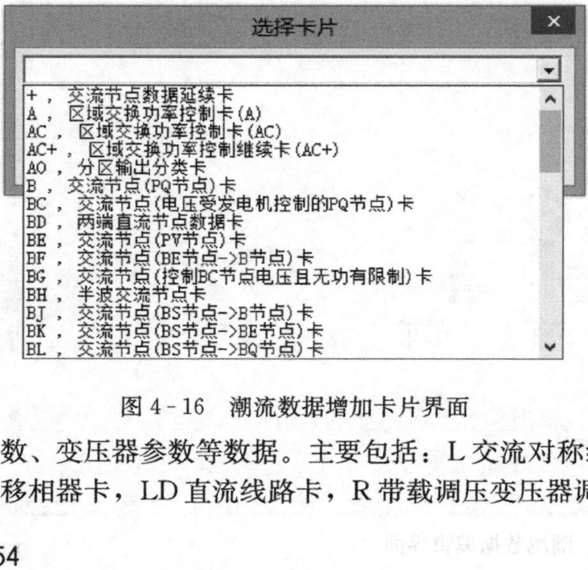


图 4-16 潮流数据增加卡片界面

2) 节点相关数据卡，填写节点名称、基准电压、所属分区、负荷、无功补偿、发电、控制电压等数据。主要包括：B 交流节点卡，BD 直流节点卡，+延续节点卡等。

3) 支路相关数据卡，填写支路两端节点名称、基准电压、回路号、线路参数、变压器参数等数据。主要包括：L 交流对称线路卡，E 交流不对称线路卡，T 变压器和移相器卡，LD 直流线路卡，R 带载调压变压器调节数据卡等。

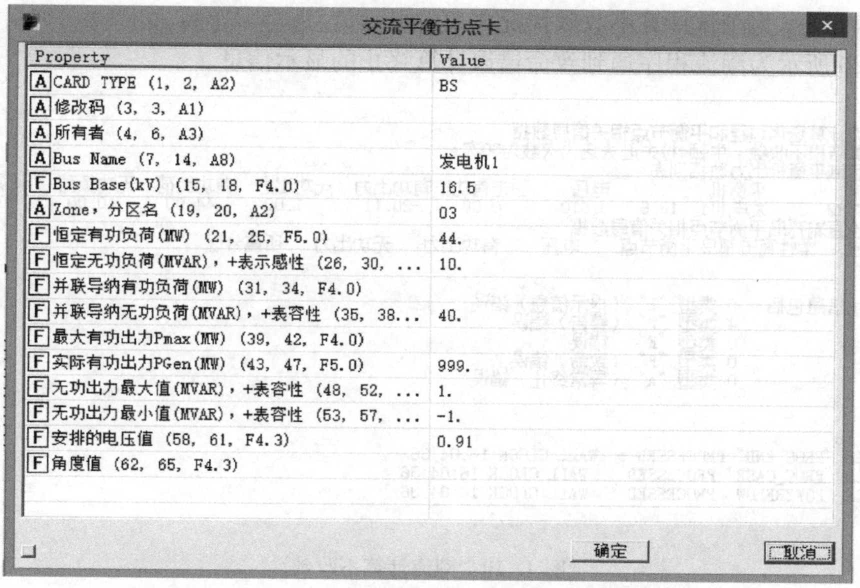


图 4-17　潮流数据编辑卡片界面

4）区域控制数据卡，填写区域所含分区、区域平衡机、区域交换功率等数据。主要包括 AC 区域划分卡，I 区域交换功率控制卡等。

5）各卡片格式详见说明书。

（3）注释语句。

注释语句不参与计算，以“.”开头，可用于对数据的说明。

完成潮流数据编制之后，保持潮流数据编辑窗口为活动窗口，在工具栏上点击，即可执行潮流计算。

潮流计算成功启动后，潮流计算迭代信息可在输出窗口中看到。如潮流计算收敛，则显示“计算结果收敛”，返回值为“5”或者“6”；如果潮流计算不收敛，则显示“计算结果不收敛”，返回值为“3”或者“4”；如果潮流数据存在致命错误，则计算终止，显示“PROGRAM ABORTED BY FATAL ERRORS”，返回值为“2”。潮流不收敛或者计算终止，需根据错误警告信息和迭代信息等进一步查找潮流计算不收敛的原因。

图 4-18 所示为潮流计算收敛的显示信息。

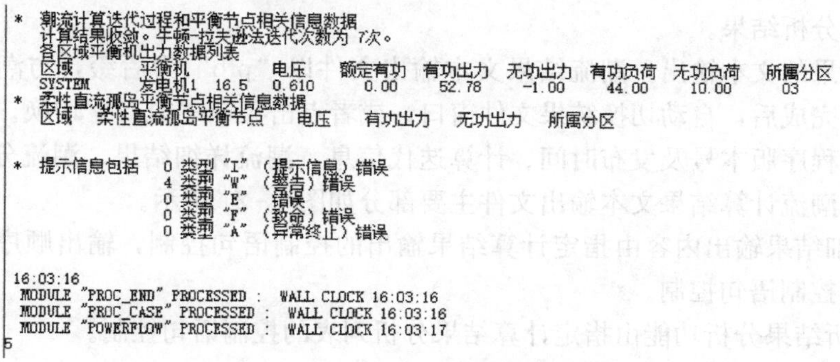


图 4-18　潮流计算收敛

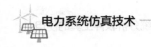

图 4－19 所示为潮流计算不收敛情况典型的显示信息。

图 4－20 所示为潮流程序遇到致命错误计算终止的显示信息。

```
*  潮流计算迭代过程和平衡节点相关信息数据
   计算结果不收敛。牛顿-拉夫逊法迭代次数为30次。
   各区域平衡机出力数据列表
   区域        平衡机          电压      额定有功    有功出力   无功出力   有功负荷   无功负荷   所属分区
   SYSTEM      发电机1  16.5   0.610       0.00     -20.11       1.00      44.00      10.00       03
*  柔性直流孤岛平衡节点相关信息数据
   区域    柔性直流孤岛平衡节点      电压      有功出力      无功出力      所属分区

*  提示信息包括    0 类型 "I"  (提示信息) 错误
                   4 类型 "W"  (警告) 错误
                   0 类型 "E"  错误
                   0 类型 "F"  (致命) 错误
                   0 类型 "A"  (异常终止) 错误

16:04:36
 MODULE "PROC_END" PROCESSED :  WALL CLOCK 16:04:36
 MODULE "PROC_CASE" PROCESSED :  WALL CLOCK 16:04:36
 MODULE "POWERFLOW" PROCESSED :  WALL CLOCK 16:04:36
4
```

图 4－19　潮流计算不收敛

```
*** FATAL      PROGRAM ABORTED BY FATAL ERRORS
CASE ABORTED BY DATA ERRORS

*  提示信息包括    0 类型 "I"  (提示信息) 错误
                   3 类型 "W"  (警告) 错误
                   0 类型 "E"  错误
                   5 类型 "F"  (致命) 错误
                   0 类型 "A"  (异常终止) 错误

/CHANGES\
 MODULE "POWERFLOW" PROCESSED :  WALL CLOCK 16:06:04
*** FATAL      Program terminated by error conditions. If "F" errors have been encountered, correct and rerun
*** FATAL      Otherwise report to programming staff.
2
```

图 4－20　潮流计算遇到致命错误

潮流计算成功启动后，无论潮流是否收敛，均会生成潮流结果文本文件（＊.pfo 文件）。如果填写了指定潮流结果二进制文件名的控制语句和指定地理接线图使用的结果文件控制语句，将会生成潮流结果二进制输出文件（＊.bse）和潮流结果地理接线图输出文件（＊.map）。PSD－PF 潮流程序可以通过地理接线图展示潮流结果，也可以通过文本输出详细的潮流结果及分析结果。

（1）潮流结果的文本输出。潮流结果文本输出文件以“pfo”为后缀，与潮流数据文件同名。潮流计算完成后，自动切换结果文件窗口，或者点击菜单“窗口”切换。潮流结果文本输出文件包含程序版本号及发布时间、计算迭代信息、潮流详细结果、潮流分析结果、错误警告信息等，潮流计算结果文本输出文件主要部分如图 4－21 所示。

1）潮流详细结果输出内容由指定计算结果输出的控制语句控制，输出顺序由指定计算结果输出顺序的控制语句控制。

2）潮流分析结果分析功能由指定计算结果分析列表的控制语句控制。

```
中国版BPA潮流程序版本号： 6.006( 4.2.4   2014-05-13  )                                      时间：2014-05-19

潮流方式名：IEEE9     工程名：IEEE9BUSTESTSYSTEM      * * * 计算过程迭代信息 * * *                    时间：2014-05-19

       10 节点                                              9 支路
        1  -- 可调类型的节点                                0  -- 带负荷调压变压器
        0  -- 区域交换功率控制                              0  -- 直流系统
        0  -- 无功受控节点                                  0  -- 理想调相机
        0  -- 可投切电容电抗器
        0  -- 自动发电控制单元
        1  -- 平衡机
 ITERATION  -------------------ABSOLUTE ERROR SUMMATION---------------------  -------UNSOLVED--------  -ADJUSTMENTS-  JACOBIAN
              P            Q           XFMRS      AREA EXPORT  BUS VOLTAGE          AUTO          D C    SLN     BUS    MATRIX
     NO   (P.U. MW)    (P.U.MVAR)   (P.U.MVA)    (P.U. MW)    (P.U.KV)    BUSES XFRMS AREAS LINES   TRUNC   TYPE   STORAGE
     --   ---------    ----------   ---------    ---------    ---------   ----- ----- ----- -----   -----   ----   -------

 INITIAL 1   5.68000     0.00000     0.00000      0.00000                   6     0     0            0               42
 INITIAL 2   0.00000     2.86779     0.00000      0.00000                   6     0     0            0               32
         1   0.24754     0.07806     0.00000      0.00000      0.00000      9     0     0     0      0        0             51
         2   0.24844     0.00075     0.00000      0.00000      0.00000      0     0     0     0      0        0             51
         3   0.24844     0.00001     0.00000      0.00000      0.00000      0     0     0     0      0        0             51
         4   0.24844     0.00001     0.00000      0.00000      0.00000      0     0     0     0      0        0             51
         5   0.24845     0.00001     0.00000      0.00000      0.00000      0     0     0     0      0        0             51
 计算结果收敛。

潮流方式名：IEEE9     工程名：IEEE9BUSTESTSYSTEM      * * * *  详细的输出列表  * * * *                时间：2014-05-19

发电机1   16.5   16.66kV/   0.00度       78.7有功出力   82.9无功出力                                        1.010电压pu  BS
    母线1    230.0                 01    78.7线路有功   82.9线路无功   0.000有功损耗   7.263无功损耗   16.5/242.0     ?
                                          78.7PNET       82.9QNET
发电机2   18.0   17.64kV/  14.74度      163.0有功出力    3.6无功出力                                        0.980电压pu  BQ
    母线2    230.0                 01   163.0线路有功   32.4线路无功   0.000有功损耗  17.975无功损耗   18.0/242.0     ?
                                                          28.8并联无功      28.8安排无功
                                         163.0PNET       32.4QNET
发电机3   13.8   13.94kV/  15.22度       85.0有功出力   28.4无功出力                                        1.010电压pu  BE
    母线3    230.0                 01    85.0线路有功   28.4线路无功   0.000有功损耗   4.615无功损耗   13.8/242.0     ?
                                          85.0PNET       28.4QNET
母线1    230.0  233.40kV/  -2.63度  01                                                                    1.015电压pu  B
    发电机1   16.5                 02   -78.7线路有功  -75.6线路无功   0.000有功损耗   7.263无功损耗   242.0/ 16.5    ?
    母线B    230.0                 01    91.6           31.4           1.593           0.833                4.068充电功率
    母线D    230.0                 01   -12.9           44.2           0.124          -3.481                4.531
                                           0.0PNET         0.0QNET

*  未安排无功的节点列表
   拥有者   分区   节点                     类型   未安排无功    电压
                                                    (MVar)      (kV)

   未安排的容性无功          0.0
   未安排的感性无功          0.0
   未安排无功总和            0.0

*  按照拥有者输出系统发电和负荷数据列表
   拥有者    /----------- 发电 -----------//----------------------------- 综合负荷 ---------------------------------------/
                                                    总负荷                  恒功率负荷         恒电流负荷         恒阻抗负荷
              (MW)    (MVar)   功率因数     (MW)    (MVar)   功率因数     (MW)    (MVar)     (MW)    (MVar)     (MW)    (MVar)

              356.7    115.0    0.9518     350.0    175.0    0.8944     350.0    175.0       0.0      0.0       0.0      0.0
             ------   ------   -------    ------   ------   -------    ------   ------    ------   ------    ------   ------
   总结       356.7    115.0    0.9518     350.0    175.0    0.8944     350.0    175.0       0.0      0.0       0.0      0.0

*  按分区输出发电、负荷、损耗和并联负荷数据列表
   分区 /--------- 发电 ---------//-------------------------- 综合负荷 -----------------------------//------ 损耗 ------//并联负荷/
                                            总负荷              恒功率负荷       恒电流负荷      恒阻抗负荷
          (MW)     (MVar) 功率因数   (MW)    (MVar) 功率因数    (MW)     (MVar)   (MW)  (MVar)   (MW)  (MVar)    (MW)      (MVar)      (MVar)

   01     278.0     32.1  0.993     350.0    175.0  0.894      350.0    175.0     0.0    0.0     0.0    0.0     6.693     17.703       77.7
   02      78.7     82.9  0.688       0.0      0.0  0.000        0.0      0.0     0.0    0.0     0.0    0.0     0.000      0.000        0.0
         ------   ------ ------    ------   ------ ------     ------   ------   -----  -----   -----  -----    ------    -------     ------
   总结   356.7    115.0  0.952     350.0    175.0  0.894      350.0    175.0     0.0    0.0     0.0    0.0     6.693     17.703       77.7

*  低电压和过电压节点数据列表（按照越限大小顺序）
   拥有者   分区   节点                   类型        电压                   电压范围          越界电压值
                                                      (kV)      (pu)    MIN(pu)  MAX(pu)       (pu)

     没有低电压和过电压的节点

*  线路负载超过额定值 80.0%的数据列表（按照线路电流占额定电流的比例的顺序）
   线路                                       电流   额定电流   比例   视在功率   额定视在功率   比例   功率因数   角度
                                              (A)      (A)      (%)     (MVA)        (MVA)       (%)              (度)

        没有过负荷线路

*  潮流计算迭代过程和平衡节点相关信息数据
   计算结果收敛。牛顿-拉夫逊法迭代次数为 5次。
   各区域平衡机出力数据列表
   区域         平衡机               电压     额定有功   有功出力   无功出力   有功负荷   无功负荷    所属分区
   SYSTEM       发电机1   16.5      1.010      0.00      78.57      80.38       0.00       0.00         02
*  柔性直流孤岛平衡节点相关信息数据
   区域     柔性直流孤岛平衡节点       电压      有功出力      无功出力      所属分区

潮流方式名：IEEE9     工程名：IEEE9BUSTESTSYSTEM      * * * 错误、警告等提示信息总结 * * *            时间：2014-05-19

*  提示信息包括    0 类型 "I"  （提示信息）错误
                    1 类型 "W"  （警告）错误
                    0 类型 "E"   错误
                    0 类型 "F"  （致命）错误
                    0 类型 "A"  （异常终止）错误
*   错误信息包括：
*** WARNING    该支路的电阻大于等于电抗。R =  0.01700X =  0.01200                                       *** WARNING
*** WARNING    L      母线1   230.  母线B   230.       .0170 .0120          .0395                          *** WARNING
10:20:41
```

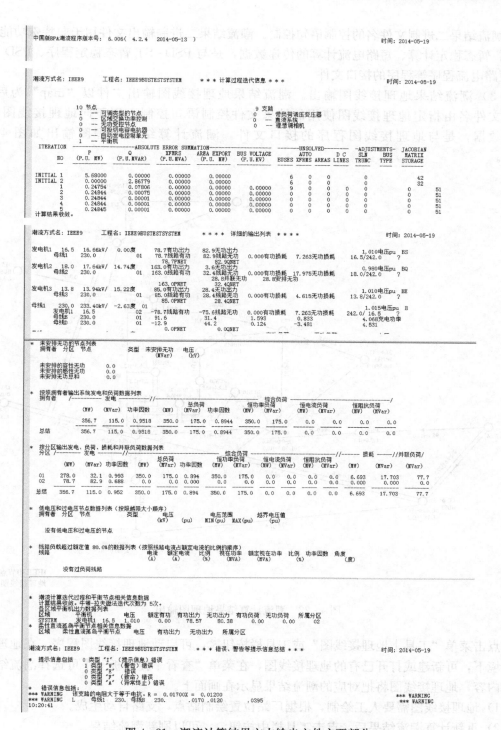

图 4-21　潮流计算结果文本输出文件主要部分

3）潮流文本结果文件较大，可通过查找关键字查找所需内容。

（2）潮流结果二进制输出。潮流结果二进制输出文件以“bse”为后缀，输出文件名由

指定潮流结果二进制文件名的控制语句控制。潮流结果二进制输出文件用于向特殊功能潮流计算、暂态稳定计算、短路电流计算的传递数据，是与 PSD-ST 暂态稳定程序、PSD-SCCP 短路电流程序等程序的接口文件。

（3）潮流结果地理接线图输出。潮流结果地理接线图输出文件以“map”为后缀，输出文件名由指定地理接线图使用的结果文件控制语句控制，用于向地理接线图程序传递数据，是与地理接线图程序的接口文件，潮流计算结果地理图输出如图 4-22 所示。

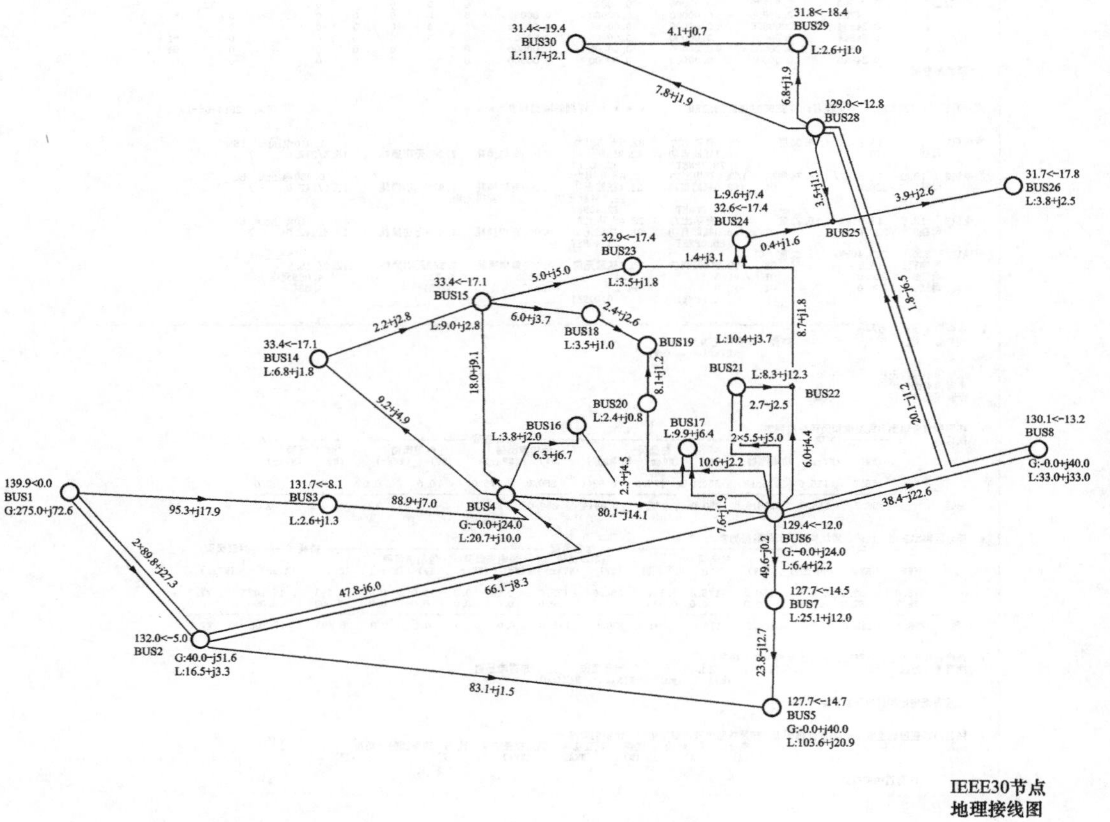


图 4-22　潮流计算结果地理图输出

点击菜单“工具｜地理接线图”或工具栏按钮，可启动地理接线图程序。在地理接线图环境下，可新建或打开已有的地理接线图，在菜单“查看｜控制板”中可选择潮流结果展示的内容，地理接线图将把对应的潮流结果显示在画面上。

1）地理接线图需要人工绘制，根据厂站位置绘制站点，支路自动生成。

2）重新计算潮流结果后，点击工具栏中按钮，可以刷新潮流结果。

3）当潮流数据中删除节点时，地理接线图自动去掉节点，当潮流数据中新增节点时，需要人工绘制该节点。

# 第三节　PSD-ST稳定程序

1. 稳定数据文件

稳定数据文件包括三个部分：第一个为计算参数部分，第二个为输出部分，第三个为其他部分。第一部分必须以 CASE 卡开始，计算控制卡 FF 卡结束；第二部分必须以 90 卡开始，99 卡结束，并且在 FF 卡后面；第三部分在 99 卡后面，这部分不是必须的，这部分可能包含了 SUBEGIN - SUEND 系列数据卡，用于集中输出一些信息。

（1）计算参数部分，如图 4-23 所示。

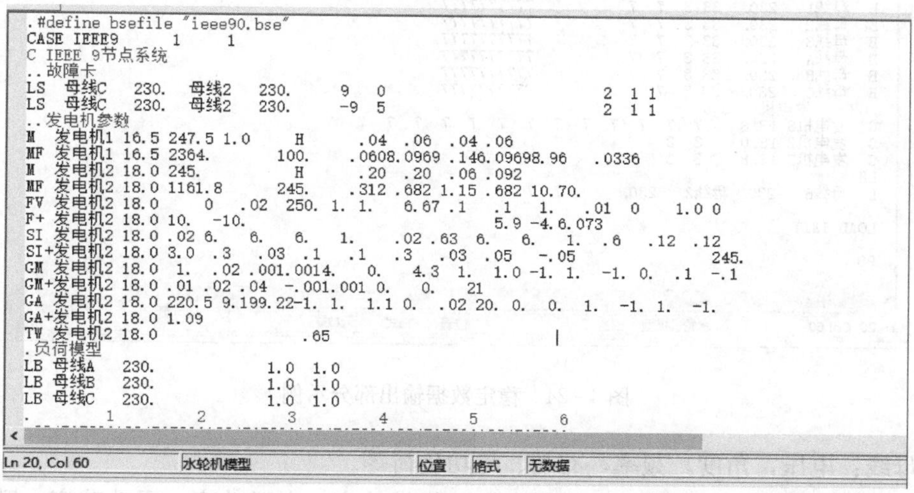

```
.#define bsefile "ieee90.bse"
CASE IEEE9      1     1
C IEEE 9节点系统
..故障卡
LS  母线C   230.   母线2   230.      9  0                         2  1 1
LS  母线C   230.   母线2   230.     -9  5                         2  1 1
..发电机参数
M  发电机1 16.5 247.5 1.0      H       .04  .06  .04 .06
MF 发电机1 16.5 2364.        100.     .0608.0969 .146.09698.96   .0336
M  发电机2 18.0 245.           H       .20  .20  .06 .092
MF 发电机2 18.0 1161.8       245.     .312 .682 1.15 .682 10.70.
FV 发电机2 18.0      0   .02  250. 1. 1.   6.67 .1   .1   1.   .01  0    1.0 0
F+ 发电机2 18.0 10.   -10.                          5.9 -4.6.073
SI 发电机2 18.0 .02 6.    6.    6.    1.    .02 .63  6.   6.   1.  .6   .12  .12
SI+发电机2 18.0 3.0  .3   .03  .1   .1   .3   .03  .05   -.05               245.
GM 发电机2 18.0  1.   .02 .001.0014.   0.   4.3  1.  1.0 -1. 1.  -1.  0.  .1  -.1
GM+发电机2 18.0 .01 .02 .04  -.001.001 0.   0.   21
GA 发电机2 18.0 220.5 9.199.22-1. 1.  1.1 0.  .02 20.  0.  0.  1.  -1.  1.  -1.
GA+发电机2 18.0 1.09
TW 发电机2 18.0                  .65
.负荷模型
LB 母线A    230.            1.0  1.0
LB 母线B    230.            1.0  1.0
LB 母线C    230.            1.0  1.0
.      1         2         3         4         5         6
Ln 20, Col 60    水轮机模型    位置    格式    无数据
```

图 4-23　稳定数据参数部分示例

1）发电机模型。发电机模型基于简化派克（Park）方程式，采用 6 绕组的发电机模型模拟同步发电机的动态过渡过程。

2）励磁系统模型。励磁系统模型共有 30 种，有 9 种励磁系统模型是 IEEE 于 1968 年提出的，有 11 种是 IEEE 于 1981 年提出的，另外有 10 种励磁系统模型是中国电机工程学会励磁工作组提出的，可模拟多种类型的直流型励磁机、交流型励磁机以及静态型励磁机。

3）调速器和原动机模型。提供了 18 种适用于汽轮机和水轮机的调速器和原动机模型。

4）直流模型。有详细和简化的两端直流系统模型以及多端直流系统模型，并可考虑多种控制方式和调制方式。

5）自动控制装置模型。能够模拟频率类型、功率类型及轴滑差类型的 PSS，也能够模拟低周减载等多种自动控制装置。

6）负荷模型。负荷可用由恒定功率、恒定电流和恒定阻抗以及频率因子等构成代数方程模拟，也可采用包括感应异步马达的综合负荷模型。

7）故障模拟。可模拟各种对称、不对称的短路、开断等多重故障、发电机失磁、切机、

快关、切负荷、直流故障、串联电容器击穿等多种元件故障。

8）FACTS 模型。FACTS 模型包括 SVC、SVG/STATCOM、UPFC、可控串补、固定串补等模型。

9）新能源模型。新能源模型包括风电、光伏、储能等模型。

（2）输出部分，如图 4－24 所示，可以输出的内容如下。

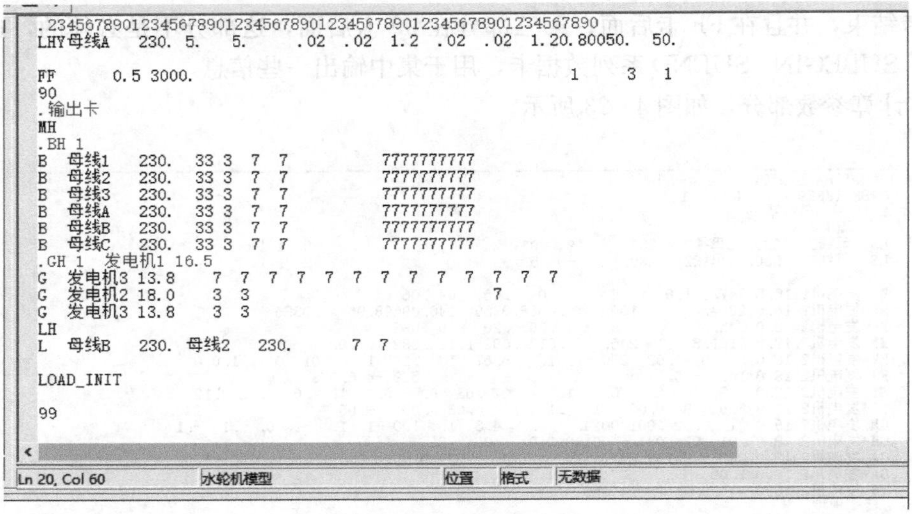

```
.234567890123456789012345678901234567890123456789012345678901234567890
LHY母线A    230.  5.    5.       .02  .02  1.2  .02  .02  1.20.80050.  50.

FF       0.5 3000.                                       1      3   1
90
.输出卡
MH
.BH 1
B   母线1    230.   33 3  7  7            7777777777
B   母线2    230.   33 3  7  7            7777777777
B   母线3    230.   33 3  7  7            7777777777
B   母线A    230.   33 3  7  7            7777777777
B   母线B    230.   33 3  7  7            7777777777
B   母线C    230.   33 3  7  7            7777777777
.GH 1   发电机1 16.5
G   发电机3 13.8      7  7  7  7  7  7  7  7  7  7  7  7  7  7
G   发电机2 18.0      3  3                        7
G   发电机3 13.8      3  3
LH
L   母线B    230.  母线2    230.        7  7

LOAD_INIT

99
```

Ln 20, Col 60　水轮机模型　位置　格式　无数据

图 4－24　稳定数据输出部分示例

1）母线：电压，角度，频率，有功、无功负荷等。

2）发电机：角度、速度偏差、励磁电压、机械功率、电磁功率、无功功率、励磁电流、PSS 信号等。

3）线路：有功、无功、电流等。

4）直流：触发角、熄弧角、电压、电流、功率等。

5）串联补偿：电抗、触发角、电流等。

6）其他具体模型的输出卡，以 O 卡开头。

2. *程序启动*

完成稳定数据编制，确定潮流计算已经完成并结果收敛且合理之后，保持稳定数据编辑窗口为活动窗口，在工具栏上点击按钮，即可执行稳定计算。稳定计算会启动一个带绘制曲线功能的窗口，并随着仿真的推进绘制监视曲线，如图 4－25 所示。

3. *结果查看*

PSD－ST 计算完成后，可生成如下几种文件：

（1）文本输出文件（＊.OUT）。文本文件包含计算过程信息文件，包括程序版本、输入、初始化、计算过程以及输出所有信息。

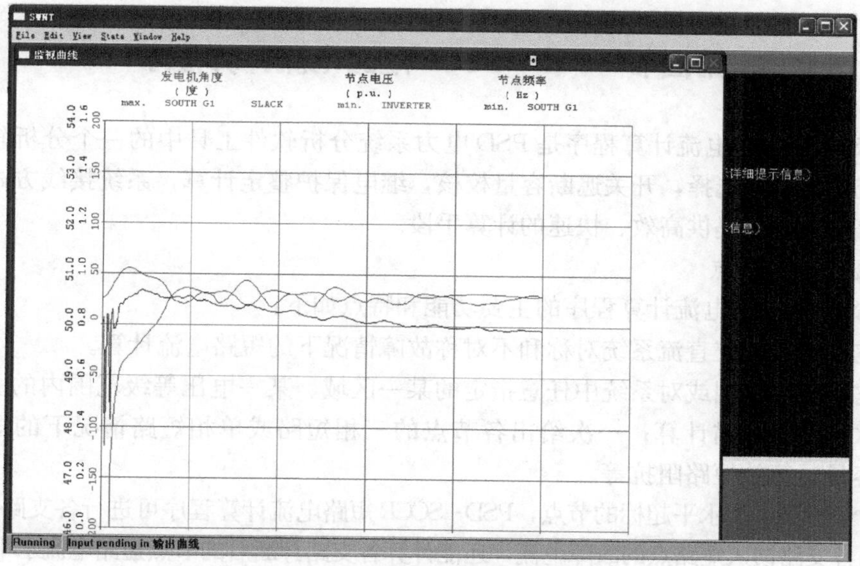


图 4-25 稳定程序监视曲线图

(2) 辅助文件（＊.SWX）。辅助文件包含总结信息、输出结果数据，按照列形式输出，可以用 Excel 打开。

(3) 作图文件（＊.CUR）。

二进制文件包含所有曲线信息，供稳定曲线作图程序使用的二进制结果文件，在计算完成后输出曲线显示时已经形成，需要用专用工具打开。

其中的作图文件可以用多曲线比较工具 MyChart.exe 来打开，并且可以同时打开多个不同格式的曲线文件并对曲线进行操作，具体可见软件操作说明。其操作界面如图 4-26 所示。

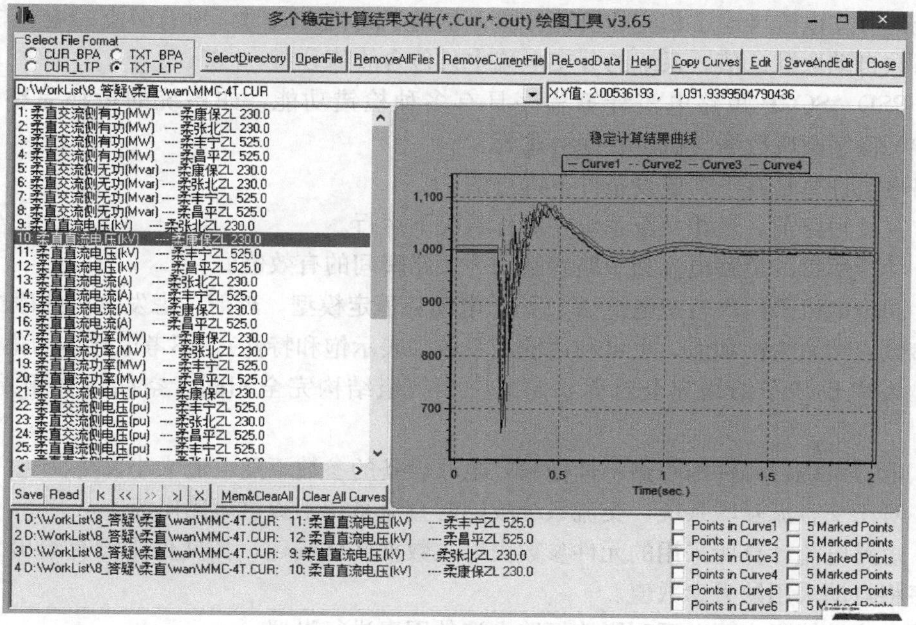


图 4-26 操作界面

## 第四节　PSD - SCCP 短路电流计算程序

PSD - SCCP 短路电流计算程序是 PSD 电力系统分析软件工具中的一个分析软件，主要为电力系统电气设备选择，开关遮断容量校核，继电保护整定计算，系统接线方式比较，多端口阻抗等值计算等提供高效、快速的计算手段。

1. 主要功能和特点

PSD - SCCP 短路电流计算程序的主要功能和特点如下：

(1) 它可以进行交直流系统对称和不对称故障情况下的短路电流计算。

(2) 它可以对全网或对系统中任意指定的某一区域、某一电压等级范围内的所有节点的短路电流水平进行扫描计算；一次给出各节点的三相短路或单相短路情况下的短路电流水平，短路容量，等效短路阻抗等。

(3) 对于短路电流水平超标的节点，PSD - SCCP 短路电流计算程序可进行各支路电流的详细计算，给出各支路馈入短路点的故障电流，还能计算各支路开断后的节点短路电流水平。

(4) 它可以任意指定节点进行各种形式的单一短路故障计算，可给出指定节点的各序电压、各相电压，还可以给出与指定节点相关支路的各序电流、各相电流。

(5) 它可以任意指定在某一线路上任何位置进行各种形式的单一短路故障计算，可给出指定节点的各序电压、各相电压，还给出与指定节点相关支路的各序电流、各相电流。

(6) 它可以对系统进行多端口阻抗等值计算，任意选择所要等值的节点，给出各节点之间的等值阻抗参数（包括正序参数、负序参数、零序参数）。

(7) 它既可以对系统在某一运行方式下的短路电流进行计算，又可以独立于运行方式进行短路电流计算。计算系统在运行方式下的短路电流时，短路电流与故障点故障前的电压有关，系统的分支电流考虑了相应的负荷分量；不基于运行方式时，所有节点的电压根据指定的电压系数自动取默认值，系统的分支电流中只包含故障分量。

(8) PSD - SCCP 短路电流计算程序具有多种检错功能，如系统的拓扑完整性检查，PSD - BPA 程序潮流数据与稳定数据格式等。

短路电流计算是在下列假设条件下进行的：

(1) 突然短路前，三相交流系统在对称状况下运行。

(2) 计算所得的短路电流和短路容量均为短路瞬间的有效值。

(3) 同步电机采用次暂态电抗 $X''_d$ 后 $E''$ 电动势恒定模型，近似考虑发电机的磁饱和（可将电抗参数直接填为饱和值，也可利用饱和系数来表示饱和特性），不考虑导体的集肤效应。

(4) 发电机转子结构完全对称，定子三相绕组结构完全相同，空间位置相差 120°电气角度。

(5) 电力系统各元件的磁路不计饱和，电气设备的参数不随电流大小发生变化。

(6) 对于交直流互联系统，交流系统故障时直流系统不提供短路电流。

(7) 短路电流计算所采用的元件参数由输入数据文件确定，如文件中没有给出元件的参数，程序将自动采用缺省参数值。

短路电流计算程序可对下列影响短路电流的因素进行设置：

（1）可选择是否基于运行方式进行短路电流计算。基于运行方式计算时，母线电压取潮流计算结果；不基于运行方式计算时，母线电压均取 $U = 1.0\angle 0^\circ$ 或 $U = kU_\circ\angle 0^\circ$，其中 $k$ 为指定的电压系数，$U_\circ$ 为标称电压。

（2）可选择是否计及感应电动机负荷。SWI 数据文件中通常用 MI、ML、MJ、MK 卡模拟感应电动机负荷，如果选择计及感应马达负荷，程序将处理这些数据卡。

（3）可选择是否计及静态负荷。如果选择计及静态负荷，短路电流计算程序将静态负荷全部处理为恒定阻抗，在不计及感应电动机负荷情况下，全部负荷都处理为恒定阻抗；如果选择不计及静态负荷，程序将忽略静态负荷的影响，在不计及感应电动负荷的情况下，全部负荷均被忽略。

（4）可选择是否计及无功补偿设备。

（5）可选择是否计及交流线路的充电功率。

（6）可选择是否计及停运的机组。

（7）可选择是否忽略交流线路、变压器支路的电阻。

（8）可选择是否忽略变压器支路的非标准变比。

2. *启动程序及选择数据文件*

（1）启动程序。在 Windows 环境下，用鼠标双击短路电流计算界面程序 SCCP. exe（通常位于 PSD 电力系统分析集成软件包程序组中）即可启动短路电流计算程序。程序启动后的界面如图 4 - 27 所示（不同版本程序的界面可能略有差异，下同）。

图 4 - 27　短路电流计算程序启动界面

（2）选择数据文件。在菜单栏数据中用鼠标单击选择输入数据文件或用鼠标直接单击功能按钮数据文件，即打开短路电流计算程序输入数据文件对话框，如图 4 - 28 所示。

在对话框中选择需要进行计算的数据文件，包括 DAT 文件和 SWI 文件。如果勾选在子窗口中打开所选文件，文件选择完成并且点击确认按钮后，所选文件将在工作区域打开。

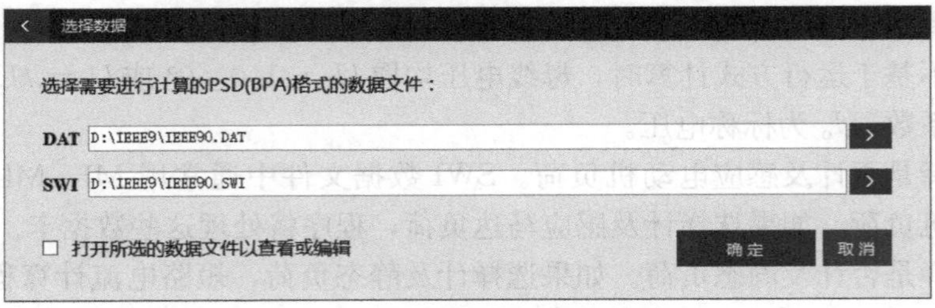


图 4 - 28　选择数据文件对话框

(3) 计算设置。在菜单栏设置中用鼠标单击设置计算条件或用鼠标直接单击功能按钮计算设置，即打开短路电流计算程序设置对话框，如图 4 - 29 所示。

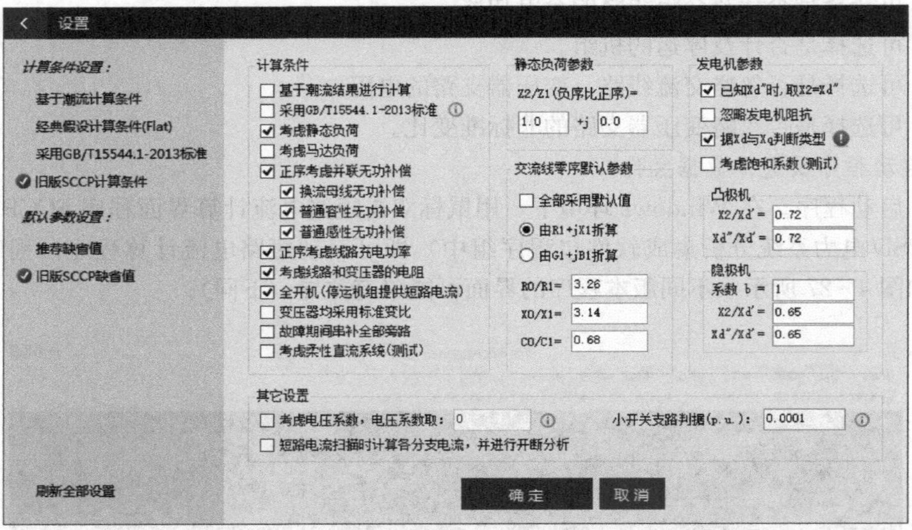


图 4 - 29　计算条件设置对话框

3. 主要计算功能

(1) 短路电流扫描。点击菜单栏计算下的短路电流扫描或者点击功能按钮短路扫描，打开短路电流扫描对话框，如图 4 - 30 所示。

短路电流扫描对话框主要完成扫描范围、扫描电压等级和故障类型设置，另外还可按照电压等级设置开关额定遮断电流，使扫描结果只输出超过开关遮断电流的某一百分数的母线。

短路电流扫描结果包含以下信息。

1) 母线名称、电压等级。故障类型（故障类型包括两列数据：第一列都为 0，没有特殊意义，第二列为故障类型，1 表示单相短路，2 表示三相短路）。

2) 该母线相关的额定遮断电流，单位为 kA，如果短路电流扫描对话框中没有启用该功能，则该列数据都为 0。

3) 短路电流计算结果，单位为 kA。

4) 短路容量，单位为 MVA，与短路电流 $I_{sc}$、额定电压 $U_N$ 的关系为 $S_{SC}=\sqrt{3}I_{SC}U_N$。

5）正序等值阻抗，单位为 Ω。

6）负序等值阻抗，单位为 Ω。

7）零序等值阻抗，单位为 Ω。

8）母线所属分区。

（2）单一故障计算。点击菜单栏计算下的单一故障计算或者点击功能按钮单一故障，打开单一故障计算对话框，如图 4-31 所示。

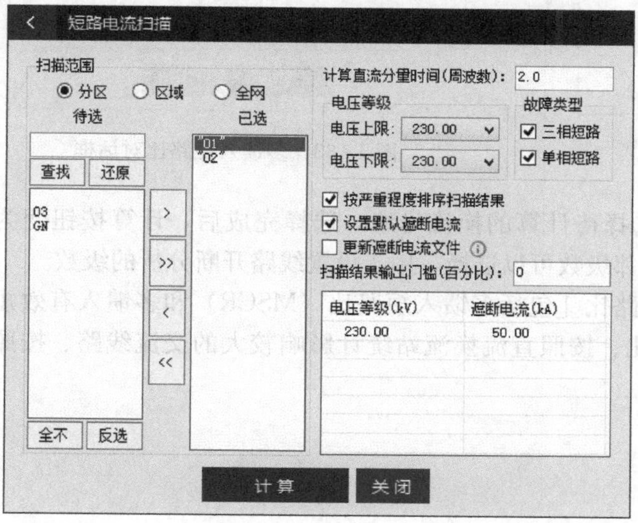


图 4-30　短路电流扫描对话框

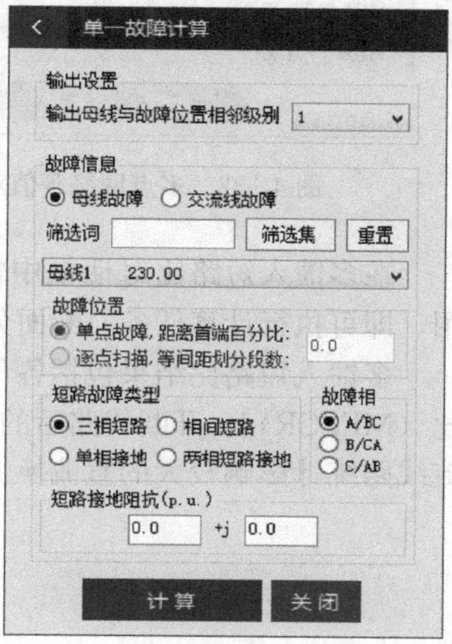


图 4-31　单一故障计算对话框

单一故障计算对话框需完成故障信息设置与输出设置。

单一故障计算结果包含以下信息：

1）母线电压包括母线名称、电压等级；各序电压和各相电压，电压幅值为有效值、标幺值，相角单位为度。

2）支路电流包括支路类型（L、T、B），交流线路、变压器、节点注入；支路 I、J 两侧母线名称、基准电压、并联号，当支路类型为 B 时，只包含母线 I 侧名称和基准电压；支路电流各序参数、相参数，电流幅值为有效值，单位 kA，相角单位为度。

（3）多点网络等值。点击菜单栏计算下的多点网络等值或者点击网络等值功能按钮，打开多点网络等值计算对话框，如图 4-32 所示。

在多点网络等值对话框中需要选择待保留的母线，选择完成后，计算按钮变为可用，即可执行计算任务。

计算结果包括母线变量和支路变量两部分。

1）母线变量内容包括母线名称、电压等级；各序导纳，标幺值；节点注入电流，幅值为有效值，单位为 kA，相角单位为度。

2）支路变量内容包括支路两侧母线名称、电压等级；支路各序阻抗参数，均为标幺值。

（4）多馈入短路比。点击菜单栏计算下的多馈入短路比或者点击短路比功能按钮，打开多馈入短路比对话框，如图 4-33 所示。

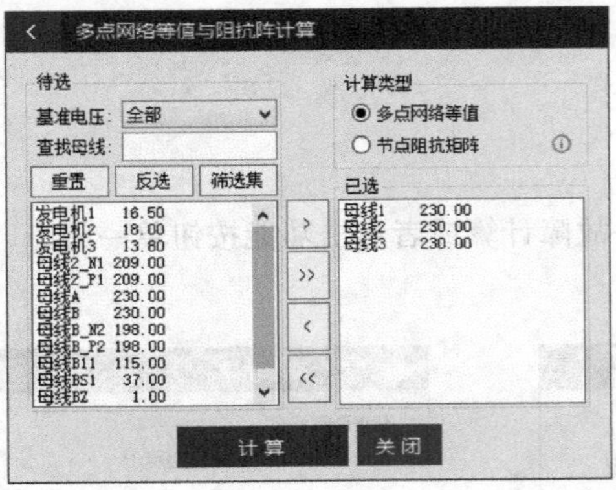


图 4-32　多点网络等值对话框

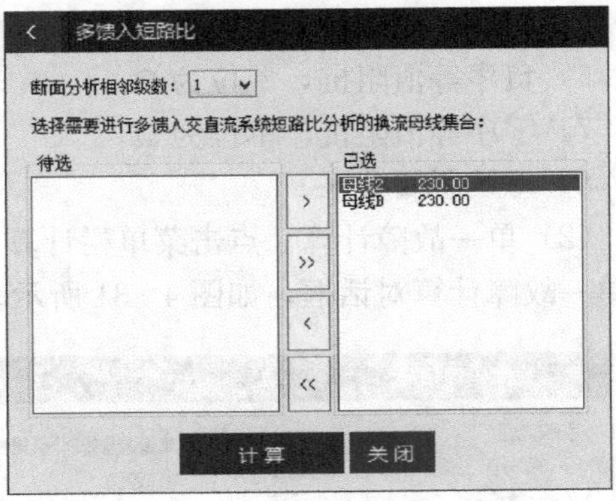


图 4-33　多馈入短路比对话框

在多馈入短路比对话框中需要选择待计算的换流母线，选择完成后，计算按钮变为可用，即可执行计算任务。断面分析相邻级数可以选择，用于设置线路开断分析的级数。

多馈入短路比结果包括各母线短路比［包括多馈入短路比（MSCR）和多馈入有效短路比（MESCR）］、开断线路后的短路比、按照直流换流站统计影响较大的交流线路、按照交流线路统计影响较大的直流换流站。

# 第五章 PSASP 和 PSD 上机操作

## 第一节 PSASP 上机操作

1. WSCC-9 节点系统数据

WSCC-9 节点系统（Western Systems Coordinating Council）是一常用的算例系统。该系统数据简单，用它作为算例，用户可以很快地熟悉和掌握 PSASP 的数据组织和录入，单线图和地理位置图的绘制以及潮流、短路、网损、最优潮流等各种计算的操作。

（1）WSCC-9 节点系统单线图。图 5-1 所示为系统常规运行方式的单线图。由于母线 STNB-230 处负荷的增加，需对原有电网进行改造，具体方法为在母线 GEN3-230 和 STNB-230 之间增加一回输电线，增加发电 3 的出力及其出口变压器的容量，新增或改造的元件如图 5-2 中虚线所示。

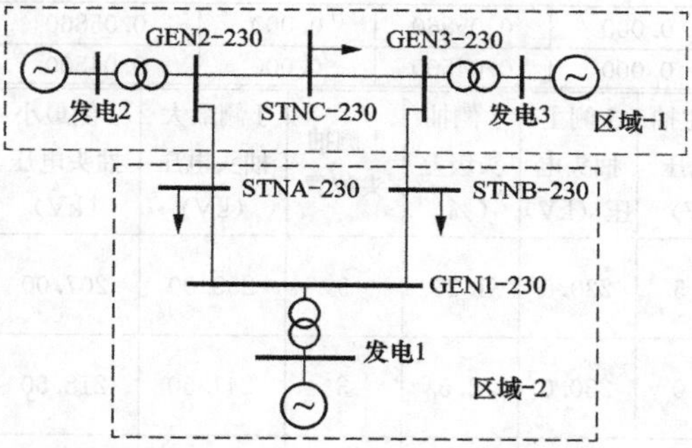


图 5-1 WSCC-9 节点系统单线图

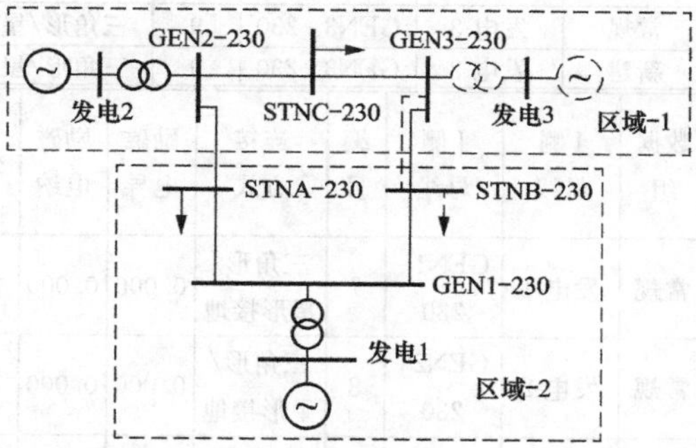


图 5-2 WSCC-9 节点系统改造单线图

（2）WSCC-9 节点系统基础数据。母线数据见表 5-1。

**表 5-1** 母线数据

| 母线名 | 基准电压（kV） | 区域号 | 电压上限（kV） | 电压下限（kV） | 单相短路容量（MVA） | 三相短路容量（MVA） |
|---|---|---|---|---|---|---|
| 发电 1 | 16.5000 | 2 | 18.1500 | 14.8500 | 0.00000 | 0.00000 |
| 发电 2 | 18.0000 | 1 | 19.8000 | 16.2000 | 0.00000 | 0.00000 |
| 发电 3 | 13.8000 | 1 | 15.1800 | 12.4200 | 0.00000 | 0.00000 |
| GEN1-230 | 230.0000 | 2 | 0.0000 | 0.0000 | 0.00000 | 0.00000 |
| GEN2-230 | 230.0000 | 1 | 0.0000 | 0.0000 | 0.00000 | 0.00000 |
| GEN3-230 | 230.0000 | 1 | 0.0000 | 0.0000 | 0.00000 | 0.00000 |
| STNA-230 | 230.0000 | 2 | 0.0000 | 0.0000 | 0.00000 | 0.00000 |
| STNB-230 | 230.0000 | 2 | 0.0000 | 0.0000 | 0.00000 | 0.00000 |
| STNC-230 | 230.0000 | 1 | 0.0000 | 0.0000 | 0.00000 | 0.00000 |

交流线数据见表 5-2。

**表 5-2　交流线数据**

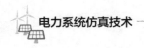

| 数据组 | I 侧母线 | J 侧母线 | 编号 | 所属区域 | 正序电阻 (p. u.) | 正序电抗 (p. u.) | 正序充电电纳的 1/2 (p. u.) | 零序电阻 (p. u.) | 零序电抗 (p. u.) | 零序充电电纳的 1/2 (p. u.) |
|---|---|---|---|---|---|---|---|---|---|---|
| 常规 | GEN1-230 | STNA-230 | 1 | I 侧 | 0.010000 | 0.085000 | 0.088000 | 0.000000 | 0.255000 | 0.000000 |
| 常规 | STNA-230 | GEN2-230 | 2 | I 侧 | 0.032000 | 0.161000 | 0.153000 | 0.000000 | 0.483000 | 0.000000 |
| 常规 | GEN2-230 | STNC-230 | 3 | I 侧 | 0.008500 | 0.072000 | 0.074500 | 0.000000 | 0.216000 | 0.000000 |
| 常规 | STNC-230 | GEN3-230 | 4 | I 侧 | 0.011900 | 0.100800 | 0.104500 | 0.000000 | 0.302400 | 0.000000 |
| 常规 | GEN3-230 | STNB-230 | 5 | I 侧 | 0.039000 | 0.170000 | 0.179000 | 0.000000 | 0.510000 | 0.000000 |
| 常规 | STNB-230 | GEN1-230 | 6 | I 侧 | 0.017000 | 0.092000 | 0.079000 | 0.000000 | 0.276000 | 0.000000 |
| 新建 | GEN3-230 | STNB-230 | 11 | I 侧 | 0.039000 | 0.170000 | 0.179000 | 0.000000 | 0.510000 | 0.000000 |

变压器数据见表 5-3。

**表 5-3　变压器数据**

| 数据组 | I 侧母线 | J 侧母线 | 编号 | 连接方式 | 正序电阻 (p. u.) | 正序电抗 (p. u.) | 零序电阻 (p. u.) | 零序电抗 (p. u.) |
|---|---|---|---|---|---|---|---|---|
| 常规 | 发电 1 | GEN1-230 | 7 | 三角形/星形接地 | 0.000 | 0.05760 | 0.000 | 0.05760 |
| 常规 | 发电 2 | GEN2-230 | 8 | 三角形/星形接地 | 0.000 | 0.06250 | 0.000 | 0.06250 |
| 常规 | 发电 3 | GEN3-230 | 9 | 三角形/星形接地 | 0.000 | 0.05860 | 0.000 | 0.05860 |
| 新建 | 发电 3 | GEN3-230 | 9 | 三角形/星形接地 | 0.000 | 0.04500 | 0.000 | 0.04500 |

| 数据组 | I 侧母线 | J 侧母线 | 编号 | 连接方式 | 励磁电导 | 励磁电纳 | 变比 | I 侧主抽头电压 (kV) | J 侧主抽头电压 (kV) | J 侧抽头级差 (%) | J 侧抽头位置 | J 侧最大抽头电压 (kV) | J 侧最小抽头电压 (kV) |
|---|---|---|---|---|---|---|---|---|---|---|---|---|---|
| 常规 | 发电 1 | GEN1-230 | 7 | 三角形/星形接地 | 0.000 | 0.000 | 1.00 | 16.5 | 230.0 | 1.25 | 9 | 253.00 | 207.00 |
| 常规 | 发电 2 | GEN2-230 | 8 | 三角形/星形接地 | 0.000 | 0.000 | 1.00 | 18.0 | 230.0 | 2.5 | 3 | 241.50 | 218.50 |
| 常规 | 发电 3 | GEN3-230 | 9 | 三角形/星形接地 | 0.000 | 0.000 | 1.00 | 13.8 | 230.0 | 2.5 | 3 | 241.50 | 218.50 |
| 新建 | 发电 3 | GEN3-230 | 9 | 三角形/星形接地 | 0.000 | 0.000 | 1.00 | 13.8 | 230.0 | 2.5 | 3 | 241.50 | 218.50 |

发电机数据见表 5-4。

**表 5-4　发电机数据**

| 数据组 | 母线名 | 母线类型 | 额定容量 (MVA) | 有功发电 (p. u.) | 无功发电 (p. u.) | 母线电压幅值 (p. u.) | 母线电压相角 (°) | 无功上限 (p. u.) | 无功下限 (p. u.) | 有功上限 (p. u.) | 有功下限 (p. u.) | d 轴暂态电抗 $X'_d$ | d 轴次暂态电抗 $X''_d$ | 负序电抗 $X_2$ | 转子惯性时间常数 $T_j$ (s) |
|---|---|---|---|---|---|---|---|---|---|---|---|---|---|---|---|
| 常规 | 发电 1 | Vθ | 100.0 | 0.000 | 0.00 | 1.0400 | 0.00 | 0.00 | 0.00 | 0.00 | 0.00 | 0.0608 | 0.0608 | 0.0608 | 47.28 |
| 常规 | 发电 2 | PV | 100.0 | 1.630 | 1.00 | 1.0250 | 0.00 | 0.00 | 0.00 | 0.00 | 0.00 | 0.1198 | 0.1198 | 0.1198 | 12.8 |
| 常规 | 发电 3 | PV | 100.0 | 0.850 | 1.00 | 1.0250 | 0.00 | 0.00 | 0.00 | 0.00 | 0.00 | 0.1813 | 0.1813 | 0.1813 | 6.02 |
| 新建 | 发电 3 | PV | 100.0 | 1.300 | 1.00 | 1.0250 | 0.00 | 0.00 | 0.00 | 0.00 | 0.00 | 0.1813 | 0.1813 | 0.1813 | 6.02 |

负荷数据见表5-5
区域定义数据见表5-6。

表5-5 负 荷 数 据

| 数据组 | 母线名 | 编号 | 母线类型 | 有功负荷（p.u.） | 无功负荷（p.u.） | 母线电压幅值（p.u.） | 母线电压相角（°） | 无功上限（p.u.） | 无功下限（p.u.） | 有功上限（p.u.） | 有功下限（p.u.） |
|---|---|---|---|---|---|---|---|---|---|---|---|
| 常规 | STNA-230 | 300 | PQ | 1.250 | 0.500 | 0.000 | 0.00 | 0.00 | 0.00 | 0.00 | 0.00 |
| 常规 | STNB-230 | 301 | PQ | 0.900 | 0.300 | 0.000 | 0.00 | 0.00 | 0.00 | 0.00 | 0.00 |
| 常规 | STNC-230 | 302 | PQ | 1.000 | 0.350 | 0.000 | 0.00 | 0.00 | 0.00 | 0.00 | 0.00 |
| 新建 | STNB-230 | 301 | PQ | 1.500 | 0.300 | 0.000 | 0.00 | 0.00 | 0.00 | 0.00 | 0.00 |

表5-6 区 域 定 义 数 据

| 区域名 | 区域号 |
|---|---|
| 区域-1 | 1 |
| 区域-2 | 2 |

2. 潮流计算作业的建立和执行

（1）方案定义。在图模一体化平台窗口中，点击菜单栏中的“元件数据｜方案定义”，定义潮流计算作业所基于的方案见表5-7。

表5-7 方 案 定 义 表

| 方案名 | 数据组构成 | 说 明 |
|---|---|---|
| 常规方案 | 常规 | 常规运行方式 |
| 规划方案 | 常规+新建 | 规划运行方式 |

（2）作业定义。在图模一体化平台窗口中，按照2.1中的三种方式进入潮流计算运行环境后，点击工具栏的按钮，定义潮流计算作业见表5-8。

表5-8 潮 流 作 业 定 义 表

| 潮流作业名 | 方案名 | 计算方法 | 允许误差 | 迭代次数上限 | 电压上限（p.u.） | 电压下限（p.u.） |
|---|---|---|---|---|---|---|
| 作业_1 | 常规方案 | 牛顿法功率式 | 0.0001 | 50 | 1.10 | 0.90 |
| 作业_2 | 规划方案 | PQ分解法 | 0.0001 | 50 | 1.15 | 0.95 |

（3）执行计算。点击工具栏的按钮，开始执行潮流计算。

有关计算前的拓扑关系分析、计算过程中的迭代信息、计算执行的状态信息等均在信息反馈窗口中列出。

3. 潮流计算结果的输出

（1）图面显示潮流结果数据。点击工具栏的按钮PQ，在单线图上显示当前潮流作业的计算结果，如图5-3所示（以标幺值形式显示）。可在作业下拉框作业_1中切换要查看的潮流作业。

（2）报表结果输出。点击工具栏的按钮，输出设置见表5-9。

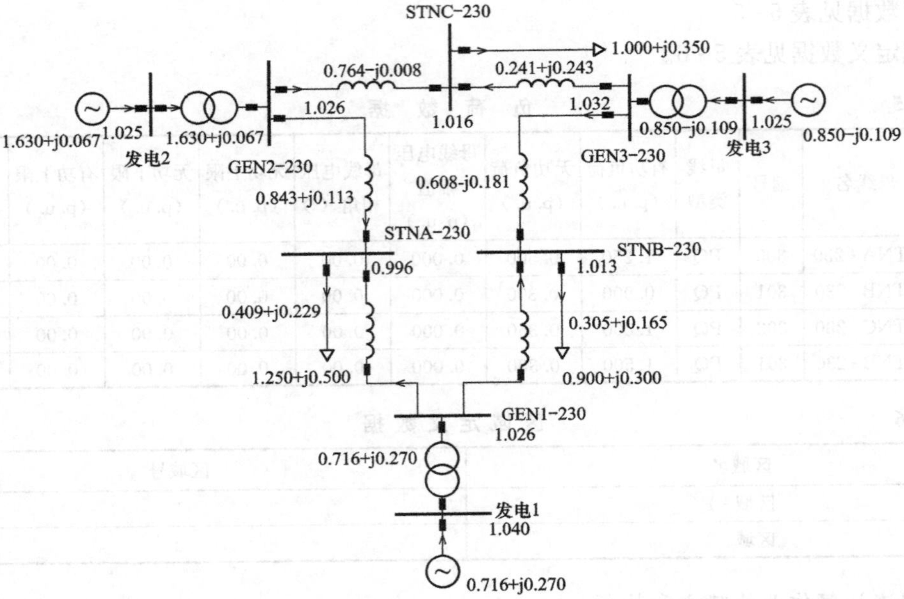

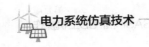


图 5-3 WSCC-9 节点系统 PSASP 单线图

**表 5-9** **输 出 设 置**

| 作业名 | 输出范围 | 输出对象选择 | 分组输出 | 单位 | 输出方式 |
|---|---|---|---|---|---|
| 作业_1 | 全部元件<br>所有结果 | 物理母线<br>交流线 | 区域+分区+厂站 | 有名值 | 文本报表 |
| 作业_2 | 全部元件<br>所有结果 | 物理母线 | 区域+分区 | 有名值 | Excel 报表 |

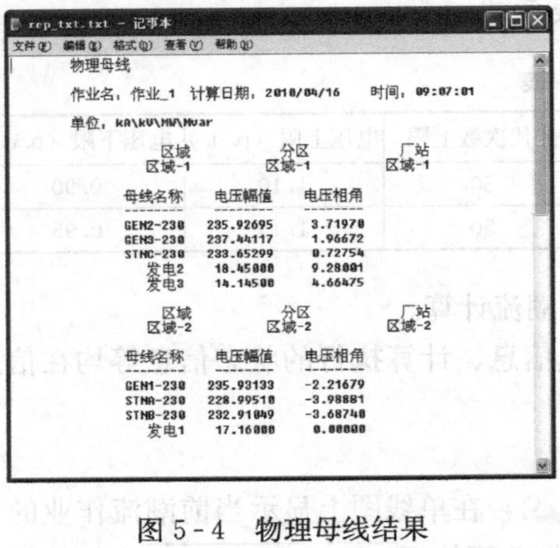
rep_txt.txt - 记事本

文件(F) 编辑(E) 格式(O) 查看(V) 帮助(H)

物理母线

作业名：作业_1 计算日期：2018/04/16 时间：09:07:01

单位：kA\kV\MW\Mvar

| 区域 | 分区 | 厂站 |
|---|---|---|
| 区域-1 | 区域-1 | 区域-1 |

| 母线名称 | 电压幅值 | 电压相角 |
|---|---|---|
| GEN2-230 | 235.92695 | 3.71970 |
| GEN3-230 | 237.44117 | 1.96672 |
| STNC-230 | 233.65299 | 0.72754 |
| 发电2 | 18.45000 | 9.28001 |
| 发电3 | 14.14500 | 4.66475 |

| 区域 | 分区 | 厂站 |
|---|---|---|
| 区域-2 | 区域-2 | 区域-2 |

| 母线名称 | 电压幅值 | 电压相角 |
|---|---|---|
| GEN1-230 | 235.93133 | -2.21679 |
| STNA-230 | 228.99510 | -3.98881 |
| STNB-230 | 232.91049 | -3.68740 |
| 发电1 | 17.16000 | 0.00000 |

图 5-4 物理母线结果

输出报表结果如下所示。

1）“作业_1”报表。

物理母线结果如图 5-4 所示。

交流线结果报表如图 5-5 所示。

2）“作业_2”报表，物理母线结果如图 5-6 所示。

4. 暂态稳定计算作业的建立的执行

选择一个收敛的潮流，设置一个网络故障，设置相应的输出对象进行暂稳计算。线路 GEN2-230—STNC-230 的中间位置发生三相短路接地故障，线路两侧开关跳开，如图 5-7～图 5-9 所示。所选择的输出对象如图 5-10、图 5-11 所示。

5. 暂态稳定计算结果的输出

选择“暂稳编辑方式输出”，选择输出对象，输出方式选择“曲线”进行输出，如图 5-12 所示，相关结果如图 5-13～图 5-15 所示。

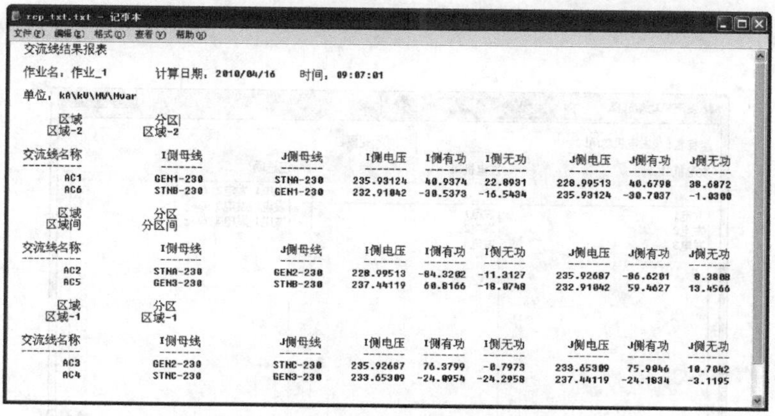
rcp_txt.txt - 记事本

文件(F) 编辑(E) 格式(O) 查看(V) 帮助(H)

交流线结果报表

作业名：作业_1　　计算日期：2010/04/16　　时间：09:07:01

单位：kA\kV\MW\Mvar

| 区域 | 分区 |
| --- | --- |
| 区域-2 | 区域-2 |

| 交流线名称 | I侧母线 | J侧母线 | I侧电压 | I侧有功 | I侧无功 | J侧电压 | J侧有功 | J侧无功 |
| --- | --- | --- | --- | --- | --- | --- | --- | --- |
| AC1 | GEN1-230 | STNA-230 | 235.93124 | 40.9374 | 22.8931 | 228.99513 | 40.6798 | 38.6872 |
| AC6 | STNB-230 | GEN1-230 | 232.91042 | -30.5373 | -16.5434 | 235.93124 | -30.7037 | -1.0300 |

| 区域 | 分区 |
| --- | --- |
| 区域间 | 分区间 |

| 交流线名称 | I侧母线 | J侧母线 | I侧电压 | I侧有功 | I侧无功 | J侧电压 | J侧有功 | J侧无功 |
| --- | --- | --- | --- | --- | --- | --- | --- | --- |
| AC2 | STNA-230 | GEN2-230 | 228.99513 | -84.3202 | -11.3127 | 235.92687 | -86.6201 | 8.3808 |
| AC5 | GEN3-230 | STNB-230 | 237.44119 | 60.8166 | -18.0748 | 232.91042 | 59.4627 | 13.4566 |

| 区域 | 分区 |
| --- | --- |
| 区域-1 | 区域-1 |

| 交流线名称 | I侧母线 | J侧母线 | I侧电压 | I侧有功 | I侧无功 | J侧电压 | J侧有功 | J侧无功 |
| --- | --- | --- | --- | --- | --- | --- | --- | --- |
| AC3 | GEN2-230 | STNC-230 | 235.92687 | 76.3799 | -0.7973 | 233.65309 | 75.9846 | 10.7042 |
| AC4 | STNC-230 | GEN3-230 | 233.65309 | -24.0954 | -24.2958 | 237.44119 | -24.1834 | -3.1195 |

图 5-5　交流线结果

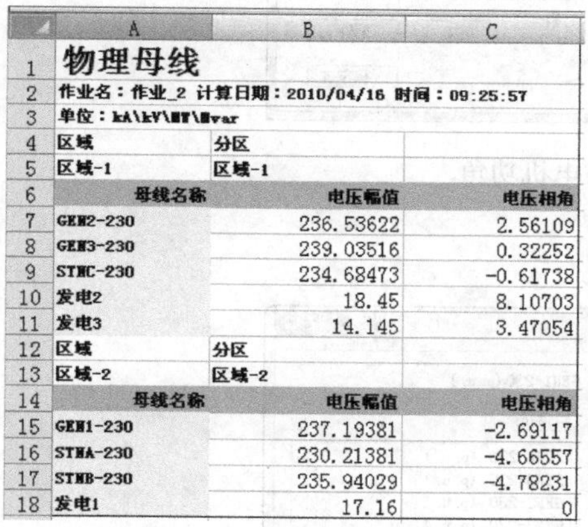

| | A | B | C |
| --- | --- | --- | --- |
| 1 | 物理母线 | | |
| 2 | 作业名：作业_2 计算日期：2010/04/16 时间：09:25:57 | | |
| 3 | 单位：kA\kV\MW\Mvar | | |
| 4 | 区域 | 分区 | |
| 5 | 区域-1 | 区域-1 | |
| 6 | 母线名称 | 电压幅值 | 电压相角 |
| 7 | GEN2-230 | 236.53622 | 2.56109 |
| 8 | GEN3-230 | 239.03516 | 0.32252 |
| 9 | STNC-230 | 234.68473 | -0.61738 |
| 10 | 发电2 | 18.45 | 8.10703 |
| 11 | 发电3 | 14.145 | 3.47054 |
| 12 | 区域 | 分区 | |
| 13 | 区域-2 | 区域-2 | |
| 14 | 母线名称 | 电压幅值 | 电压相角 |
| 15 | GEN1-230 | 237.19381 | -2.69117 |
| 16 | STNA-230 | 230.21381 | -4.66557 |
| 17 | STNB-230 | 235.94029 | -4.78231 |
| 18 | 发电1 | 17.16 | 0 |

图 5-6　物理母线结果

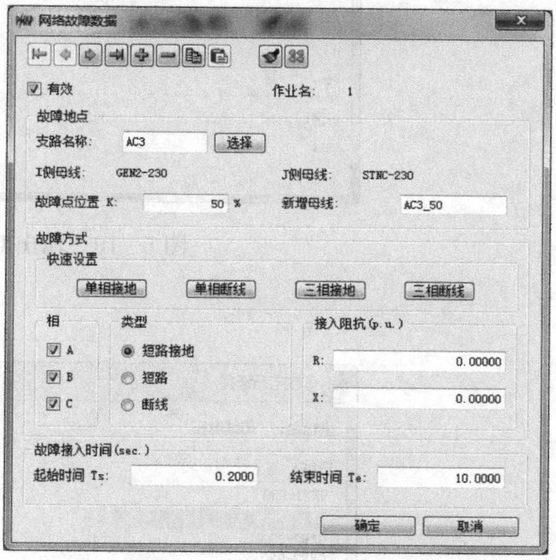


图 5-7　网络故障数据 1

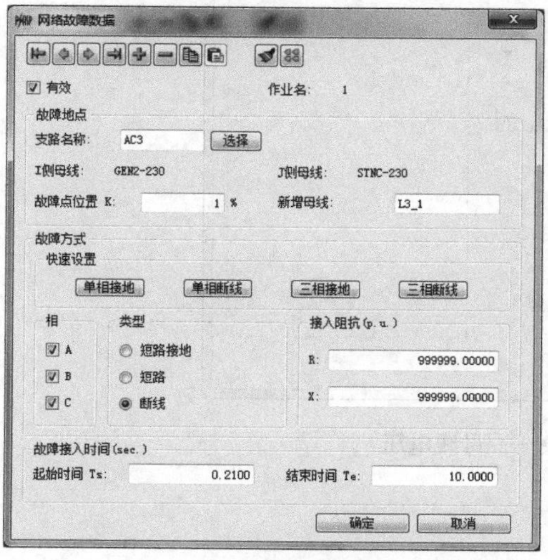


图 5-8　网络故障数据 2

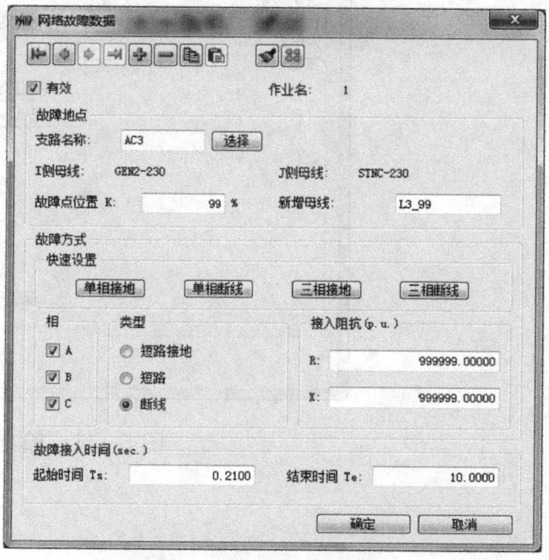


图 5-9　网络故障数据 3

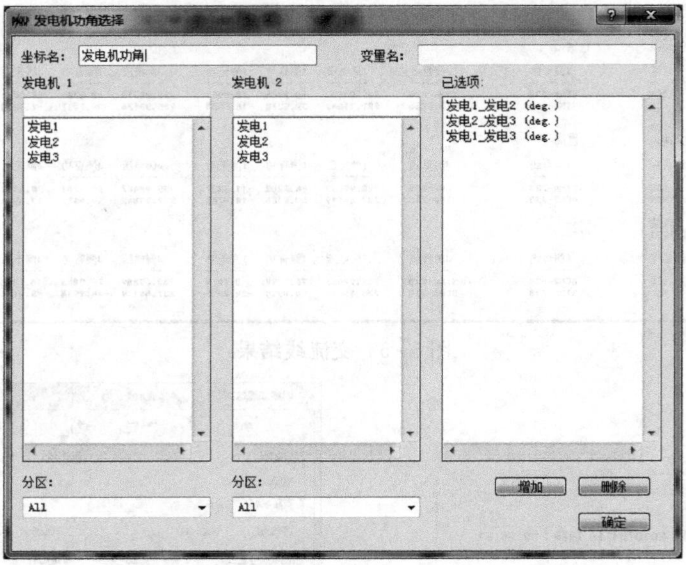

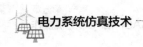


图 5-10　输出对象——发电机功角

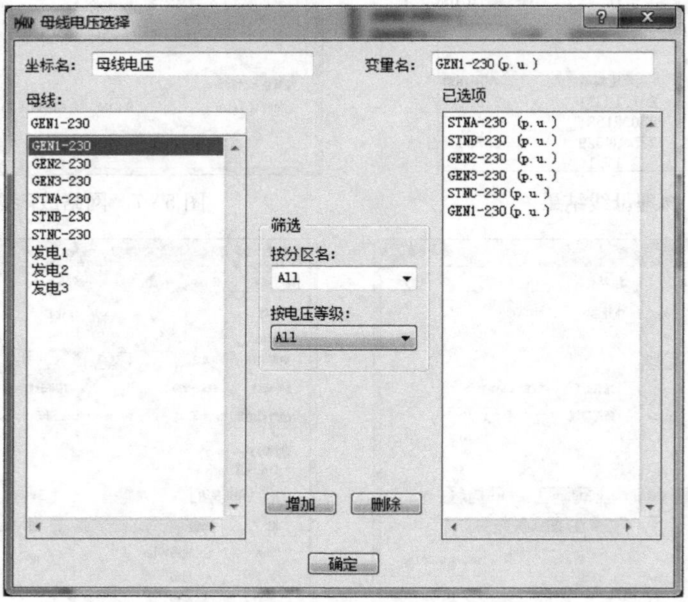


图 5-11　输出对象——母线电压

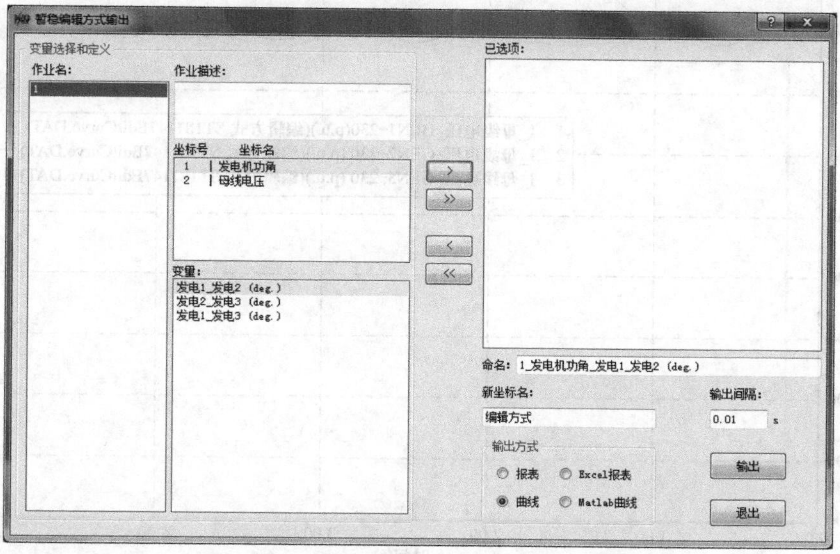


图 5-12　PSASP 编辑方式输出界面

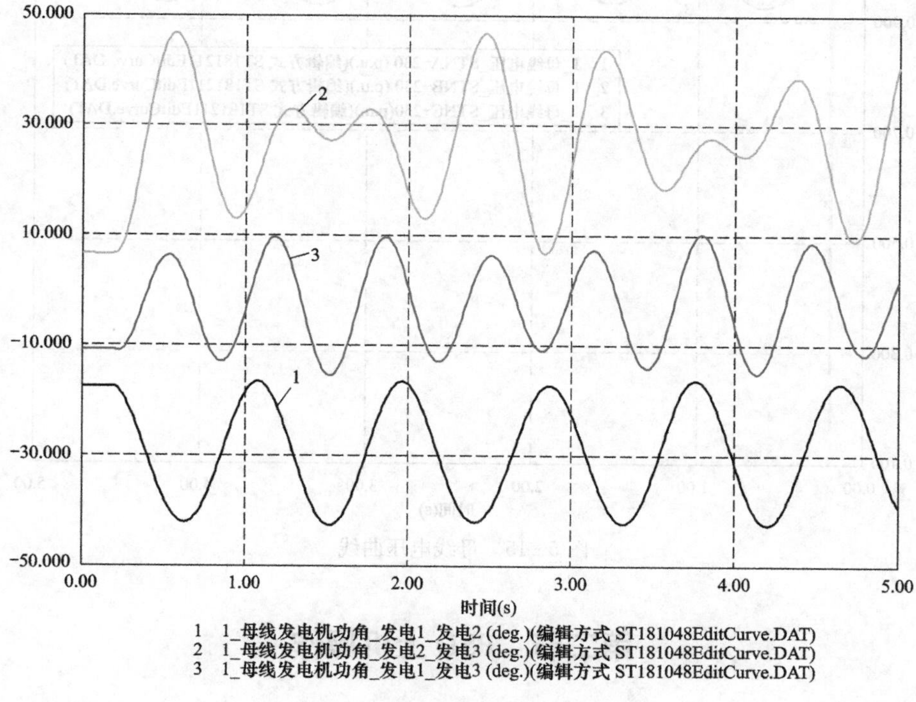


图 5-13　发电机相对功角曲线

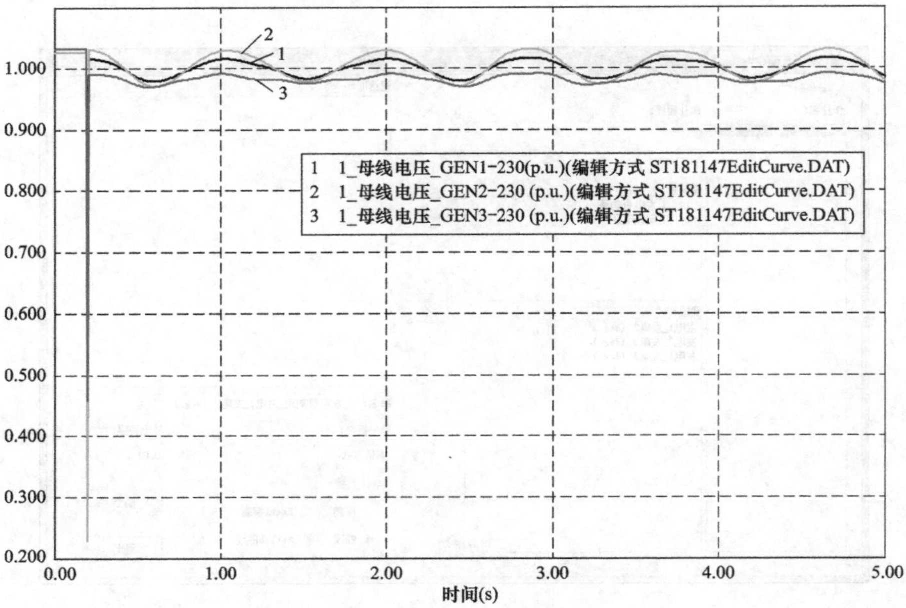


图 5-14 母线电压曲线

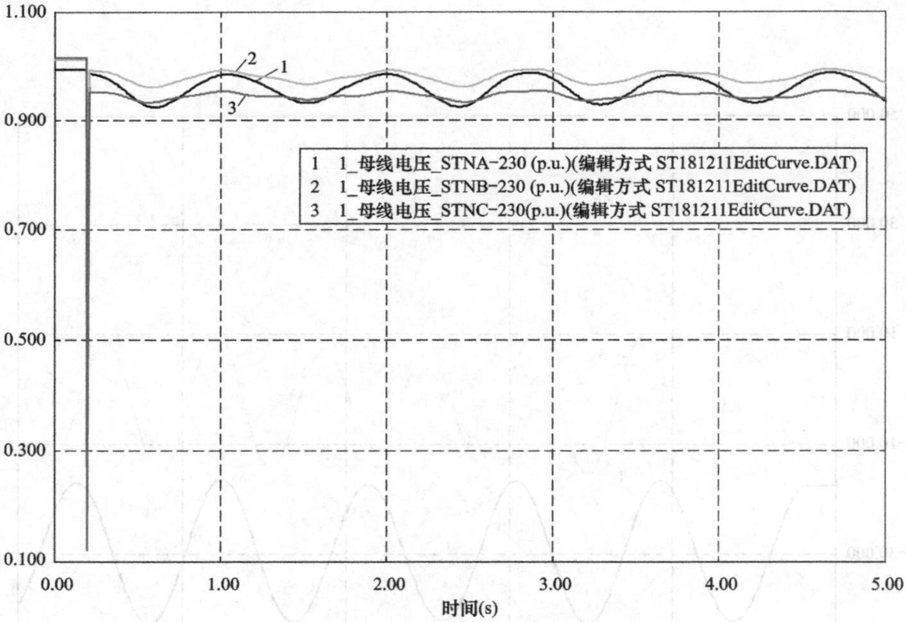


图 5-15 母线电压曲线

## 第二节 PSD 上机操作

1. WSCC-9 节点系统数据

WSCC-9 节点系统数据简单，用它作为算例，用户可以很快地熟悉和掌握 PSD 的数据组织和录入，地理位置图的绘制以及潮流、短路、暂态稳定等各种计算的操作。

WSCC-9节点系统单线图及改造单线图如图5-16和图5-17所示。

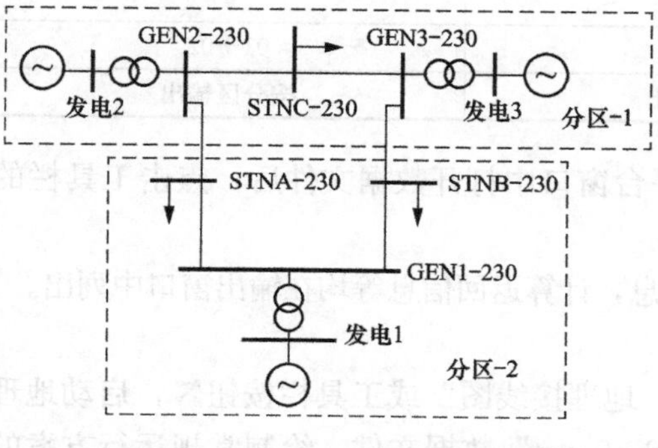


图5-16　WSCC-9节点系统单线图

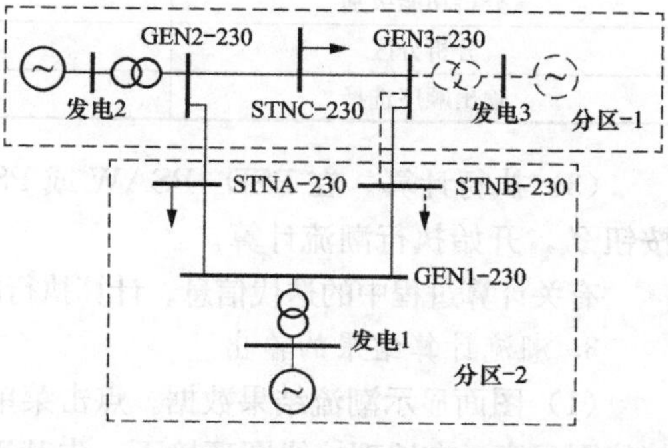


图5-17　WSCC-9节点系统改造单线图

系统基础数据见第五章第一节。PSD电力系统分析软件工具采用分区对WSCC-9系统进行划分。分区定义见表5-10。

表5-10　**分区定义**

| 分区名 | 分区号 |
|---|---|
| 分区-1 | 01 |
| 分区-2 | 02 |

2. 潮流计算作业的建立和执行

(1) 新建数据文件。在PSD-PSAW或PSDEdit平台窗口中，点击菜单栏中的“文件|新建”，选择建立潮流计算数据文件并保存，潮流数据文件与运行方式的对应关系见表5-11。

表5-11　**潮流数据文件与运行方式的对应关系**

| 数据文件名 | 数据组构成 | 说　明 |
|---|---|---|
| IEEE9-0.dat | 常规 | 常规运行方式 |
| IEEE9-1.dat | 常规+新建 | 规划运行方式 |

(2) 控制语句。在PSD-PSAW或PSDEdit平台窗口中，对新建的潮流数据文件进行编辑，按照表5-12的要求填写控制语句。

表5-12　**潮流数据文件的控制语句**

| 数据文件名 | IEEE9-0.dat | IEEE9-1.dat |
|---|---|---|
| CASEID | 常规 | 规划 |
| PROJECT | WSCC9 | WSCC9 |
| PQ分解法迭代次数 | 20 | 20 |
| 牛顿法迭代次数 | 30 | 30 |
| 基准容量 | 100MVA | 100MVA |
| 新BSE文件名 | IEEE90-0.bse | IEEE90-1.bse |
| MAP文件名 | IEEE90-0.map | IEEE90-1.map |
| 输出分区 | 01+02 | 01 |

续表

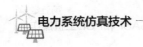

| 数据文件名 | IEEE9 - 0. dat | IEEE9 - 1. dat |
|---|---|---|
| 分析功能级别 | 4 | 4 |
| 分析分区 | 01＋02 | 01＋02 |
| 输出顺序选择 | 按分区输出 | 按分区输出 |

（3）执行计算。在 PSD - PSAW 或 PSDEdit 平台窗口中打开数据文件后，点击工具栏的按钮，开始执行潮流计算。

有关计算过程中的迭代信息、计算执行的状态信息，计算返回信息等均在输出窗口中列出。

3. 潮流计算结果的输出

（1）图面显示潮流结果数据。点击菜单“工具｜地理接线图”或工具栏按钮，启动地理接线图程序。在地理接线图环境下，先基于“IEEE9 - 0. dat”数据文件，绘制常规运行方案的地理接线图，如图 5 - 18 所示，可在地理接线图上展示“IEEE9 - 0. dat”的潮流结果。保存所绘制的地理接线图文件为“IEEE9. dxt”。重新启动地理接线图，打开刚绘制的地理接线图文件“IEEE9. dxt”，选择数据文件为规划方案数据文件“IEEE9 - 1. dat”即可展示该潮流结果。

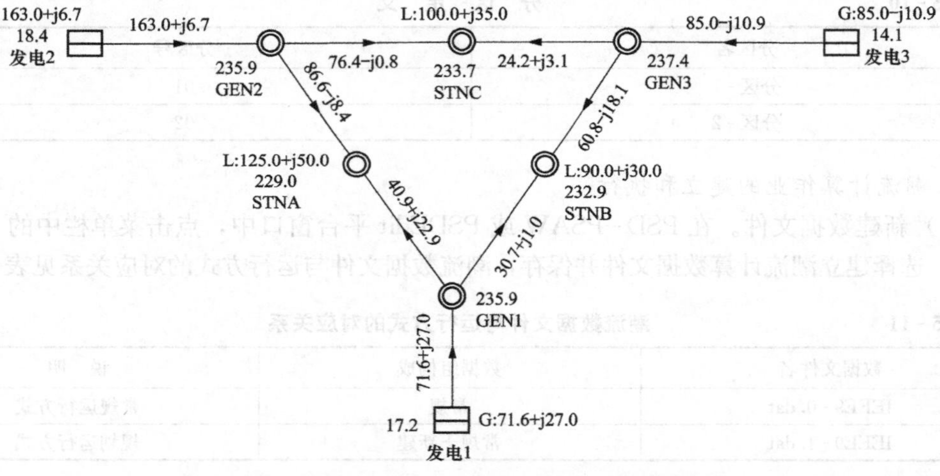


图 5 - 18　WSCC - 9 节点系统 PSD 地理接线图

（2）文本结果输出。计算完成后，点击菜单“文件｜打开”选择与数据文件同名的潮流结果文件 * pfo，在 PSD - PSAW 或 PSDEdit 平台中打开潮流结果文件。

IEEE9 - 0. dat 对应的潮流结果文件 IEEE9 - 0. pfo 如下所示。

1）程序版本及发布时间，如图 5 - 19 所示。

```
中国版BPA潮流程序版本号： 6.006（ 4.3.3C  2016-06-02 ）                     时间：2017-03-03


* 潮流数据文件是：c:\psap32\sample\ieee9\ieee9-0.dat
[ INTERACTIVE RUN ]
(POWERFLOW,CASEID=IEEE9,PROJECT=IEEE_9BUS_TEST_SYSTEM)
/NEW_BASE,FILE=IEEE90.BSE\
/PF_MAP,FILE = IEEE90.MAP\
/P_OUTPUTLIST,ZONE=01,02\
/P_ANALYSIS_REPORT,LEVEL=4,ZONES=01\
/RPT_SORT=ZONE\
/NETWORK_DATA\
```

图 5 - 19　程序版本及发布时间

2）计算迭代信息，如图 5 - 20 所示。

```
潮流方式名: IEEE9     工程名: IEEE9BUSTESTSYSTEM     * * * 计算过程迭代信息 * * *                    时间: 2017-03-03

          9  节点                                               9  支路
          2   --  可调类型的节点                                0   --  带负荷调压变压器
          0   --  区域交换功率控制                              0   --  直流系统
          0   --  无功受控节点                                  0   --  理想调相机
          0   --  可投切电容电抗器
          0   --  自动发电控制单元
          1   --  平衡机
ITERATION   -------------------ABSOLUTE ERROR SUMMATION-------------------   -------UNSOLVED---------   -ADJUSTMENTS-  JACOBIAN
               P           Q          XFMRS      AREA EXPORT  BUS VOLTAGE            AUTO         D C     SLN     BUS      MATRIX
      NO   (P.U. MW)   (P.U.MVAR)  (P.U.MVA)    (P.U. MW)    (P.U.KV)     BUSES XFRMS AREAS LINES  TRUNC   TYPE    STORAGE
      --   ---------   ----------  ----------   ----------   ----------   ----- ----- ----- -----  -----   ----    -------

INITIAL 1   5.63000     0.00000     0.00000      0.00000                    5     0     0           0                  53
INITIAL 2   0.00000     2.02149     0.00000      0.00000                    6     0     0           0                  43
       1    0.17876     0.03462     0.00000      0.00000      0.00000       7     0     0     0     0   0   0     0           65
       2    0.17892     0.00025     0.00000      0.00000      0.00000       0     0     0     0     0   0   0     0           65
       3    0.17892     0.00000     0.00000      0.00000      0.00000       0     0     0     0     0   0   0     0           65
       4    0.17892     0.00000     0.00000      0.00000      0.00000       0     0     0     0     0   0   0     0           65
       5    0.17892     0.00000     0.00000      0.00000      0.00000       0     0     0     0     0   0   0     0           65
计算结果收敛。
```

图 5 - 20　计算迭代信息

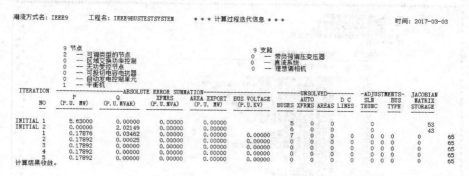

3）潮流详细结果，如图 5 - 21 所示。

```
潮流方式名: IEEE9     工程名: IEEE9BUSTESTSYSTEM     * * * *  详细的输出列表  * * * *                    时间: 2017-03-03
                 将要输出下列分区的节点和线路数据列表:
                 01  02
                 按照下面分区的顺序输出数据
                 01  02

GEN2     230.0  235.93kV/   3.72度  01                                                                    1.026电压pu   B
     STNA       230.0          02    86.6线路有功     -8.4线路无功    2.300有功损耗 -19.694无功损耗      16.099充电功率
     STNC       230.0          01    76.4             -0.8            0.475         -11.501               7.839
     发电2       18.0          01  -163.0              9.2            0.000          15.832             230.0/ 18.0
                                      0.0PNET            0.0QNET
GEN3     230.0  237.44kV/   1.97度  01                                                                    1.032电压pu   B
     STNB       230.0          02    60.8线路有功    -18.1线路无功    1.354有功损耗 -31.531无功损耗      19.077充电功率
     STNC       230.0          01    24.2              3.1            0.088         -21.176              11.137
     发电3       13.8          02   -85.0             15.0            0.000           4.096             230.0/ 13.8
                                      0.0PNET            0.0QNET
STNC     230.0  233.65kV/   0.73度  01                                100.0有功负荷    35.0无功负荷       1.016电压pu   B
     GEN2       230.0          01   -75.9线路有功    -10.7线路无功    0.475有功损耗 -11.501无功损耗       7.689充电功率
     GEN3       230.0          01   -24.1            -24.3            0.088         -21.176              10.785
                                   -100.0PNET          -35.0QNET
发电2     18.0   18.45kV/   9.28度         163.0有功出力       6.7无功出力                                  1.025电压pu   BQ
     GEN2       230.0          01   163.0线路有功      6.7线路无功    0.000有功损耗   15.832无功损耗     18.0/230.0      ?
                                    163.0PNET           6.7QNET
        分区数据总结 ---- 分区01
         发电机出力                      负荷                          损耗                         并联负荷              充电功率
   MW           MVAR               MW          MVAR             MW          MVAR              MW          MVAR        MVAR
   163.0         6.7               100.0       35.0             0.6        -16.8              0.0         0.0         37.4

GEN1     230.0  235.93kV/  -2.22度  02                                                                    1.026电压pu   B
     STNA       230.0          02    40.9线路有功     22.9线路无功    0.258有功损耗 -15.794无功损耗       9.260充电功率
     STNB       230.0          02    30.7              1.0            0.166         -15.513               8.313
     发电1       16.5          02   -71.6            -23.9            0.000           3.123             230.0/ 16.5
                                      0.0PNET            0.0QNET
STNA     230.0  229.00kV/  -3.99度  02                                125.0有功负荷    50.0无功负荷       0.996电压pu   B
     GEN1       230.0          02   -40.7线路有功    -38.7线路无功    0.258有功损耗 -15.794无功损耗       8.723充电功率
     GEN2       230.0          01   -84.3            -11.3            2.300         -19.694              15.167
                                   -125.0PNET          -50.0QNET
STNB     230.0  232.91kV/  -3.69度  02                                 90.0有功负荷    30.0无功负荷       1.013电压pu   B
     GEN1       230.0          02   -30.5线路有功    -16.5线路无功    0.166有功损耗 -15.513无功损耗       8.101充电功率
     GEN3       230.0          01   -59.5            -13.5            1.354         -31.531              18.356
                                    -90.0PNET          -30.0QNET
发电1     16.5   17.16kV/   0.00度          71.6有功出力      27.0无功出力                                  1.040电压pu   BS
     GEN1       230.0          02    71.6线路有功     27.0线路无功    0.000有功损耗    3.123无功损耗     16.5/230.0      ?
                                     71.6PNET           27.0QNET
发电3     13.8   14.14kV/   4.66度          85.0有功出力     -10.9无功出力                                  1.025电压pu   BQ
     GEN3       230.0          01    85.0线路有功    -10.9线路无功    0.000有功损耗    4.096无功损耗     13.8/230.0      ?
                                     85.0PNET          -10.9QNET
        分区数据总结 --- 分区02
         发电机出力                      负荷                          损耗                         并联负荷              充电功率
   MW           MVAR               MW          MVAR             MW          MVAR              MW          MVAR        MVAR
   156.6        16.2               215.0       80.0             4.1        -75.3              0.0         0.0        103.1

整个系统的数据总结                    (MW)       (MVAR)
系统注入:
    发电机出力                        319.64      22.84
    负荷                             -315.00    -115.00
    节点并联导纳                        0.00       0.00
    未安排的电源                        0.00       0.00
小结（注入）                            4.64     -92.16
系统损耗:
    等值并联导纳                        0.00       0.00
    线路和变压器损耗                    4.64     -92.16
    线路充电功率                                 140.54
    直流换流器损耗                      0.00       0.00
小结（损耗）                            4.64     -92.16
系统净输出功率:                         0.00       0.00
```

图 5 - 21　潮流详细结果

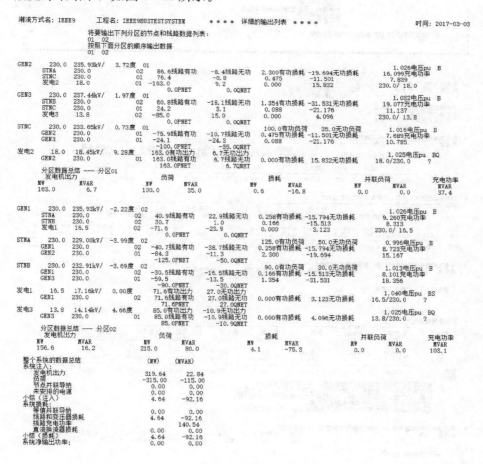

4）潮流分析结果，如图 5 - 22 所示。

5）平衡机及错误警告信息，如图 5 - 23 所示。

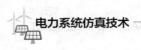

潮流方式名：IEEE9　　工程名：IEEE9BUSTESTSYSTEM　　* * * 输出分析列表 * * *　　时间：2017-03-03

说明：
F = 输出全网的分析结果
Z = 输出指定分区的分析结果
O = 输出指定拥有者的分析结果
B = 输出指定分区和拥有者的分析结果
空 = 不输出

| 输出选择 | 输出分析列表的名称 |
| --- | --- |
| (F) | 未安排无功的节点列表 |
| (F) | 各拥有者的发电和负荷数据列表 |
| (F) | 各分区的发电、负荷、损耗和并联负荷数据列表 |
| (Z) | 低电压和过电压的节点列表 |
| (Z) | 线路负载超过额定值 80.0%的数据列表 |
| (Z) | 变压器负载超过额定值 80.0%的数据列表 |
| (Z) | 变压器激磁超过5.0%的数据列表 |
| (F) | 按所有者分类的系统损耗数据列表 |
| (F) | 按分区分类的系统损耗数据列表 |
| (F) | 直流系统分析列表 |
| (F) | 并联电容器和电抗器列表 |
| (F) | 带负荷调压变压器列表 |
| (F) | 带负荷调压变压器无功使用情况列表 |
| (F) | 移相器数据列表 |
| (F) | 无功受控节点列表 |
| (F) | AGC控制列表 |
| (F) | 带有可投切并联无功装置节点列表 |
| (F) | 无功补偿可调节点列表 |
| (Z) | 串补数据列表 |
| (Z) | 节点电压、功率等数据列表 |
| (F) | 旋转备用列表 |
| (Z) | 线路效率分析列表<br>负载大于额定值 90.0%的线路 |
| (Z) | 变压器效率分析<br>整体损耗大于额定值0.04%的变压器 |
| (Z) | 变压器效率分析<br>铁心损耗大于额定值0.02%的变压器 |

输出选择代码为"Z"的列表输出下列分区的数据
01

* 未安排无功的节点列表

拥有者　分区　节点　　类型　未安排无功 (MVar)　电压 (kV)

未安排的容性无功　0.0
未安排的感性无功　0.0
未安排无功总和　0.0

* 按照拥有者输出系统发电和负荷数据列表

| 拥有者 | 发电 (MW) | 发电 (MVar) | 发电 功率因数 | 综合负荷 总负荷 (MW) | 总负荷 (MVar) | 总负荷 功率因数 | 恒功率负荷 (MW) | 恒功率负荷 (MVar) | 恒电流负荷 (MW) | 恒电流负荷 (MVar) | 恒阻抗负荷 (MW) | 恒阻抗负荷 (MVar) |
| --- | --- | --- | --- | --- | --- | --- | --- | --- | --- | --- | --- | --- |
| | 319.6 | 22.8 | 0.9975 | 315.0 | 115.0 | 0.9394 | 315.0 | 115.0 | 0.0 | 0.0 | 0.0 | 0.0 |
| 总结 | 319.6 | 22.8 | 0.9975 | 315.0 | 115.0 | 0.9394 | 315.0 | 115.0 | 0.0 | 0.0 | 0.0 | 0.0 |

* 按分区输出发电、负荷、损耗和并联负荷数据列表

| 分区 | 发电 (MW) | 发电 (MVar) | 发电 功率因数 | 综合负荷 总负荷 (MW) | 总负荷 (MVar) | 总负荷 功率因数 | 恒功率负荷 (MW) | 恒功率负荷 (MVar) | 恒电流负荷 (MW) | 恒电流负荷 (MVar) | 恒阻抗负荷 (MW) | 恒阻抗负荷 (MVar) | 损耗 (MW) | 损耗 (MVar) | 并联负荷 (MVar) |
| --- | --- | --- | --- | --- | --- | --- | --- | --- | --- | --- | --- | --- | --- | --- | --- |
| 01 | 163.0 | 6.7 | 0.999 | 100.0 | 35.0 | 0.944 | 100.0 | 35.0 | 0.0 | 0.0 | 0.0 | 0.0 | 0.563 | -16.846 | 0.0 |
| 02 | 156.6 | 16.2 | 0.995 | 215.0 | 80.0 | 0.937 | 215.0 | 80.0 | 0.0 | 0.0 | 0.0 | 0.0 | 4.078 | -75.314 | 0.0 |
| 总结 | 319.6 | 22.8 | 0.997 | 315.0 | 115.0 | 0.939 | 315.0 | 115.0 | 0.0 | 0.0 | 0.0 | 0.0 | 4.641 | -92.160 | 0.0 |

* 低电压和过电压节点数据列表（按照越限大小顺序）

拥有者　分区　节点　　类型　电压 (kV)　(pu)　电压范围 MIN(pu)　MAX(pu)　越界电压值 (pu)

没有低电压和过电压的节点

* 旋转备用数据列表

| 区域/分区 | 有功功率 最大值 (MW) | 实际出力 (MW) | 备用 (MW) | 无功功率 最大值 (MVAR) | 最小值 (MVAR) | 已发无功 (MVAR) | 吸收无功 (MVAR) | 备用 (MVAR) |
| --- | --- | --- | --- | --- | --- | --- | --- | --- |
| 01 | 300.0 | 163.0 | 137.0 | 100.0 | -100.0 | 6.7 | 0.0 | 93.3 |
| 02 | 400.0 | 156.6 | 243.4 | 130.0 | -120.0 | 27.0 | -10.9 | 113.8 |
| 总结 | 700.0 | 319.6 | 380.4 | 230.0 | -220.0 | 33.7 | -10.9 | 207.2 |

说明：
1. 有功旋转备用不包含所有同步电动机的功率（如 抽水蓄能电机）。
有功出力为负值的发电机（包括电动机）作为负荷处理，不统计在内。
当最大出力值小于实际出力时，统计时最大出力值用实际出力值代替。
2. 无功旋转备用不包含同步调相机的无功功率。
无功旋转备用只统计有功出力大于0并且基准电压小于30kV的发电机。

* 线路效率分析数据列表 —— 线路负载超过额定值 90.0%的线路

拥有者　线路　长度 (km)　额定电流 (A)　负载 (MVA)　(A)　损耗 (MW)　(MW/km)　占负载%　百公里损耗比例 %/100km

没有符合条件的线路

图 5-22　潮流分析结果

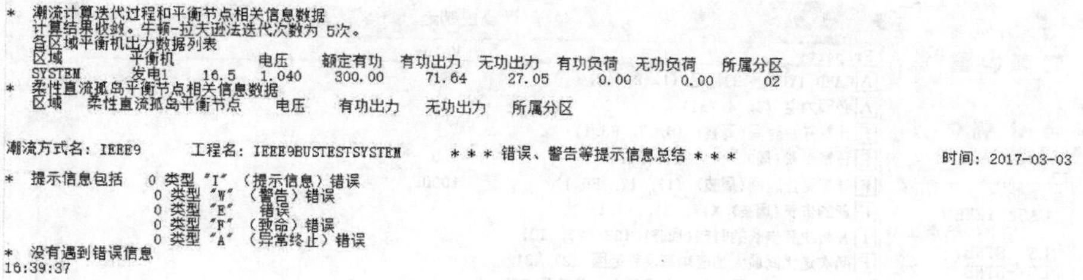
* 潮流计算迭代过程和平衡节点相关信息数据
计算结果收敛。牛顿-拉夫逊法迭代次数为 5次。
各区域平衡机出力数据列表
区域 平衡机 电压 额定有功 有功出力 无功出力 有功负荷 无功负荷 所属分区
SYSTEM 发电1 16.5 1.040 300.00 71.64 27.05 0.00 0.00 02
* 柔性直流孤岛平衡节点相关信息数据
区域 柔性直流孤岛平衡节点 电压 有功出力 无功出力 所属分区
潮流方式名: IEEE9 工程名: IEEE9BUSTESTSYSTEM * * * 错误、警告等提示信息总结 * * * 时间: 2017-03-03
* 提示信息包括 0 类型 "I" (提示信息) 错误
0 类型 "W" (警告) 错误
0 类型 "E" 错误
0 类型 "F" (致命) 错误
0 类型 "A" (异常终止) 错误
* 没有遇到错误信息
16:39:37

图 5-23 平衡机及错误警告信息

4. 稳定计算文件的建立和执行

(1) 新建数据文件。在 PSD-PSAW 或 PSDEdit 平台窗口中，点击菜单栏中的“文件 | 新建”，选择建立稳定数据文件并保存。

(2) 重要的卡片。

1) CASE 卡。CASE 卡在文件的最开始部分，其中 CASEID 必须填，而且必须与潮流中保持一致，如图 5-24 所示。

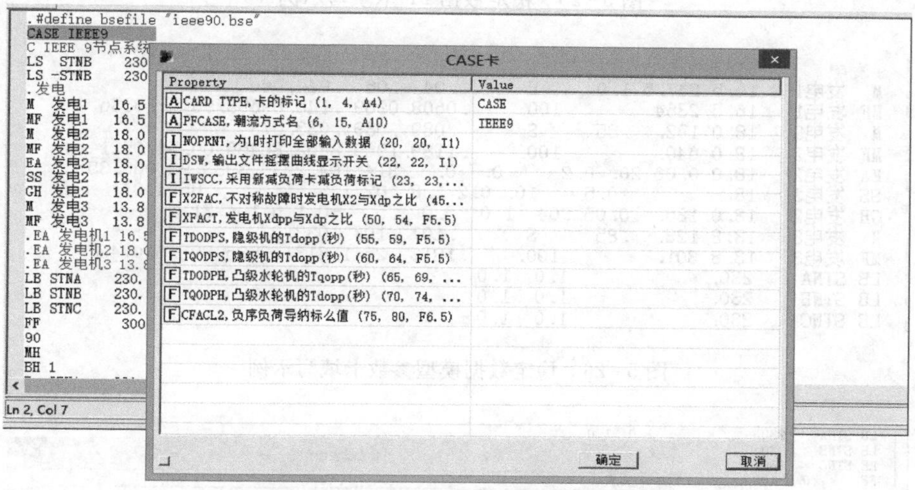


图 5-24 稳定数据 CASE 卡填写示例

2) FF 卡。FF 卡在输出部分 90 卡、99 卡之前，代表参数部分的结束，可以指定计算步长、仿真时长等信息，如图 5-25 所示。

3) 90 卡和 99 卡。90 卡和 99 卡是重要的标志，卡片只有“90”和“99”两个字符，这两个卡片之间是输出卡部分。

(3) 模型参数卡。在 CASE 卡和 FF 卡之间添加所有的模型数据卡片，包括发电机 MF 卡、发电机阻尼绕组 M 卡、励磁 EA 卡、电力系统稳定器 SS 卡、原动机调速器 GH 卡及静态负荷 LB 卡等，如图 5-26 所示。

(4) 输出卡片。在 90 卡和 99 卡之间可以根据需要添加输出卡片，可以包括母线输出、线路输出、发电机输出等内容，在选中的输出量所在位置填写非 0 值就能输出曲线，如图 5-27 所示。

(5) 故障卡。设置线路“STNB-GEN1”首端 5 周波发生三相短路，过 6 周波之后线路两侧跳开。用简化的 FLT 卡填写，如图 5-28 所示。

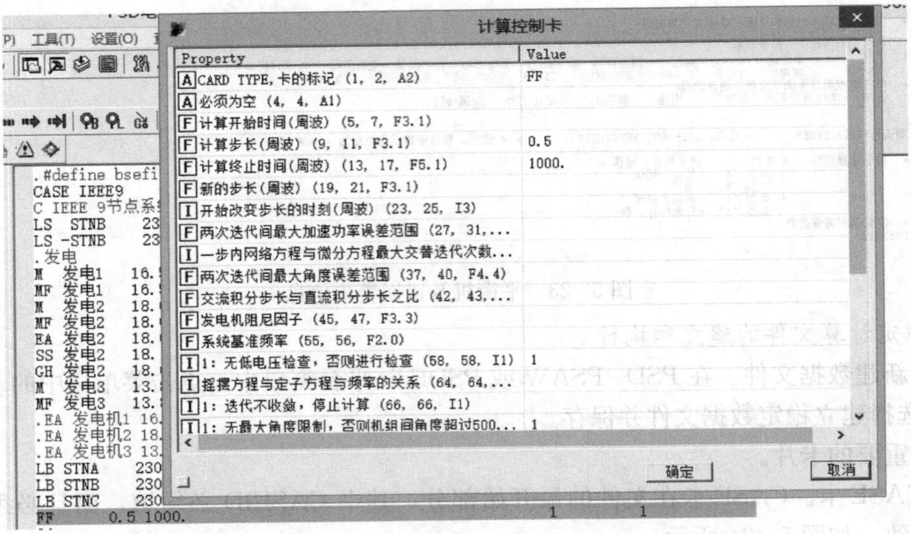


图 5-25　稳定数据 FF 卡填写示例

```
.发电
M   发电1   16.5 247.5 1.0      H        .04  .06   .04 .06
MF  发电1   16.5 2364.         100.     .0608.0969 .146.09698.96    .0336
M   发电2   18.0 192.   .85      S       .089 .089 .033.078
MF  发电2   18.0 640.          100.     .1189.1969.8958.86456.00.54.0521
EA  发电2   18.0 0.06 20.  0.2      0.    0.   .314.104.293-.3983.98.063.35
SS  发电2   18.           0.5      10.  0.2 1.3  .02 1.3         .05 2.0
GH  发电2   18.0 180.   0.05 .04   1.0   5.0   .5    -0.1 0.1  .31
M   发电3   13.8 128.   .85      S       .107 .107 .033.07
MF  发电3   13.8 301.          100.     .1813 .25 1.3131.2585.89 .6.0742
LB  STNA     230.              1.0  1.0
LB  STNB     230.              1.0  1.0
LB  STNC     230.              1.0  1.0
```

图 5-26　稳定数据模型参数卡填写示例

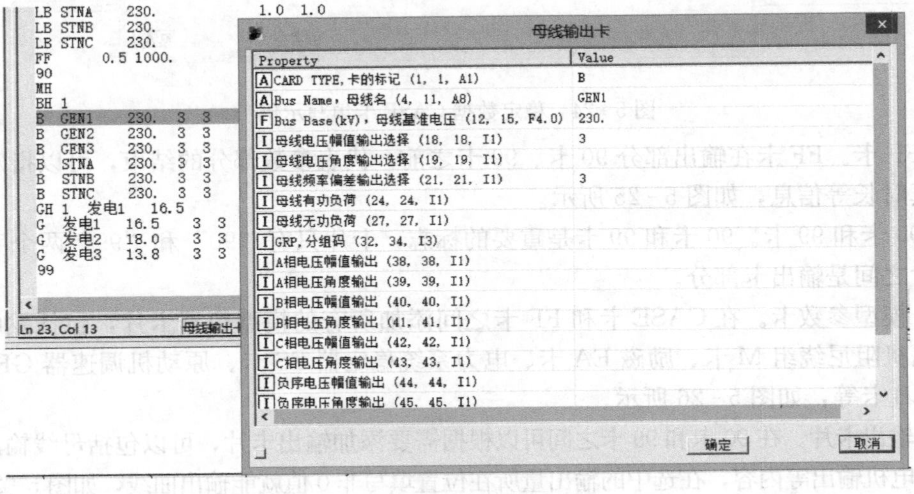


图 5-27　稳定数据输出卡填写示例

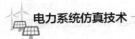

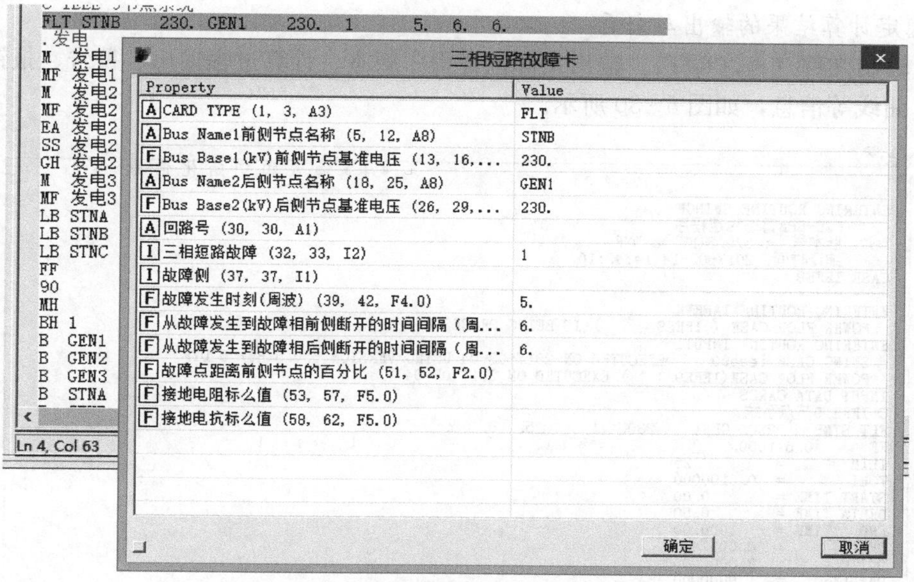


图 5-28　稳定故障卡 FLT 填写示例

（6）执行计算。在 PSD-PSAW 或 PSDEdit 平台窗口中打开 SWI 数据文件后，点击工具栏的按钮，开始执行稳定计算，稳定计算开始，会弹出监视曲线并随着仿真的进行绘画曲线，如图 5-29 所示。

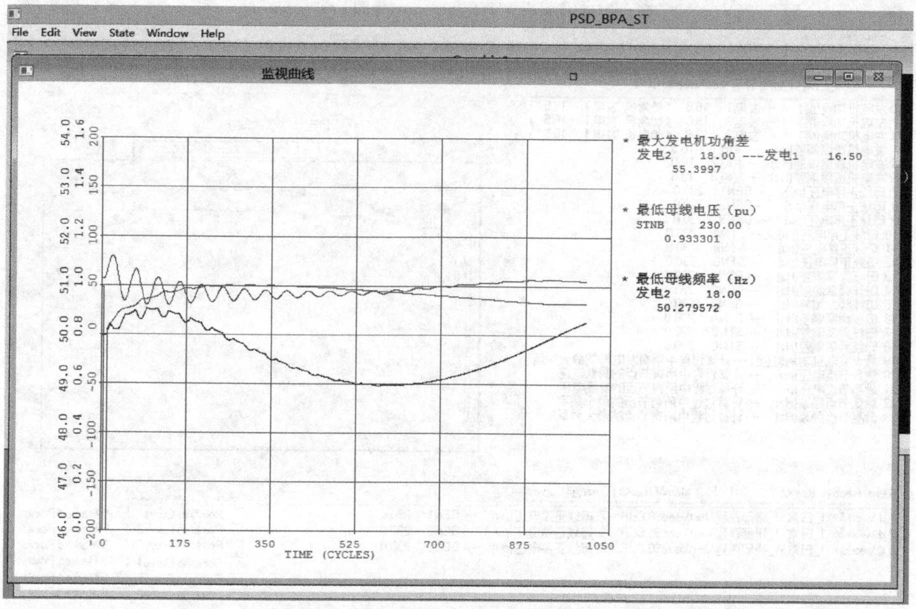


图 5-29　稳定计算监视曲线图

稳定计算结束之后，程序会生成结果文件（＊.OUT）、曲线文件（＊.CUR）和辅助文件（＊.SWX）。

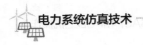

5. 稳定计算结果的输出与查看

（1）输出文件（＊.OUT）。输出文件包含程序版本、计算过程输出、警告、报错、动作和操作、曲线等信息，如图 5 - 30 所示。

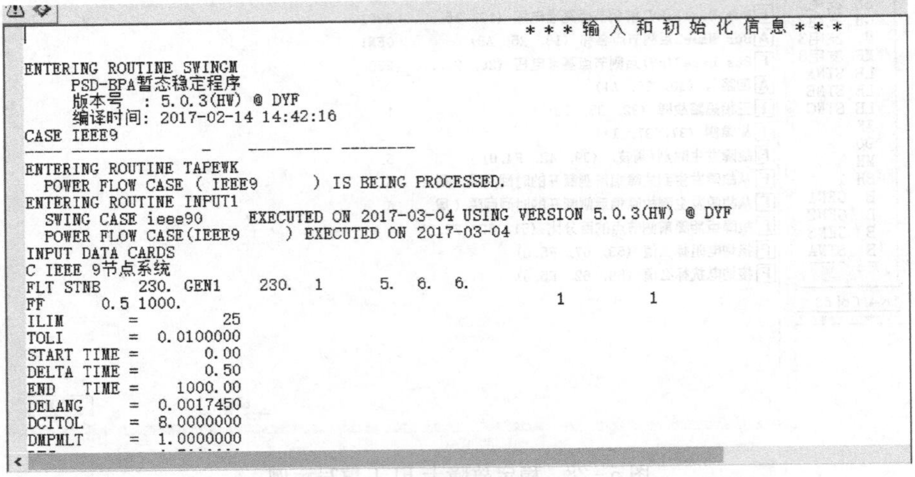


图 5 - 30　稳定结果文件示例图

（2）曲线文件（＊.CUR）。曲线文件需要使用多曲线查看工具（MyChart.exe）打开，如图 5 - 31 所示。

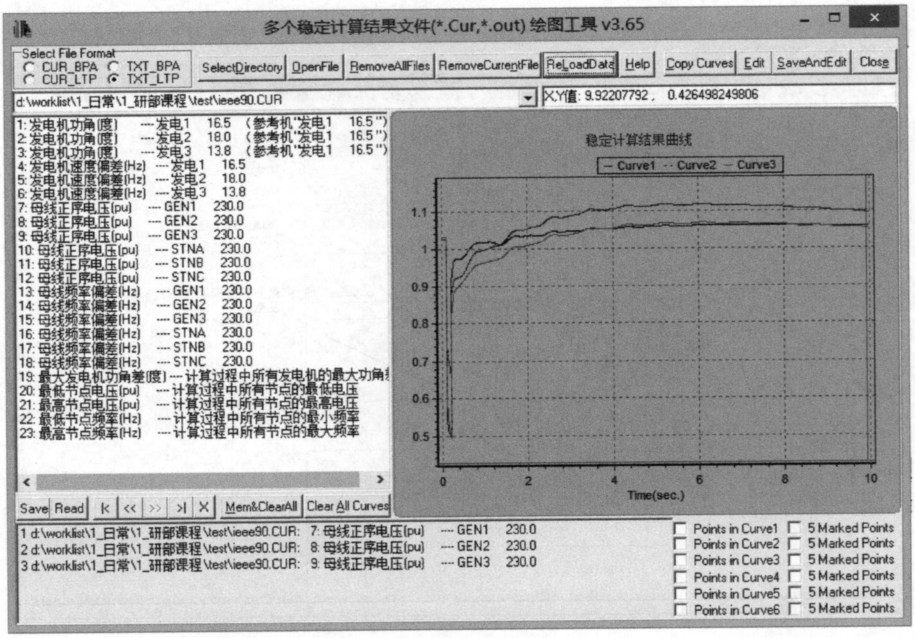


图 5 - 31　多曲线查看工具示意图

可以根据需要绘制曲线，例如绘制输出发电机“发电 2”“发电 3”相对于“发电 1”的功角曲线，如图 5 - 32 所示。

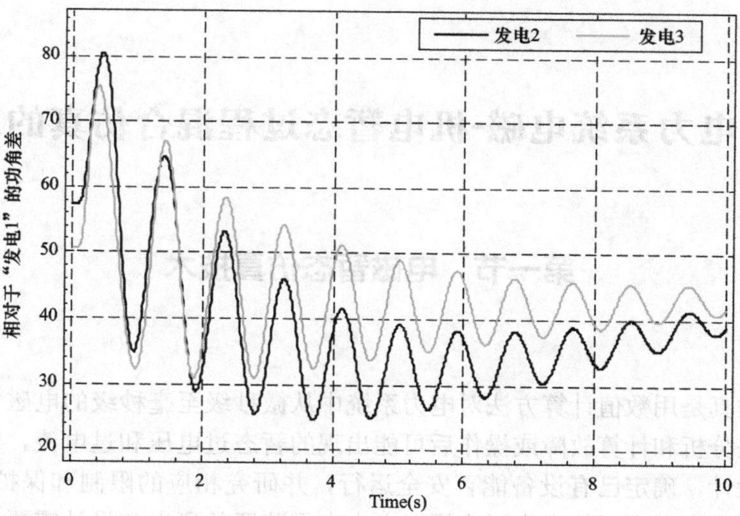


图 5-32　功角曲线

# 第六章　电力系统电磁-机电暂态过程混合仿真的基本原理

## 第一节　电磁暂态仿真技术

1. 概述

电磁暂态仿真是用数值计算方法对电力系统中从微秒级至毫秒级的电磁暂态过程进行仿真模拟，目的是分析和计算故障或操作后可能出现的暂态过电压和过电流，以便对相关电力设备进行合理设计，确定已有设备能否安全运行，并研究相应的限制和保护措施。近年来，随着电力电子技术在电力系统中广泛应用，电力电子装置的研究和设计需要采用电磁暂态仿真进行精确计算，以确定设备参数和控制策略。此外，研究新型快速继电保护装置的动作原理，故障点探测原理及电磁干扰等问题，也常需进行电磁暂态过程分析。

电磁暂态过程变化很快，通常需要分析和计算持续时间在毫秒级以内的电压、电流瞬时值变化情况，因此需要考虑元件的非线性和电磁耦合特性，计及输电线路分布参数所引起的波过程，还要考虑线路三相结构的不对称、线路参数的频率特性以及电晕等因素的影响。因此，电磁暂态仿真的数学模型必须建立这些元件和系统的代数、微分或偏微分方程，通常采用的数值积分方法为隐式积分法，典型的计算步长为 20～200$\mu$s。电磁暂态仿真所用的数学模型较为复杂，计算步长也很小，因此计算量较大，仿真规模受到一定限制，通常不超过几十个母线节点或线路。为了扩大电磁暂态的仿真规模，需要进行电力系统分网并行计算。

目前，国际普遍采用的电磁暂态仿真程序有电磁暂态程序（EMTP）、交直流电磁暂态程序（PSCAD/EMTDC）等，我国也在 EMTP 算法基础上自主开发了电力系统电磁暂态与电力电子仿真软件（EMTPE）、电力系统全数字实时仿真装置（ADPSS/ETSDAC）等电磁暂态仿真程序。

2. 常见模型

电磁暂态仿真建模时常见的几类电力系统元件模型有：

无源器件。如电阻器、电容器、电感器、线路、变压器以及非线性的电阻和电感等。

有源器件。常规的电压源和电流源、三相同步发电机及其轴系部分、电机模型等。

开关器件。如理想开关、随机开关、断路器以及电力电子开关（二极管、晶闸管、GTO）等。

高压直流输电（HVDC）、柔性交流输电（FACTS）等。

对上述元件的电磁暂态建模，主要是将其描述电路特性的微分或偏微分方程离散化，以及解决与其他元件和主程序之间的接口问题。以下以常见的电感元件、开关元件和高压直流输电模型为例，介绍电磁暂态仿真算法的基本思路。

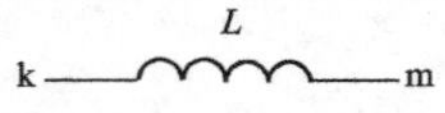


图 6-1　单相电感支路

(1) 电感元件。单相电感支路如图 6-1 所示。

其微分方程为

$$u_{km}(t) = L\frac{di_{km}(t)}{dt} \tag{6-1}$$

式中：$u_{km}(t)$ 为电感支路 k、m 两端的电压；$i_{km}(t)$ 为流过电感支路 k、m 的电流。使用梯形积分将式(6-1) 离散化，取步长为$\Delta t$，得差分方程为

$$i_{km}(t) = Gu_{km}(t) + h(t) \tag{6-2}$$

$$h(t) = i_{km}(t-\Delta t) + Gu_{km}(t-\Delta t) \tag{6-3}$$

$$G = \frac{\Delta t}{2L} \tag{6-4}$$

式中：$G$ 为电感的等值电导；$h(t)$ 为表达过去状态的等值电流源，又称历史项。

对 $t$ 时刻而言，$h(t)$ 是由该时刻之前的状态决定的，是已知的。这样，将求解微分方程式(6-1) 的问题转变成求解代数方程的问题，只需在每个时间步长更新历史项 $h(t)$ 即可。该方法最初由多梅尔（H. W. Dommel）创建，也称为多梅尔（Dommel）法，已在电磁暂态仿真中得到了广泛的应用。

采用类似方法，可将电容 $C$、电阻 $R$ 或由 $R$-$L$-$C$ 构成的串联支路写成类似式(6-2)的形式。线性多相耦合电阻、电感、电容支路，通常可以写成矩阵形式 $[\boldsymbol{R}]$、$[\boldsymbol{L}]$、$[\boldsymbol{C}]$，也可以通过梯形积分法将微分方程组离散化后得到类似式(6-2)的代数方程组，从而进行求解。

（2）开关元件。开关元件包括理想开关、断路器、电力电子开关等。

理想开关是模拟开关在开断和闭合状态时的一种理想化模型。假定在闭合状态时，触头间的电阻等于零，即开关上的电压降等于零；开断状态时，触头间的电阻等于无限大，即经过开关的电流等于零。开关的分、合操作是在瞬间完成这两种状态之间的过渡，在电磁暂态仿真中表现为导纳阵的修改。

断路器元件需要考虑更复杂的断路器灭弧过程，计及弧隙电阻的影响。交流电流过零前，弧隙有一定的非线性电阻；交流电流过零时，弧隙也不可能由导电状态立刻转变为绝缘介质，弧隙仍有一个较大的非线性电阻。弧隙电阻的非线性特性较为复杂，目前多采用 Mayr（麦尔）方程。

电力电子开关包括二极管、晶闸管、绝缘栅双极型晶体管(IGBT)、门极可关断晶闸管(GTO) 等，它可分为不可控器件、半控型器件和全控型器件，其开关导通和关断的触发条件各有不同。在电磁暂态仿真中，电力电子器件通常可按照理想开关方法处理，并通过串联和并联一些元件以近似模拟它们导通和关断时的动态特性。

（3）高压直流输电模型。高压直流输电系统的电磁暂态模型包括一次系统模型和二次系统模型。一次系统模型通常参照直流输电系统的实际拓扑和参数，采用基础元件搭建而成，即由晶闸管、缓冲电路构成阀臂元件，6 个阀臂元件及触发脉冲发生器构成一组六脉动换流器。六脉动换流器、换流变压器、直流输电线路、接地极线路、平波电抗器、交流/直流滤波器等进一步构成高压直流输电一次系统的完整电磁暂态模型。图 6-2 为特高压直流输电单极一次系统的电磁暂态模型。

针对不同的直流工程和不同的控保（控制保护）设备厂家，高压直流输电系统的二次系统模型也不尽相同，但通常包括主控、低压限流控制、电流控制、电压控制、电压恢复控制、关断角控制、整流侧最小触发角控制、换相失败预测、重启动控制等基本模块。图 6-3 为典型的直流输电系统控制保护模型。

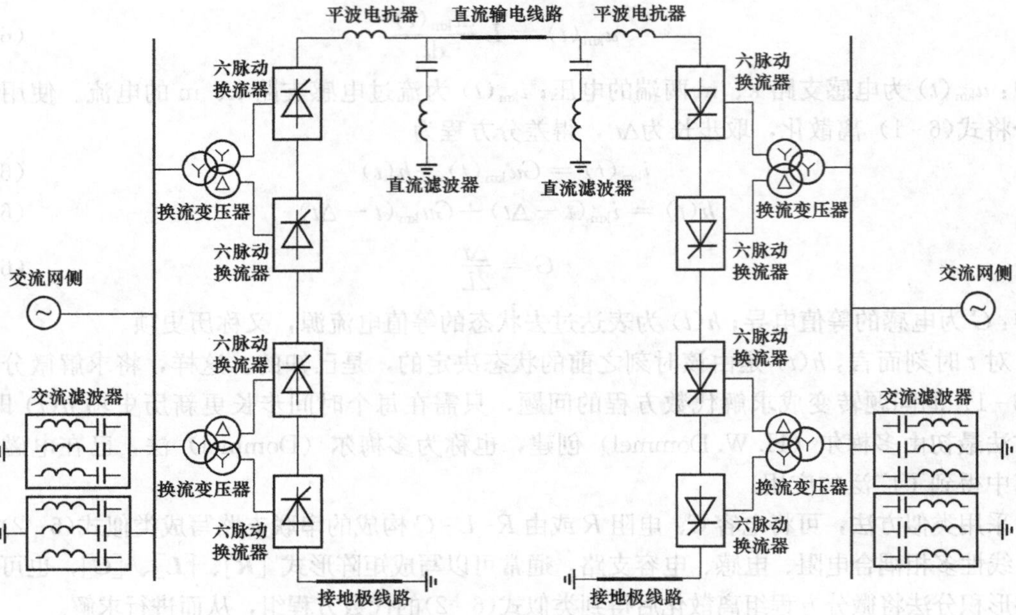

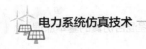


图 6-2 特高压直流输电单极一次系统的电磁暂态模型

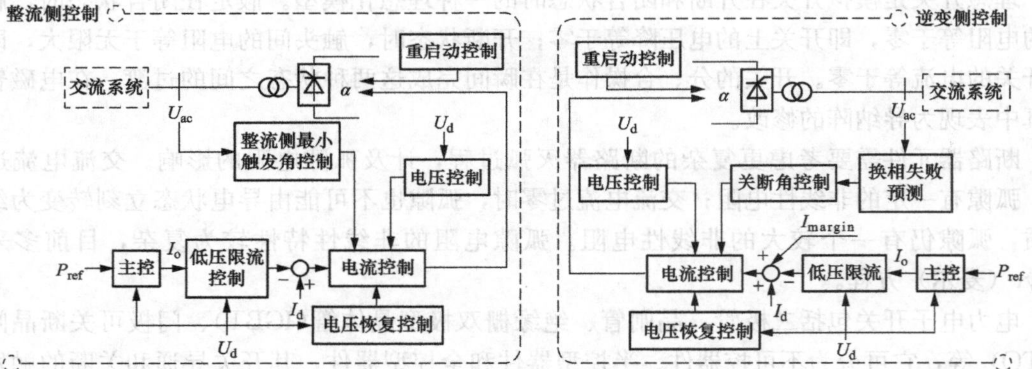


图 6-3 典型的直流输电系统控制保护模型

# 第二节 电磁-机电混合仿真技术

在电磁暂态分析软件和机电暂态分析软件中，机电暂态分析软件基于基波、相量、序分析等理论仿真电网的机电暂态过程，在仿真 HVDC 系统和 FACTS 等电力电子设备时均采用准稳态模型模拟，对快速暂态特性元件和非线性元件引起的波形畸变均不能反映；电磁暂态分析软件是基于 ABC 三相瞬时值表示的，系统所有元件动态特性均采用微分方程描述，计算步长小、计算量大，因此仿真规模不大。分析 HVDC 或 FACTS 元件引起的快速暂态过程和波形畸变对系统机电暂态过程的影响时，在进行工程分析时往往需要通过系统等值来进行，影响了仿真分析的准确性和可靠性。

为解决上述问题，将电磁暂态仿真和机电暂态仿真进行接口，通过电磁暂态和机电暂态的混合仿真，在一次仿真过程中实现对大规模电力系统的机电暂态仿真和局部 HVDC、FACTS 网络的电磁暂态仿真，这将克服机电暂态分析软件在仿真 HVDC 系统和 FACTS 等电力电子设备时不够精确，以及由于电磁暂态分析软件仿真规模小而不得不采用系统等值所引起的准确性降低的问题，从而为大规模交直流系统的运行特性和协调控制研究提供有力的研究手段。

电力系统电磁暂态仿真和机电暂态仿真这两种类型的仿真在变量及数学模型、仿真时间范围和积分步长等方面都存在着很大差异。其差异在于：

（1）电磁暂态仿真通常模拟持续时间在微秒、毫秒级的系统快速暂态过程，计算步长一般为 20～200$\mu$s，典型计算步长为 50$\mu$s；而机电暂态仿真通常模拟持续时间在几秒到几十秒的系统暂态稳定过程，典型计算步长为 10ms。可以看出，电磁暂态与机电暂态仿真的典型计算步长相差 200 倍。

（2）电磁暂态仿真采用 ABC 三相瞬时值表示，可以描述系统三相不对称、波形畸变，以及高次谐波叠加等特性；机电暂态仿真基于工频正弦波假设条件，将系统由三相网络经过线性变换转换为相互解耦的正、负、零序网络分别计算，系统变量采用基波相量表示，因此，机电暂态仿真只能反映系统工频特性及低频振荡等特性。

（3）电磁暂态仿真元件模型采用网络中广泛存在的电容、电感等元件构成的微分方程或偏微分方程描述；而机电暂态仿真中，元件模型采用相量方程线性表示。相对于电磁暂态仿真中的模型，机电暂态仿真中模型都根据仿真条件做了一定程度的简化。

因此，电力系统机电暂态过程和电磁暂态过程是两个用不同数学模型表征、具有不同时间常数的物理过程，在仿真原理和方法上存在较大差异。为了将大规模复杂电力系统的机电暂态仿真和局部系统的电磁暂态仿真集成在一个进程中，电力系统仿真需要采用接口技术，通过仿真过程中机电暂态网络的计算信息和电磁暂态网络的计算信息的随时交换，实现大规模电力系统的电磁暂态和机电暂态混合仿真。

由于机电暂态仿真和电磁暂态仿真在模型处理、积分步长、计算模式上的不同，接口时首先面临的问题是如何设计接口方式，使本侧网络计算中充分考虑对侧网络信息，从而保证仿真准确性。该问题包含两个方面：一是电磁暂态（机电暂态）网络仿真中，与其相连的机电暂态（电磁暂态）网络如何表示；二是接口时序如何设计。

根据所研究问题的不同，接口时可以采用不同的处理方法，但基本思路都是采用将对方系统等值的方法，以下介绍一种基于戴维南、诺顿等值的混合仿真接口方法。

1. 接口等值电路

如图 6-4（a）所示，在混合仿真时，整个网络分为电磁暂态网络和机电暂态网络两大部分。图中给出了包含一个接口点的情况。

电磁暂态网络仿真中机电暂态网络的戴维南等值电路，如图 6-4（b）所示；机电暂态网络仿真中，电磁暂态网络的诺顿等值电路，如图 6-4（c）所示。由于机电暂态网络为三序相量网络，而电磁暂态网络为三相瞬时值网络，因此，还需要进行序-相变换，瞬时量-相量变换。

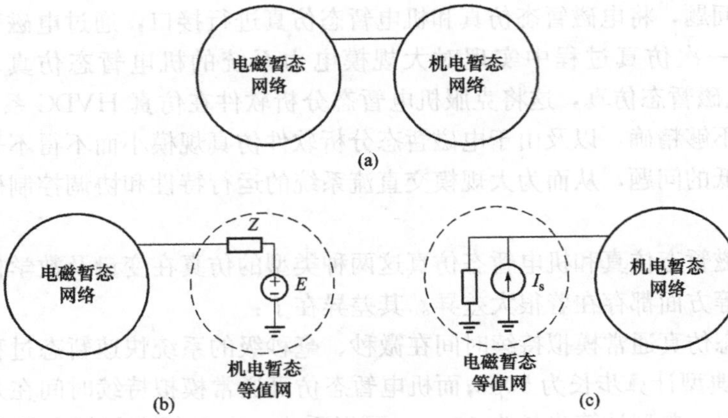


图 6-4　接口示意图

(a) 网络分割示意图；(b) 电磁暂态网络仿真中机电暂态网络的戴维南等值电路；
(c) 机电暂态网络仿真中电磁暂态网络的诺顿等值电路

2. 数据交换方式

由于机电暂态网络计算的步长大，而电磁暂态网络计算的步长小。因此，机电暂态网络和电磁暂态网络之间的数据交换是以机电暂态步长为单位进行的。机电暂态网络和电磁暂态网络的数据交换可采用如图 6-5 所示的时序（以机电暂态网络计算的步长为 $\Delta T=0.01$s，电磁暂态网络计算的步长为 $\Delta t=0.001$s 为例）。

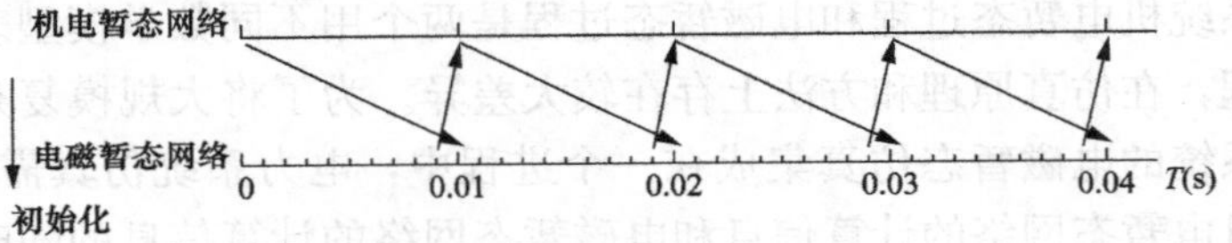


图 6-5　机电暂态网络和电磁暂态网络数据交换时序（并行计算）

机电暂态网络和电磁暂态网络在每个机电暂态网络积分时段，即在 $t=0.01$、0.02、0.03、0.04s…时交换一次数据。具体过程是首先程序进行初始化，初始化过程中机电暂态网络向电磁暂态网络发送一次数据；初始化完成之后机电暂态网络暂不作计算，电磁暂态网络采用初始的等值电压进行计算，在 $t=0.01$s 时两网络交换数据，其中电磁暂态网络接收的是机电暂态网络在 $t=0$s 时刻的值，机电暂态网络接收的是电磁暂态网络在 $t=0.009$s 时刻的值；数据交换完成后两网络分别开始进行 $t=0.01$s 时刻的计算。以此类推，在 $\Delta T$ 的整数倍时刻 $t$ 两网络交换数据，其中电磁暂态网络接收的是机电暂态网络在 $t-\Delta T$ 时刻的值，机电暂态网络接收的是电磁暂态网络在 $t-\Delta t$ 时刻的值。

机电暂态网络和电磁暂态网络的数据交换采用如下的数据形式：初始化时机电暂态网络向电磁暂态网络发送（传递）机电暂态网络的正、负、零序等值阻抗阵 $Z$ 及正、负、零序等值电压的初始值 $E$；在每一机电暂态网络积分步长，机电暂态网络向电磁暂态网络发送（传递）边界点的正、负、零序等值电压 $E$，电磁暂态网络向机电暂态网络发送（传递）边界点的正、负、零序电压 $U$ 和电流 $I$。在有故障或操作导致机电暂态网络结构发生变化时，机电暂态网络还需向电磁暂态网络发送（传递）机电暂态网络的正、负、零序等值阻抗阵 $Z$，如图 6-6 所示。

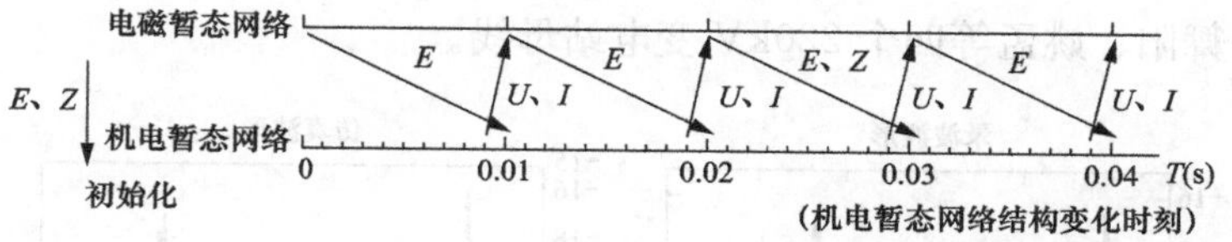


图 6-6　机电暂态网络和电磁暂态网络数据交换形式

## 第三节　电磁-机电混合仿真典型应用

1. 交直流电网故障反演

直流落点近区交流故障的发生，常伴随着逆变站换流母线电压的瞬时跌落，可能导致逆变站发生换相失败。机电暂态仿真中直流采用准稳态模型，不能很好地模拟不对称故障和谐波畸变引发的直流换相失败现象。采用电磁-机电混合仿真，可以建立直流输电系统的电磁暂态模型，更加详细地模拟非基波的暂态过程，实现交直流电网事故的准确反演。

2015 年 6 月 12 日 14：14，天中直流双极高端满负荷试验过程中，中州站极Ⅰ高端 C 相换流变三套重瓦斯保护动作，极Ⅰ高端闭锁，损失功率 1960MW，极Ⅱ高端功率转带至 2040MW。天山站安全稳定控制（安控）正确动作切除南湖电厂 2 号机（640MW）、花园电厂 3 号机（540MW），特高压长南Ⅰ线由北送波动至南送。

为仿真反演该事故，利用在线数据建立了华北—华中—华东及西北电网混合仿真模型，天中直流采用电磁暂态仿真，其余电网采用机电暂态仿真。机电侧仿真步长为 10ms，电磁侧仿真步长为 $50\mu s$。

仿真结果表明，故障过程中天中直流极Ⅰ高端闭锁，损失功率 1960MW，极Ⅱ高端功率转带至 2040MW。故障前后天中直流和长南线、洪板线有功功率波形与相应录波的对比如图 6-7 所示，可以看出仿真曲线与录波曲线的趋势基本一致。

从对比结果可以看出，混合仿真能较好地复现故障过程，较为准确地反映特高压交直流交互作用过程，对含不对称故障、换相失败在内的故障形态进行模拟，适用于对直流仿真准确度要求较高的大规模交直流混合电网分析和研究。

2. 开关试验站接入系统的电能质量评估

目前在电能质量仿真分析方面，针对稳态电能质量方面进行的研究较多，但是主要针对的是局部小电网系统；随着各种电能质量敏感设备的不断增加，电压暂降的影响也越来越受到人们的关注，关于电压暂降方面的仿真分析在电能质量的仿真分析中也越来越重要，而电磁暂态仿真分析手段又受到了仿真规模的限制。采用电磁-机电暂态混合仿真的手段进行电能质量评估，能够最大限度地发挥机电暂态仿真的规模优势和电磁暂态仿真的准确度优势，提高电能质量评估的可靠性。

以河南平顶山电网的平高试验站为研究对象，利用基于电磁-机电混合仿真的电能质量仿真分析平台，研究平高试验站短路故障下对系统主要连接点电能质量的影响，以及平高试验站附近主要母线故障对平高母线电压的影响。

将平顶山供电区域用电磁暂态模型建模，其他地区仍然采用机电暂态模型，通过电磁-机电暂态混合仿真的方式研究平高试验站接入系统对系统电能质量的影响。机电暂态接口包括湛河、香山、舞阳、姚孟等四个 220kV 变电站母线。

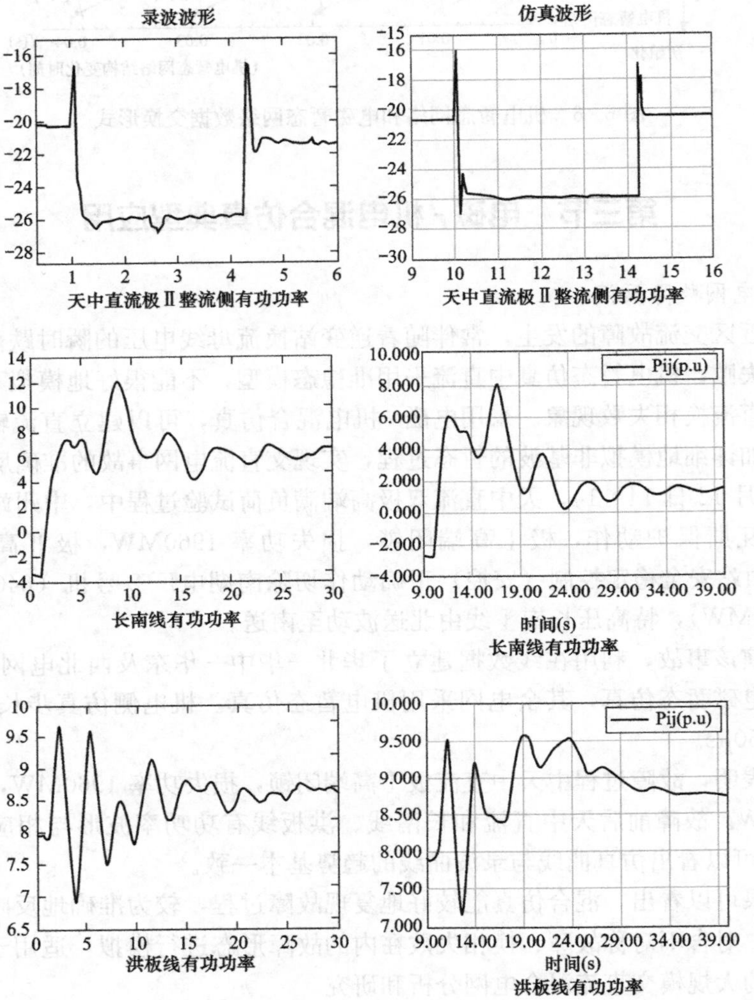


图 6-7　天中直流和长南线、洪板线有功功率波形与相应录波的对比

研究平高试验站短路故障对系统主要连接点电能质量的影响，平高试验站发生三相/两相短路故障情况下，可观测滍阳站、香山站、姚孟站等 220kV 母线电压的电磁暂态仿真结果，如图 6-8～图 6-10 所示，并分析电压暂降和负序电压的结果。

由仿真结果可知，平高试验站接入对系统电压的影响与其接入的电压等级有关，接入的电压等级越高，对系统电压的影响越大，其发生不对称故障引起的负序电压也越大。电磁-机电混合仿真的研究方式为大规模电力系统暂态电能质量计算评估提供了平台支持和技术支撑。

3. FACTS 设备接入电网分析

采用电磁-机电暂态仿真，可以建立 SVC、TCSC、STATCOM 等 FACTS 设备的电磁暂态模型，更加精细化地研究 FACTS 设备接入电网后的运行控制特性。

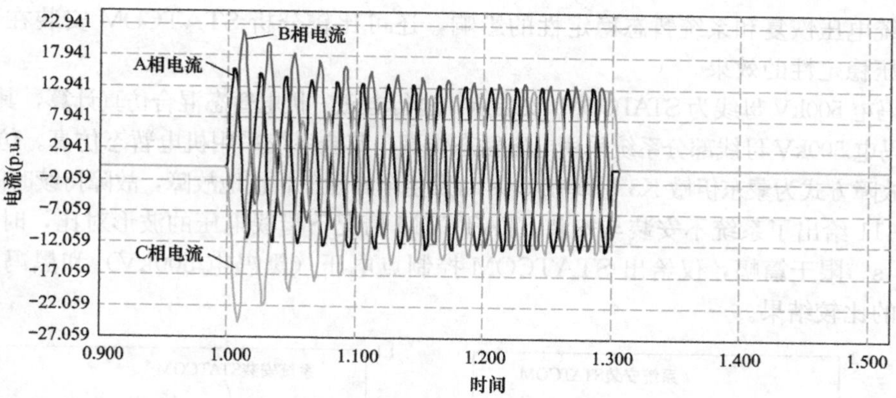


图 6-8　故障电流波形

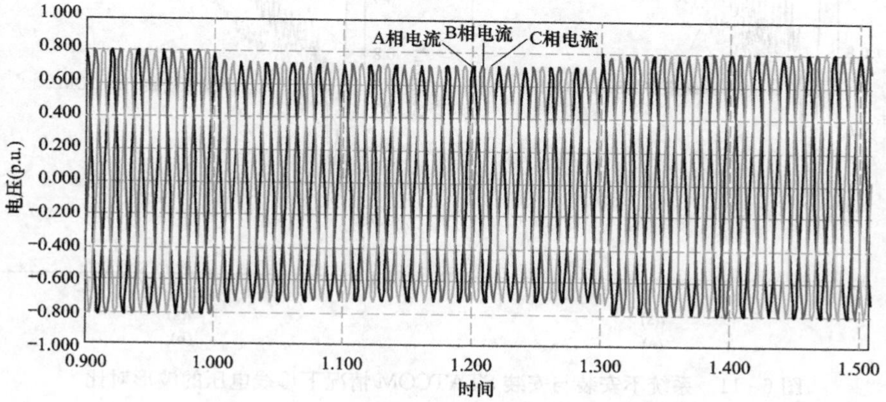


图 6-9　香山站 220kV 母线电压波形

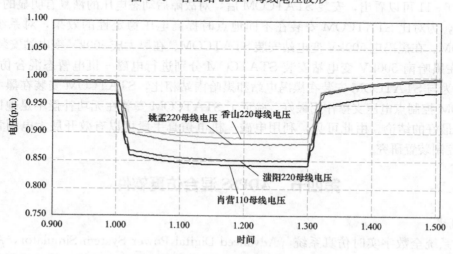


图 6-10　母线电压暂降有效值波形

利用电磁-机电暂态仿真手段，开展基于东北联网系统的 STATCOM 仿真分析，对安装在黑冯屯站、黑大庆站和黑哈南站的 STATCOM 分别进行仿真计算，分析 STATCOM 对故障后系统电压恢复和系统暂态稳定性的影响，还可比较分析 STATCOM 安装在不同地点时提高电压稳定性的效果。

以黑冯屯 500kV 母线为 STATCOM 安装点，进行电磁 - 机电暂态混合仿真计算，其中，伊敏电厂至黑冯屯 500kV 母线部分系统采用电磁暂态仿真，其余系统采用机电暂态仿真。仿真时，系统设置的故障方式为蒙东伊敏 K3 母线在 1.0s 时发生金属性三相接地故障，故障持续时间 0.1s。

图 6 - 11 给出了系统不安装与安装 STATCOM 情况下母线电压的波形对比，时间区间为[0.9，3] s。限于篇幅，仅给出 STATCOM 控制点电压（黑冯屯 500kV）和黑冯屯 220kV 母线电压的比较结果。

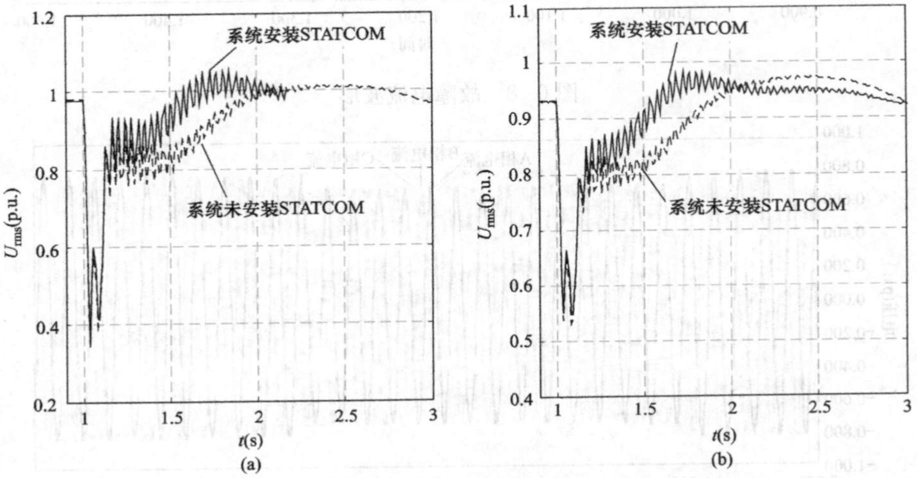


图 6 - 11　系统不安装与安装 STATCOM 情况下母线电压的波形对比

(a) STATCOM 控制点；(b) 黑冯屯 220kV 母线

由图 6 - 11 可以看出，安装 STATCOM 后，对故障后动态电压的恢复有明显的效果。

同时，为对比 STATCOM 安装在不同地点时提高电压稳定性的效果，对系统不安装 STATCOM、在黑冯屯 500kV 变电站安装 STATCOM、在黑大庆 500kV 变电站安装 STATCOM 和在黑哈南 500kV 变电站安装 STATCOM 分别进行电磁 - 机电暂态混合仿真比较，所得结论为与 STATCOM 安装在黑冯屯站和黑哈南站相比，STATCOM 安装在黑大庆站的 STATCOM 控制点电压支撑作用最好，验证了 STATCOM 安装在无功补偿不足地区对电压支撑作用最好的结论。由此可见，利用电磁 - 机电仿真手段可以有效开展大电网背景下的 FACTS 控制装置研究。

## 第四节　ADPSS 混合仿真软件

1. 概述

电力系统全数字实时仿真系统（Advanced Digital Power System Simulator，ADPSS），是由中国电力科学研究院研发的基于高性能 PC 机群的全数字仿真系统，其结构图如图 6-12 所示。该仿真系统利用 PC 机群的多节点结构和高速本地通信网络，采用网络并行计算技术对计算任务进行分解，并对进程进行实时和同步控制，实现了大规模复杂交直流电力系统机电暂态和电磁暂态的实时和超实时仿真，以及外接物理装置试验。

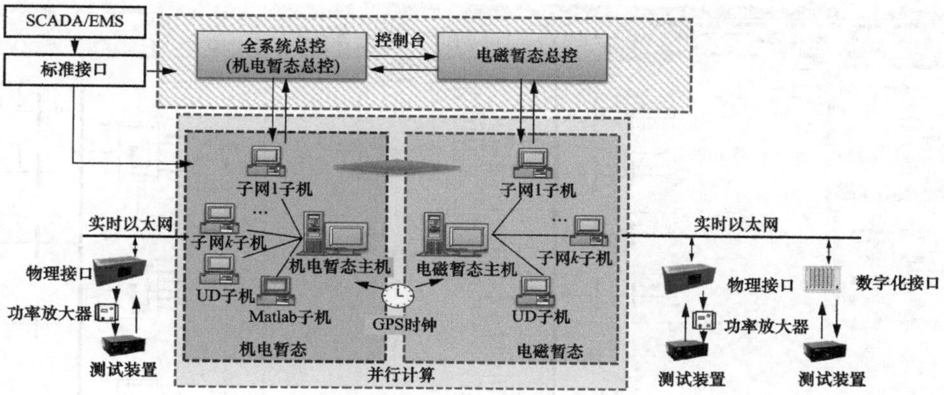


图 6-12　ADPSS 结构图

仿真系统由机电暂态仿真子系统和电磁暂态仿真子系统组成，采用分网并行计算和实时仿真技术，实现了大规模交直流电网的实时和超实时仿真。根据试验研究对象不同，可使用任一子系统外接实际物理装置开展闭环试验研究，也可以结合使用两个子系统开展基于混合仿真的试验研究。

ADPSS 混合仿真支持图形化的建模仿真环境。ADPSS 机电暂态建模仿真环境与 PSASP7.0 版的图模一体化支持平台兼容，具备多文档界面（Multi Document Interface，MDI)，可以方便地建立电网分析的各类数据，绘制所需要的各种图形（单线图、地理位置接线图、厂站主接线图等），其主窗口如图 6-13 所示。

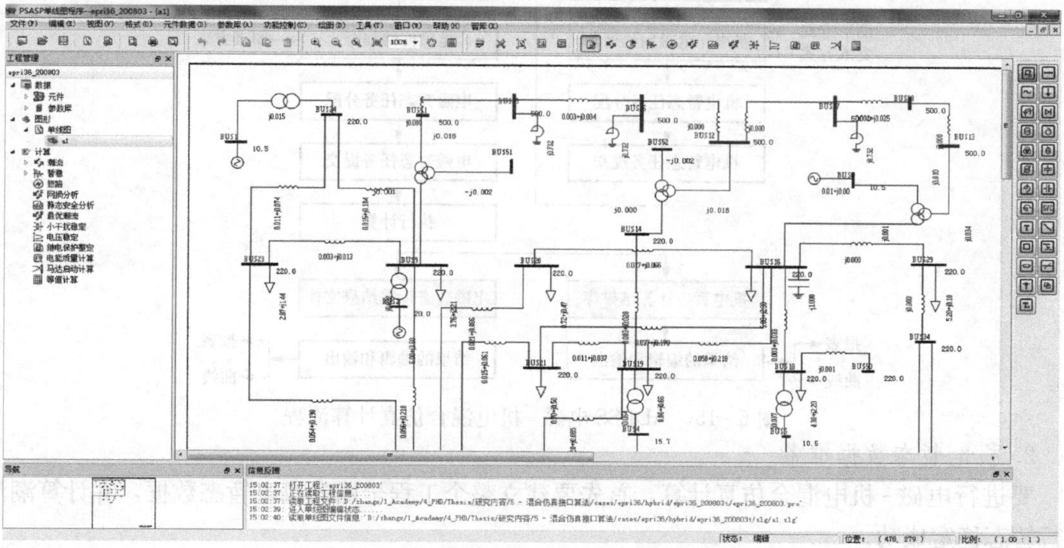

图 6-13　ADPSS 机电暂态建模仿真环境

ADPSS 电磁暂态建模仿真环境的模块具备电力系统电磁暂态基本仿真功能、电力系统电磁暂态网络分割和并行计算功能，以及与机电暂态程序接口的功能，其主窗口如图 6-14 所示。

基于 ADPSS 进行电磁-机电混合仿真计算时，基本流程如图 6-15 所示。

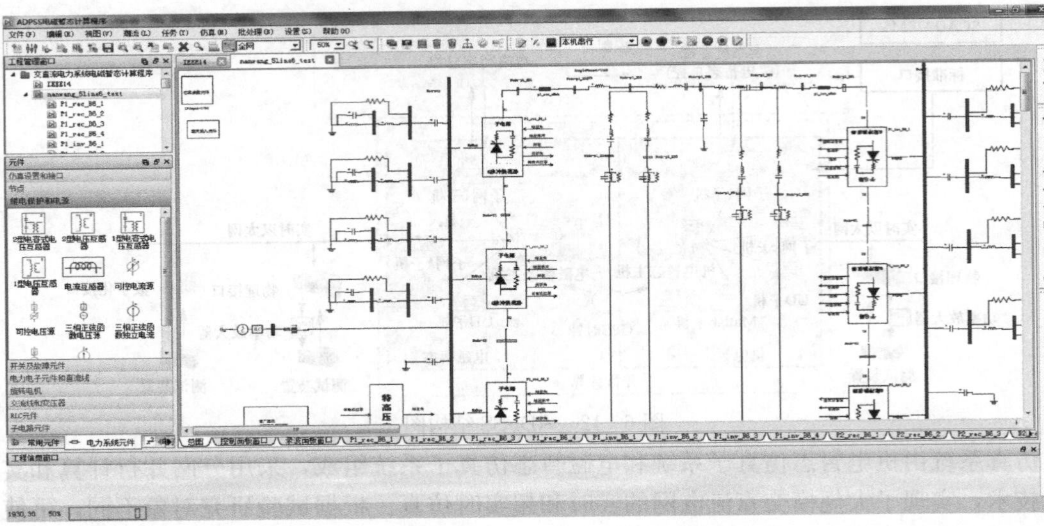

图 6-14　ADPSS 电磁暂态建模仿真环境

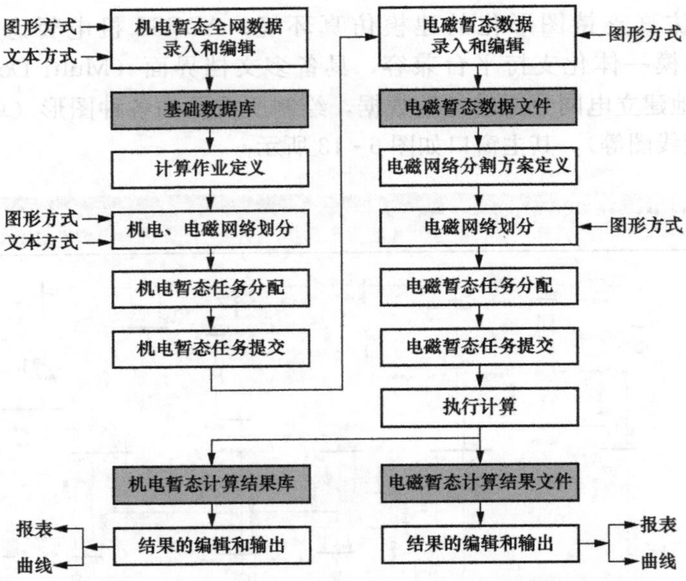


图 6-15　ADPSS 电磁-机电混合仿真计算流程

2. 机电暂态数据准备

要进行电磁-机电混合仿真计算，首先要建立整个工程全网的机电暂态数据，并计算潮流、串行暂态稳定成功。

在此基础上，定义机电暂态网络分割方案，划分机电暂态计算网络和电磁暂态计算网络，检查分网方案正确性。以一个单机无穷大的算例为例，将整个网络划分为机电暂态（ST）和电磁暂态（EMT）两块网络，分网采用母线分裂法，边界母线是 BUS5，如图 6-16 所示。

为了验证机电暂态数据，可以先对以上分网方式进行机电暂态的并行计算，验证机电数据无问题。

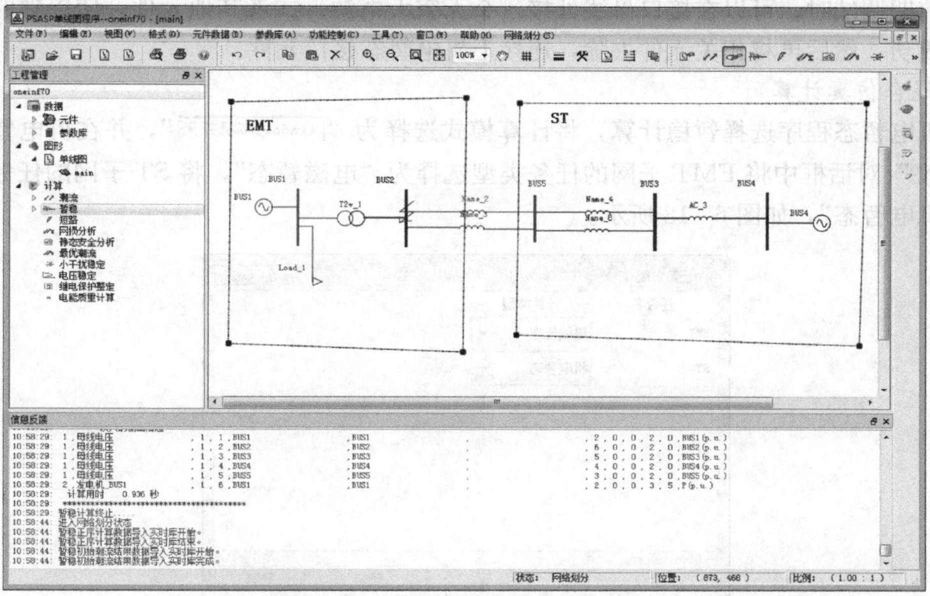

图 6-16　混合仿真机电侧网络分割方案定义

3. 电磁暂态数据准备

针对机电暂态算例中被划分为电磁暂态子网的 EMT 所示部分网络，在电磁暂态程序搭建对应的模型，并使用“机电暂态接口”元件标记与机电暂态网络连接的接口母线，如图 6-17 所示。

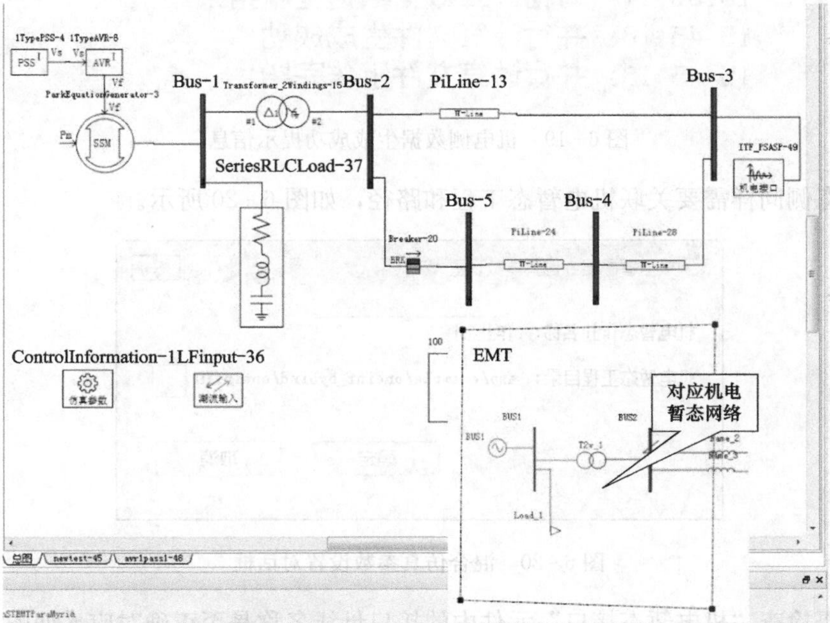


图 6-17　电磁暂态搭建数据

在前期调试时，可以在接口母线处接一个无穷大电源，或者其他元件，使单独的电磁暂态仿真成功，然后再将相关元件去除，连接上机电暂态接口元件。

4. 混合仿真计算

在机电暂态程序选择暂稳计算，将计算模式选择为“Windows本机并”，并在机电暂态“任务分配”对话框中将 EMT 子网的任务类型选择为“电磁暂态”，将 ST 子网的任务类型选择为“机电暂态”，如图 6-18 所示。

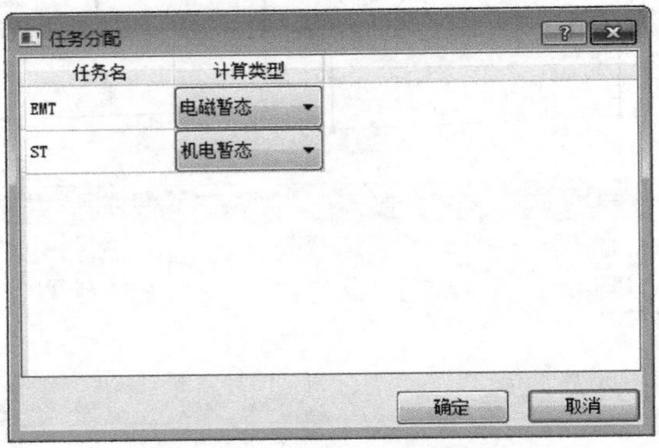


图 6-18　机电侧任务类型选择

然后点击“数据提交”按钮生成本地并行计算数据，此时状态栏会提示并行计算文件生成并上传成功，如图 6-19 所示。

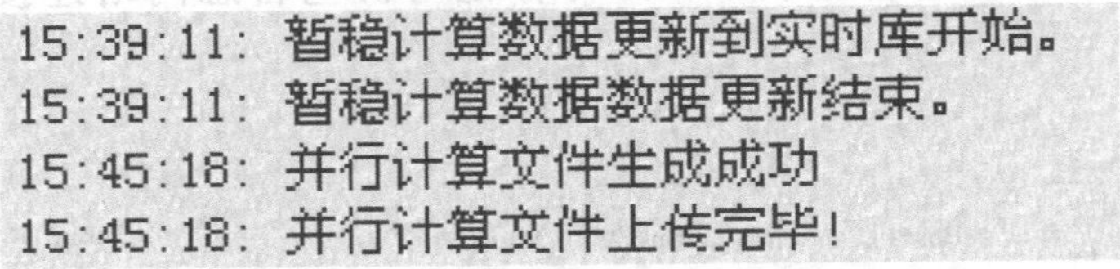
15:39:11: 暂稳计算数据更新到实时库开始。
15:39:11: 暂稳计算数据数据更新结束。
15:45:18: 并行计算文件生成成功
15:45:18: 并行计算文件上传完毕!

图 6-19　机电侧数据生成成功提示信息

电磁暂态侧同样需要关联机电暂态工程和路径，如图 6-20 所示。

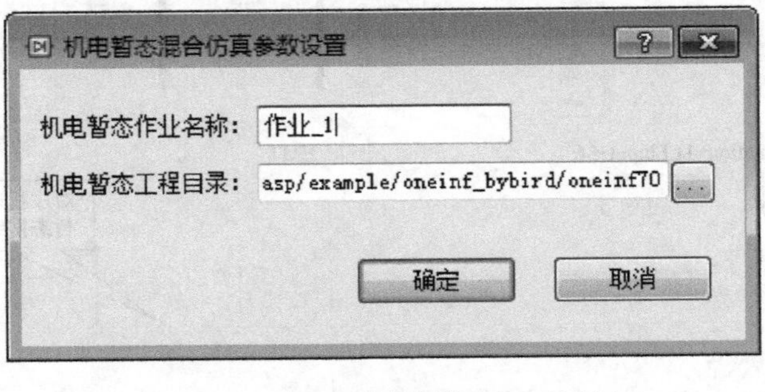


图 6-20　混合仿真参数设置对话框

同时需要检查“机电暂态接口”元件中的接口母线名称是否正确对应，如图 6-21 所示。

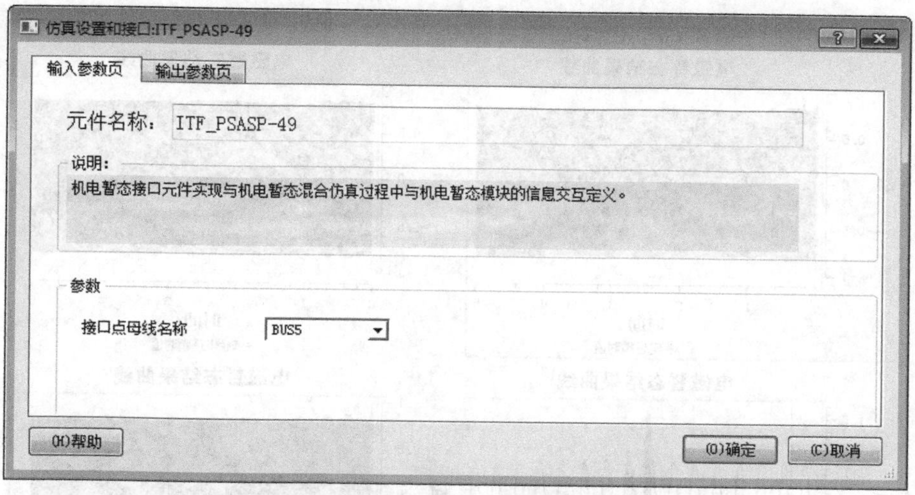


图 6-21　机电暂态接口元件参数对话框

在正确找到机电暂态接口母线后，将电磁暂态计算模式点选为“Windows本机并行”，然后直接点击“计算启动”按钮即可启动 Windows 本地并行混合仿真程序计算。

5. 结果查看

点击“仿真”菜单栏下的“曲线输出”菜单或者按钮，即进入曲线阅览室，如图 6-22 所示。双击工程树中的输出变量，查看简单变量的曲线输出。

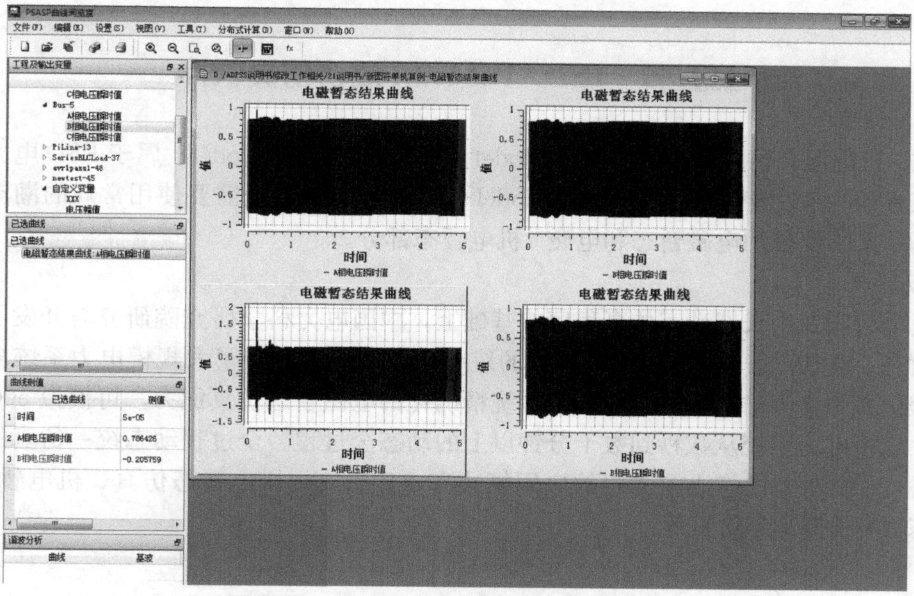


图 6-22　简单变量多曲线窗口输出

单击需要查看的曲线，该曲线会凸出显示，利用曲线拖动放大功能，输出所关注时间段部分的曲线，例如选择故障期间的曲线，如图 6-23 所示。

单击鼠标右键，可以使所选中的曲线恢复至上一次放大结果，多次单击鼠标右键，图形可恢复至原始曲线。

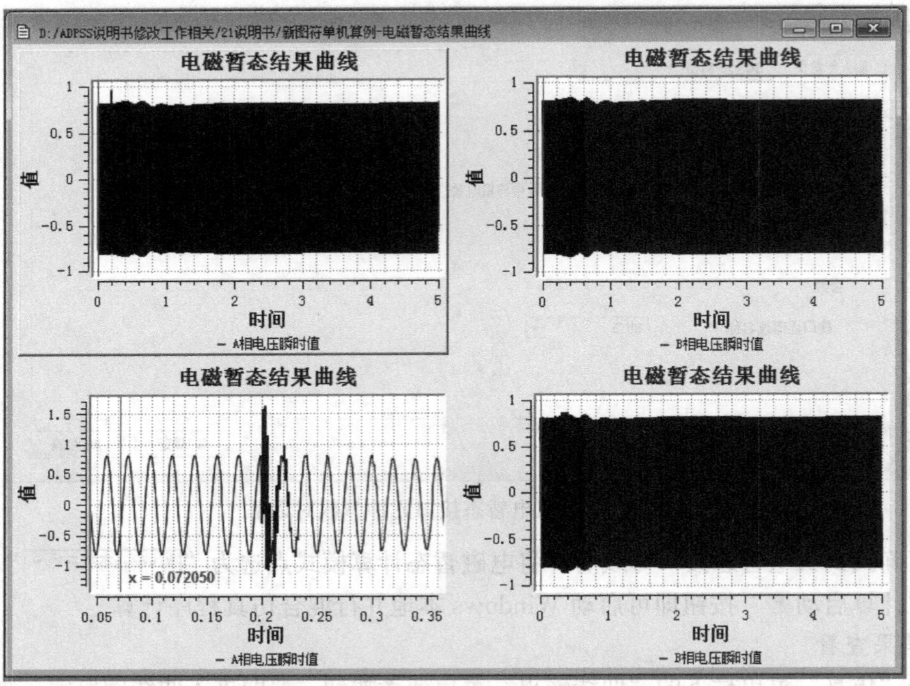


图 6-23　电磁暂态仿真结果曲线

## 第五节　PSD-PSModel 混合仿真软件

电磁-机电混合仿真程序 PSD-PSModel（Power System Model）属于 PSD 电力系统分析软件工具的一个功能模块。PSD-PSModel 程序的使用过程既需要使用常规的潮流和暂态稳定计算，又需要使用电磁暂态和电磁-机电暂态部分。

1. 概述

在机电暂态及中长期动态仿真程序的基础上，中国电力科学研究院研究与开发了电力系统电磁暂态-机电暂态-中长期动态过程的统一仿真程序，具备了大规模电力系统多时间尺度全过程仿真中直流输电等电网局部子系统精确化的电磁暂态仿真能力，可模拟 50000 节点以上的大规模电力系统从数秒到数十分钟以上的动态全过程。全过程动态统一仿真的仿真过程如图 6-24 所示。目前比较常用的应用模式有电磁暂态-机电暂态仿真、机电暂态仿真、机电暂态-中长期动态仿真等。

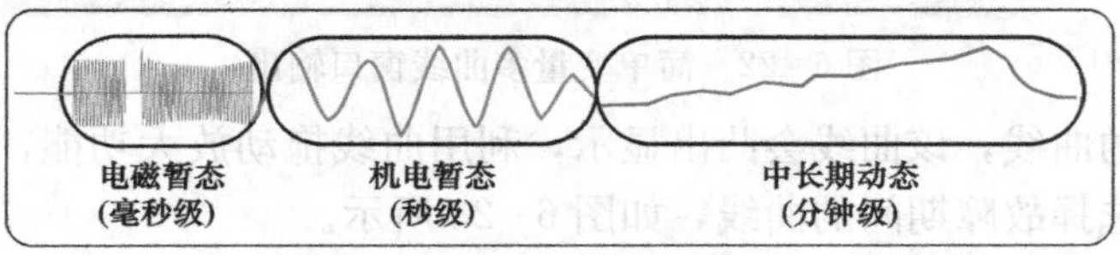


图 6-24　全过程动态统一仿真的仿真过程图

PSD-PSModel程序既可以独立运行，完成局部系统详细电磁暂态仿真的任务，也可以与PSD-FDS（Full Dynamic Simulation）暂态稳定程序联立运行，实现混合仿真的研究，尤其着重于HVDC系统和FACTS设备与交流系统相互作用的仿真研究。该程序具有以下几个特点：

（1）大功率电力电子装置的电磁暂态模拟。PSD-PSModel具有完备的电磁暂态模型，包括直流系统（含基于ABB公司和SIEMENS公司设备的控制系统模型）、FACTS和双馈风力发电机的详细电磁暂态模型；使用微秒级的仿真步长，可以仿真HVDC和FACTS装置的电磁暂态特性，如换流器的换相失败。

（2）先进的仿真算法。电磁暂态计算部分使用基于任意重事件的多步变步长方法和重算策略的电磁暂态仿真事件处理算法，在保证电力电子元件微秒级快速动作的仿真准确度的前提下，较好地解决数值振荡问题；机电暂态及中长期动态仿真部分使用具有自动变阶变步长功能的数值积分算法，在系统快变阶段采用小步长，保证仿真准确度和收敛性，在系统慢变阶段，采用大步长，缩短计算时间；电磁-机电混合仿真接口部分采用合理的接口时序，协调解决了机电暂态与电磁暂态仿真步长差别大的问题。

（3）大电网的高效仿真和局部电网的准确仿真的有机结合。PSD-PSModel程序兼顾了大电网仿真的高效性和直流仿真的准确性，可满足大规模交直流混联电网安全稳定分析的需求；各大电网现有稳定数据文件中的网络无需做任何等值化简，电网的机电暂态特性保持与正常的机电暂态稳定程序计算结果一致；大电网机电暂态过程计算的步长仍然采用周波级；混合仿真技术没有准稳态模型要求的ABC三相对称、元件线性以及不能考虑谐波等多方面的限制，具有更大的适应范围。

（4）灵活的仿真工具和数据格式的兼容性。电力系统的故障过程包含电磁暂态-机电暂态-中长期动态三种时间尺度，PSD-PSModel程序既可以统一仿真，也可以独立进行仿真，同时它兼容PSD-ST暂态稳定程序的数据格式（*.swi文件），也具备方便的用户自定义功能，用于灵活构建电磁暂态仿真元件的控制系统。

PSD-PSModel可以进行电力系统时域方面的电磁暂态仿真，现阶段主要用于交直流系统的混合仿真，能够模拟的元件主要包括：

（1）集中电阻、电感、电容。它们主要用于模拟单相的集中参数的RLC电路。

（2）时变电阻、电感、电容。电阻的电阻值、电感的电感值、电容的电容值可以由控制系统或外部调用程序来改变。

（3）滤波器组，PSD-PSModel程序包含一些常见的滤波器组，可以模拟国际大电网会议（CIGRE）提出的直流标准模型中所有的交直流滤波器。

（4）单相和三相电压源、电流源。电压源和电流源形式灵活，既可以直接接地，也可以跨接于两个不同的节点。电源既可以具有内电阻，也可以是完全理想的电源。

（5）三相双绕组变压器模型。变压器的形式现在只能为Y/Y、Y/△（超前30°）以及Y/△（滞后30°）三种基本形式。变压器模型考虑了铜损耗、铁损耗、励磁支路以及饱和的影响。

（6）开关。开关分为单相开关、三相开关，开关的动作时间和恢复时间可以通过控制系统来直接控制。

（7）线路相间与对地故障。PSD-PSModel程序可以模拟各种类型的单相、三相故障，故障形式多样，既可以是相间故障，也可以是对地故障，接地电阻、动作时间以及恢复时间都可以选择。

(8) 六脉动直流换流阀、晶闸管和二极管模型。PSD-PSModel 程序具有用于直流系统仿真的六脉动直流换流阀，此外还包含单个的晶闸管、二极管模型。

(9) 控制系统：PSD-PSModel 程序的控制系统具有自定义功能，主要包括了代数与逻辑函数；比例、惯性、积分、微分等典型线性环节；最大、最小值，静态动态限幅器，速率限制，磁滞，死区，曲线插值，数值选择等非线性环节；各种信号源；采样保持、传递延时等环节。

(10) 测量环节。它用于测量交流系统三相的功率、电压、电流等交流量。

PSD-PSModel 程序涉及的文件主要包括数据输入文件和输出文件两类，图 6-25 为各种文件的基本关系示意图。数据输入文件分为电气信息文件（*.psm）和用户自定义文件（*.udm）；输出文件分为结果输出文件（*.out）和错误信息文件（*.err）。

电气信息文件包含电气元件信息以及连接关系等；用户自定义文件包含所有的控制信息。PSD-PSModel 程序读入的电气信息文件和用户自定义文件都具有良好的分层功能，分层的目的是将不同的电气元件按照逻辑或拓扑关系区分。电气信息文件的分层功能包括电气系统、电气子系统、元件。用户自定义文件的分层包括自定义系统、自定义子系统及控制环节。

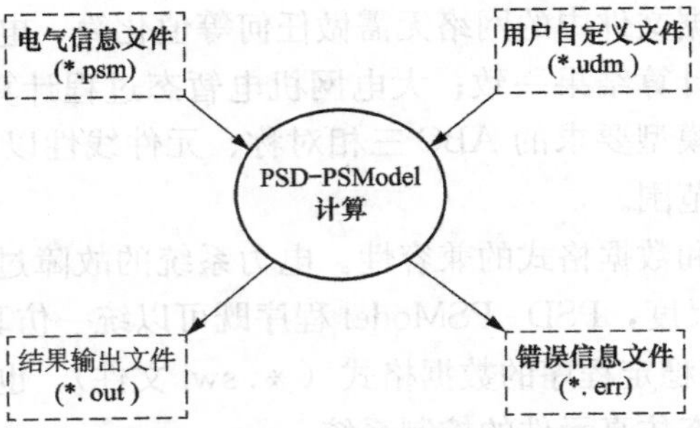


图 6-25　PSD-PSModel 程序各种文件的基本关系示意图

2. 电气信息文件（一次系统模型）的填写

电气信息文件（*.psm）包括了所有的节点信息和电气元件信息。电气信息文件是自由格式文件，数据不需要对相应的列，相邻数据之间以“空格”或“TAB”符号分隔。典型的电气信息文件由注释、控制行、数据等组成。下面对这些信息的填写方式进行介绍。

(1) 注释。任意一行的第一个字符如果以“~”“!”“@”“$”“%”“^”“&”“*”“=”“/”“_”“<”“>”“?”“:”“"”“[”“]”“{”“}”“|”字符开头，都表明该行是注释行。注释行在数据文件中只起注释作用，一个数据文件中的注释行可以出现在任意位置，而且也没有数量限制。任意一行数据中如果出现字符“/”，表示该行数据从“/”字符开始都属于注释部分。

(2) 计算控制信息。有效数据的第一行包括初始化的时间和计算时间。在与机电暂态程序混合仿真时，该行数据无效，例如图 6-26 所示。

(3) 系统开始和结束标志。以“(START)”开头的一行，表明一个系统的数据的开始。以“(END)”开头的一行，表明一个系统的数据的结束。

# 第七章　ADPSS和PSD-PSModel上机操作

## 第一节　ADPSS上机操作

1. 机电暂态数据准备

选取39节点new. psasp交直流混联系统算例的全网机电暂态数据，在潮流、串行暂态稳定计算成功的基础上，进一步开展电磁-机电混合仿真的工作，交流系统使用机电暂态模型进行计算，直流系统使用电磁暂态模型进行计算。需要说明的是，39节点new. psasp交直流混联系统算例以IEEE 39标准系统为基础分别构建直流整流侧和逆变侧交流系统，以直流线路做两侧系统的功率传输线，如图7-1所示。

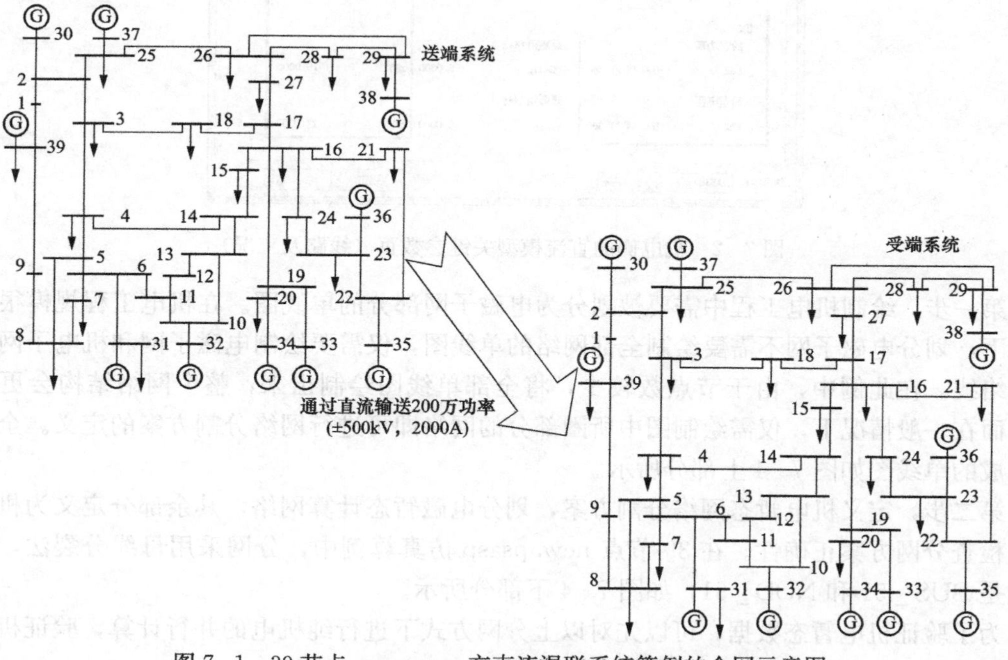


图7-1　39节点new. psasp交直流混联系统算例的全网示意图

系统主要特点说明如下：

(1) 系统整体规模为90个三相节点，共23台发电机，发电机包含励磁、调速以及PSS。

(2) 负荷采用静态负荷模型。

(3) 系统中整体电压在1.0p. u. 附近，最低电压0.97p. u.，最高电压1.05p. u.。

(4) 直流功率2000MW，额定运行电压±500kV，额定电流2000A，整流侧触发角运行在15°，逆变侧熄弧角运行在17°。

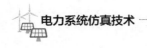

(5) 整流侧和逆变侧的有效短路比均为 4.5 左右。

机电侧的直流模型将被搭建到电磁侧，直流模型参数如图 7-2、图 7-3 所示。

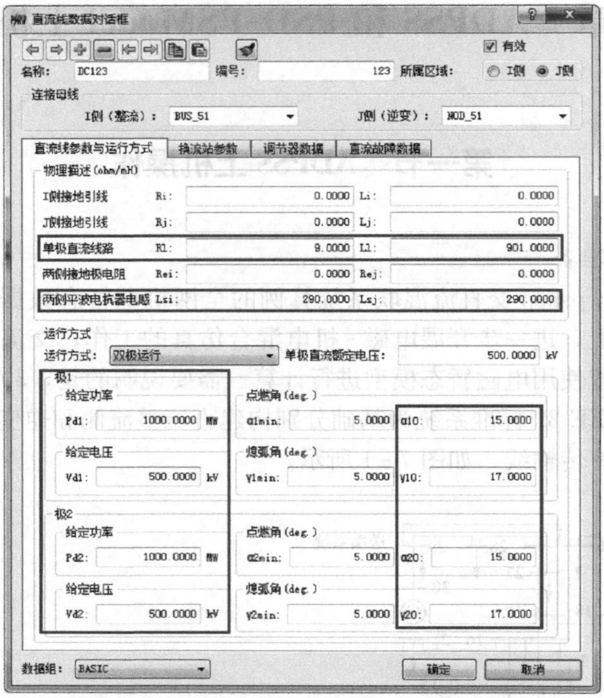


图 7-2 机电侧的直流模型关键参数页（线路及工况）

第一步，绘制机电工程中需要被划分为电磁子网部分的单线图。在机电工程规模很大的情况下，划分电磁子网不需要绘制全部网络的单线图，仅需要绘制电磁子网和机电子网的边界联络线。在此例中，由于节点数较少，将全部单线图绘制出来，整个网络结构会更加清晰；而在一般情况下，仅需绘制图中所圈部分的网络即可进行网络分割方案的定义。全部绘制完成的单线图如图 7-4 上部分所示。

第二步，定义机电暂态网络分割方案，划分电磁暂态计算网络，其余部分定义为机电网络，检查分网方案正确性。在 39 节点 new. psasp 仿真算例中，分网采用母线分裂法，边界母线是 BUS _ 51 和 NOD _ 51，如图 7-4 下部分所示。

为了验证机电暂态数据，可以先对以上分网方式下进行纯机电的并行计算，验证机电数据无问题。

2. 电磁暂态数据准备

直流输电模型在机电侧通过一个直流元件表征，其元件参数对应到电磁侧，涉及几类元件的参数填写。对照机电直流元件参数搭建电磁直流一次系统元件，具体包含如图 7-4 所示元件。

在 ADPSS 中，每种电压等级的直流模型均具备搭建好的直流模板，用户仅需要将直流模板调整至与机电潮流一致。现对直流模板调整方式进行说明。

第一步，获得直流整流/逆变侧潮流信息。在潮流计算完成后，以标幺值形式输出“物理母线”和“直流线”的所有信息，保存 Excel 文件以进行电磁直流工程的参数调整。

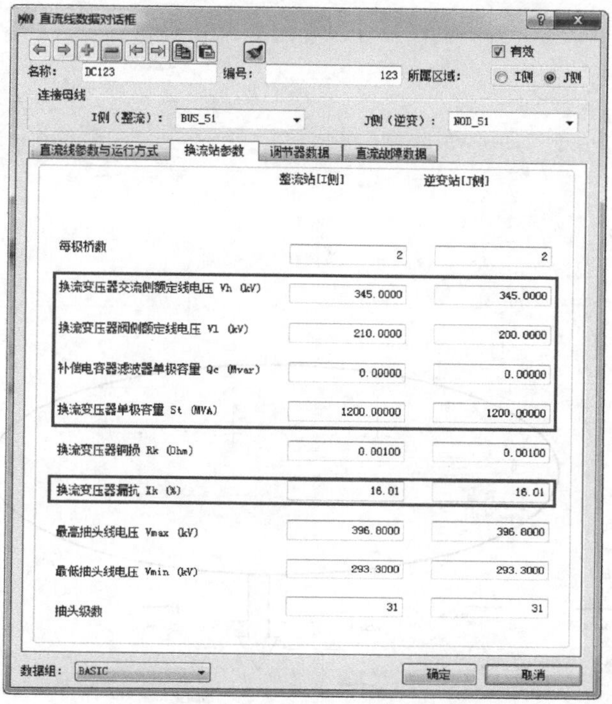


图 7-3 机电侧的直流模型关键参数页（换流变压器）

第二步，修改特高压直流输电控制系统参数。整流侧一般选定电流调节器 RG1、低电压电流限制器 VCL 控制，逆变侧选择定电流调节器 RG1、定关断角调节器 RG2、定电压调节器 RG3、低电压电流限制器 VCL 控制，直流模型中控制系统已经对常规运行方式的控制参数进行了设置，一般情况下不用修改。需要修改的部分全部为表征潮流情况的定值参数，具体包括：

（1）直流功率的定值修改。获得直流双极输送功率 $P$(p. u.)，对双极运行的直流模板进行共 10 处的直流电流标幺值的填写：整流侧首页 IDO、定电流控制参数页的 Idref；逆变侧首页 IDO、定电流控制参数页的 Idref、定电压控制参数页的 IDREF。此 10 处均填写一样的值 $I=P$(p. u.)/2，本例填写 10。从上述填写可以得知，电流额定值的标幺值和单极额定输送有功的标幺值取值相同，这是由于直流电压 $U$ 的额定值的标幺值是 1。

（2）修改参数首页整流侧和逆变侧的触发角最大值。对于特高压直流模型，若单极输送功率较大，整流侧和逆变侧的触发角最大值在 150°附近；当单极输送功率较低时，整流侧和逆变侧的触发角最大值在 170°附近，本例填写 150°。

（3）逆变侧关断角定值的填写。一般情况下，逆变侧特高压直流输电控制系统的关断角定值设置在 17°左右（参考机电侧填写，本例为 17°，不用修改）。需要注意的是，正常情况下逆变侧应该运行在定关断角控制，如果直流运行在定电压状态下且关断角偏大，会造成直流系统无功消耗偏大。

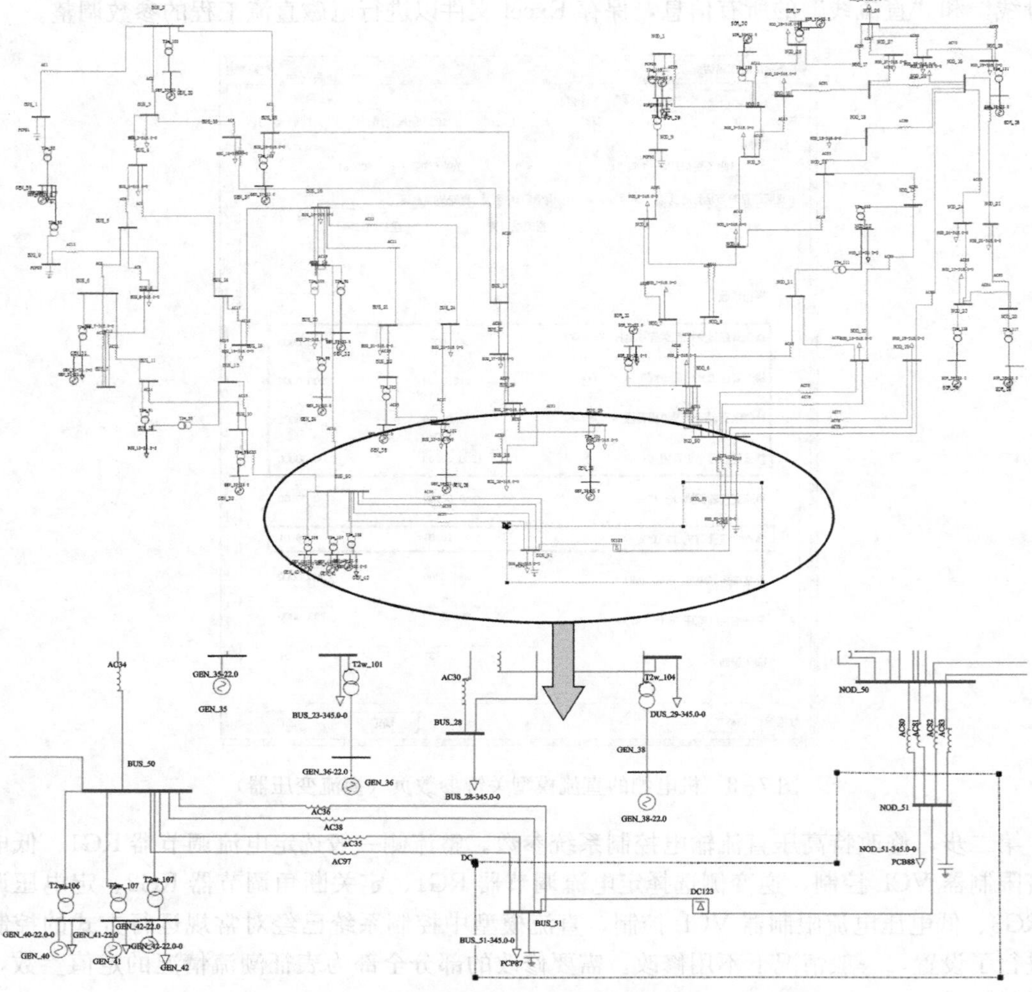


图 7-4 混合仿真机电侧网络分割方案定义

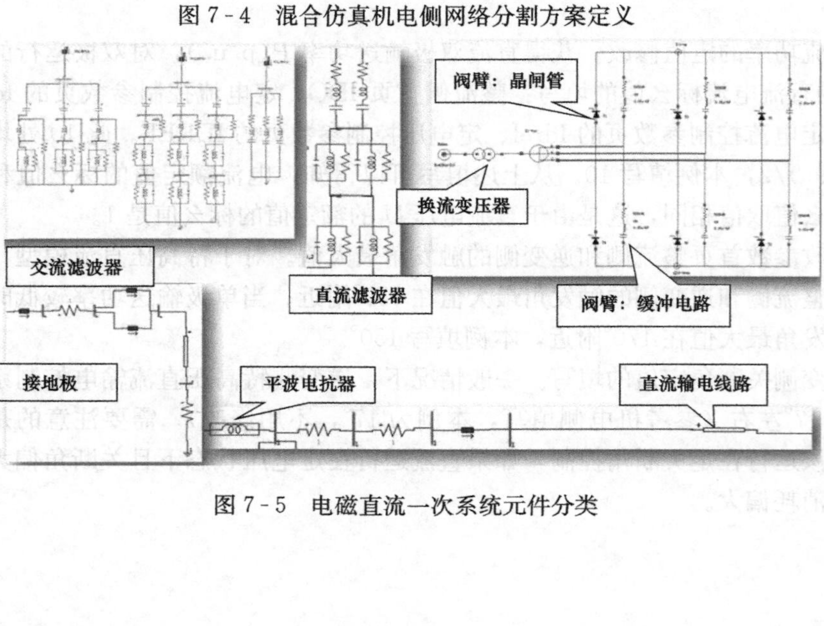


图 7-5 电磁直流一次系统元件分类

第三步，修改换流变压器参数。换流变压器在六脉动换流器中封装，其参数以“物理参数”形式填写。影响直流运行特性的参数包括额定容量、短路电压百分比、绕组1额定线电压、绕组2额定线电压。整流侧和逆变侧的换流变压器参数均需要关注。这些参数可以在机电侧直流工程中找到对应的数据，如图7-2、图7-3所示。其中

额定容量=换流变压器单极容量/每极桥数

短路电压百分比=换流变压器漏抗

绕组2额定线电压=换流变压器阀侧额定线电压

若使用和机电侧直流工程对应的电磁直流模型，以上三种参数均不需要修改。绕组2额定线电压的值取决于机电侧潮流情况，可以通过计算获得。计算公式如下：

整流侧

$$绕组1额定线电压=T_i\times换流变压器阀侧额定线电压\times每极桥数$$

逆变侧

$$绕组1额定线电压=T_j\times换流变压器阀侧额定线电压\times每极桥数$$

式中：$T_i$ 和 $T_j$ 分别为整流侧和逆变侧的变压器标幺变比，在机电侧直流潮流结果中即可获得。

以整流侧为例，电磁侧填写的变压器参数如图7-6和图7-7所示。

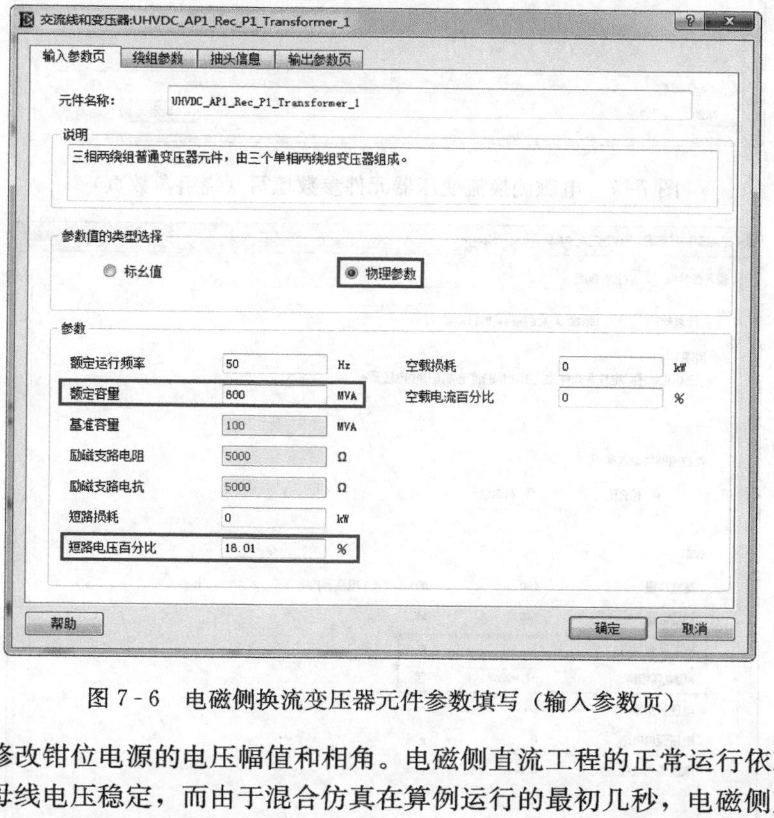


图7-6　电磁侧换流变压器元件参数填写（输入参数页）

第四步，修改钳位电源的电压幅值和相角。电磁侧直流工程的正常运行依赖于整流侧和逆变侧的交流母线电压稳定，而由于混合仿真在算例运行的最初几秒，电磁侧直流工程并没有进入到稳态，会对机电侧交流系统的稳定造成不利影响，电磁侧直流系统的整流侧和逆变侧交流母线上应使用钳位电源，通过三相时控开关与两侧母线相连，并设置在3s断开，此时直流早已进入稳定运行状态，具备通过机电接口和交流侧连接并持续正常运行的能力。读

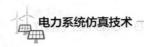

取机电侧潮流结果中的整流侧和逆变侧交流母线的电压幅值和相角标幺值，并填写到电磁模型的电源处。以整流侧为例，电磁侧钳位电源参数如图 7-8 所示填写。

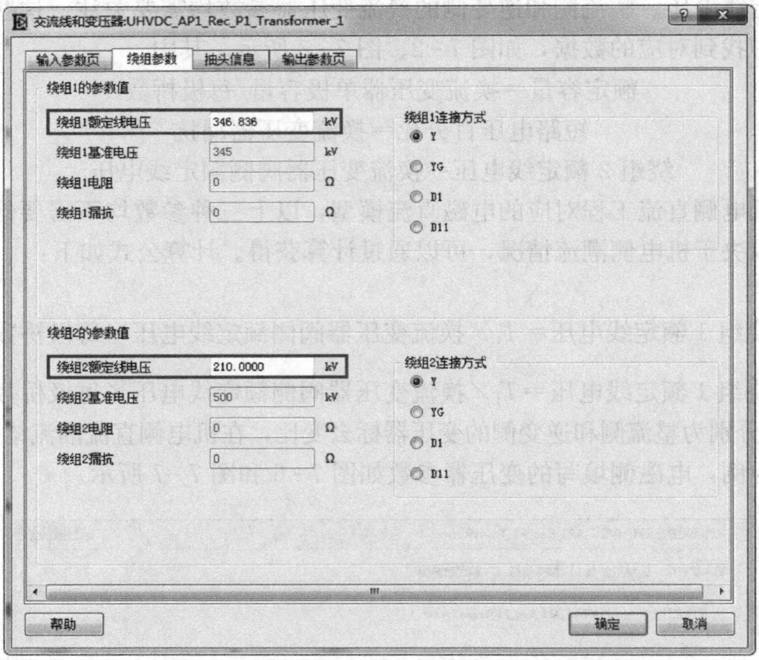


图 7-7　电磁侧换流变压器元件参数填写（绕组参数页）

图 7-8　电磁侧钳位电源参数填写

第五步，计算电磁直流模型两侧所需的交流滤波器容量。直流工程的运行需要消耗大量无功（一般为输送有功定值的1/2左右），所以在电磁工程中需要在整流侧和逆变侧分别使用交流滤波器，一方面滤除交流电压中的谐波，另一方面对直流提供无功补偿，使两侧交流电压可以维持在正常的幅值水平。对每个特定的直流工程，针对特定的谐波，交流滤波器有指定的型号，按组别配置，其投切是依照指定顺序的；而在本例中，由于并非来源于工程实际，所以按照潮流结果对滤波器进行投切，满足运行需要即可。但需要强调的是，保证补偿容量的同时，每类滤波器均需要保留，以保证良好的滤波效果。

电磁侧的无功补偿容量大小从机电侧潮流获得，其中对机电侧直流的无功补偿可能包含两种形式，一种是在直流模型中直接填写，为补偿电容器滤波器单极容量乘以极数；另一种是通过在直流两侧的交流母线上并联电容器，此种情况下补偿电容器滤波器单极容量一栏一般填写为零。此例中，采用在直流模型中直接填写的形式。下面以机电直流模型整流侧为例，介绍电磁侧补偿无功容量的计算方法。无功潮流关系如图7-9所示。

图中，$Q_{actotal}$为交流系统向直流注入的无功功率，$Q_{i}$为直流线路上输送的无功功率，$Q_{cadd}$为以并联电容形式对直流补偿的无功，$Q_{ci}$为直流模型中填写的补偿电容器滤波器容量乘以极数。电磁直流整流侧的补偿容量$Q_{cemt}$满足以下关系

$$Q_{cemt}=Q_{cadd}+Q_{ci}=Q_{i}-Q_{actotal}$$

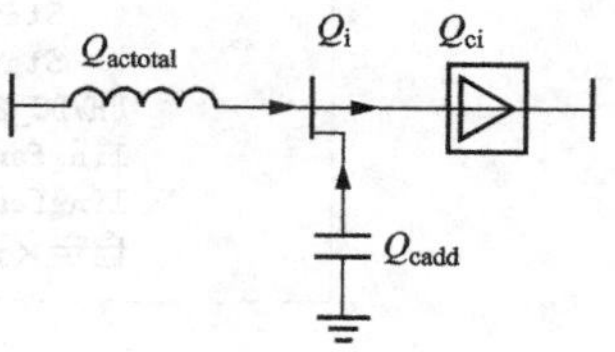

图7-9　无功潮流关系（整流侧）

在此例中，无功补偿采用在整流侧和逆变侧交流母线并联电容的形式，即$Q_{ci}=0$，则$Q_{cemt}=Q_{cadd}$，应注意无功潮流的方向，本例从潮流结果中可以看出，两侧无功补偿均为1000Mvar；也有将无功补偿仅在机电侧直流元件中体现的，此时$Q_{cemt}=Q_{ci}$。若整流侧和逆变侧交流母线外仅有一条交流线路，则也可以通过读取交流线路上的潮流，利用公式$Q_{cemt}=Q_{i}-Q_{actotal}$计算。使用者应根据机电侧结构选择以上几种计算形式中最方便的一种。

当获得了两侧的无功补偿容量，在电磁侧通过接通或断开滤波器出口开关的形式即可获得对应计算结果的补偿容量。需要注意的是，由于建模方式不同，电磁侧无功潮流可能无法与机电侧完全对应，通过开关的通断，获得与$Q_{cemt}$计算结果最为接近的连接方式即可；通常情况下，若增减一组滤波器对于目标的误差近似相同的情况，选择多投入一组滤波器，对电压的支撑效果更好。

完成以上五个步骤的调整，即可获得对应于机电直流工程的电磁直流纯电磁模型，此时可设置算例仿真时间为3s（与钳位电源断开时间一致），运行算例，观察仿真结果。结果应该满足以下几个条件：

(1) 通过监测平波电抗器上的电流，观察直流电流是否达到整定值。

(2) 通过监测平波电抗器后的单相母线元件的电压瞬时值，观察整流侧直流电压是否在1p.u.附近。

(3) 通过监测逆变侧的特高压直流输电控制系统中“定关断角调节器输入的关断角一周期最小值RGE _ GAMA信号”的结果，观察逆变侧关断角是否在机电侧填写的17°

附近。

(4) 通过监测逆变侧的特高压直流输电控制系统中“HC直流输电控制系统输出的触发角信号”的结果，观察整流侧触发角是否在15°附近。

(5) 通过算例中添加的UDM元件的输出，监测直流系统与交流系统的有功和无功交换符合机电侧潮流结果，如图7-10所示。

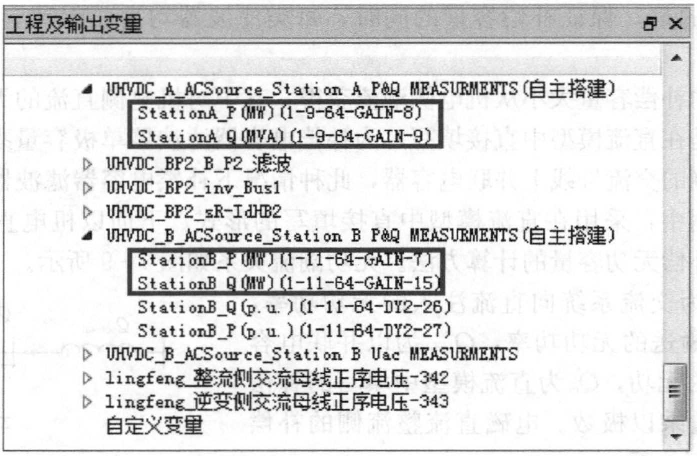


图7-10 整流侧（A站）和逆变侧（B站）功率

以上状态均能够满足，说明单回两端直流输电系统已经调整好，具备混合仿真的条件。

上述介绍均基于操作层面，并未涉及基于直流运行原理的调试方式介绍，下面简单介绍直流稳态运行公式，可以帮助读者在其他情况下调整直流运行工况。直流稳态运行公式主要包括：

直流电压$U_{d1}$为

$$U_{d1}=N_1\left(1.35U_1\cos\alpha-\frac{3}{\pi}X_{r1}I_d\right) \tag{7-1}$$

式中：$N_1$为整流侧每极中六脉动换流器数，如六脉动换流器$N_1$取1，十二脉动换流器$N_1$取2；$U_1$为整流侧换流变压器阀侧空载线电压；$X_{r1}$为整流侧每相的换相电抗；$\alpha$为触发角；$I_d$为直流线路电流。

直流电压$U_{d2}$为

$$\begin{aligned}U_{d2}&=N_2\left(1.35U_2\cos\beta+\frac{3}{\pi}X_{r2}I_d\right)\\&=N_2\left(1.35U_2\cos\gamma-\frac{3}{\pi}X_{r2}I_d\right)\end{aligned} \tag{7-2}$$

式中：$N_2$为逆变侧每极中的六脉动换流器数，如六脉动换流器$N_2$取1，十二脉动换流器$N_2$取2；$U_2$为逆变侧换流变压器阀侧空载线电压；$X_{r2}$为逆变侧每相的换相电抗（换流变的漏抗+阀的电抗）；$\gamma$为熄弧角；$\beta$为逆变侧触发角。

式中变量对应直流系统中的位置如图7-11所示。

由式(7-1)和式(7-2)可知，若直流电压$U_{d1}$、$U_{d2}$恒定，则$U_1$与$\alpha$角成正比，$U_2$与$\gamma$角

成正比。如果 $\alpha$ 角偏低，则需要升高整流侧换流变压器阀侧空载线电压，进而需要提高整流侧换流变压器变比，即降低变压器网测电压额定值；反之，如果需要降低 $\alpha$ 角，则需要升高变压器网测电压额定值。$\gamma$ 角的调整逻辑与 $\alpha$ 角相同。

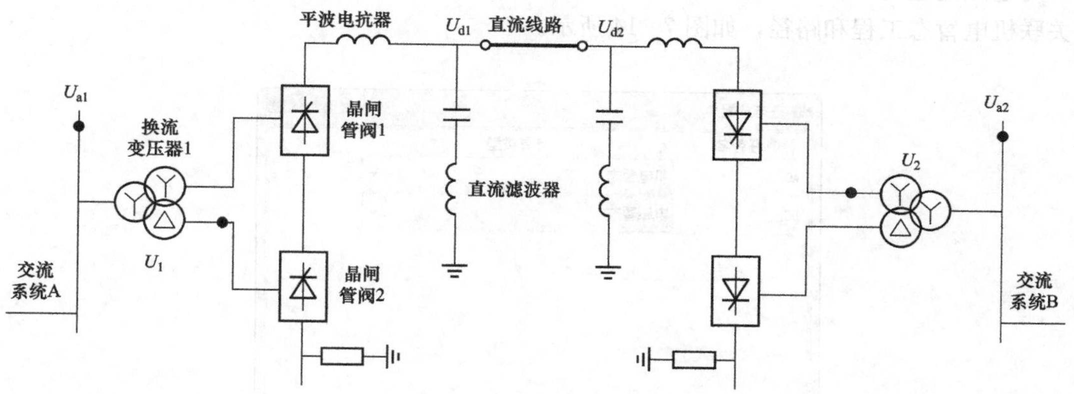


图 7-11　直流系统变量位置示意图

由上面的分析可以总结出调节 $\alpha$ 角、$\gamma$ 角的规律：整流侧换流变压器网侧电压额定值调整方向与 $\alpha$ 角的目标方向相反，逆变侧换流变压器网侧电压额定值调整方向与 $\gamma$ 角的目标方向相反。

基于直流运行原理，对应到电磁模型的调整方面，在直流两端接符合电压潮流参数的无穷大电源后，首先观察逆变侧的几个变量的值：

(1) 逆变侧直流电流是否到达整定值。如果低于整定值，应适量提高整流逆变侧换流变压器绕组 2（直流侧）额定线电压。务必使电流达到整定值才可以进行后续调整。

(2) 逆变侧直流电压是否在 0.92p.u.～0.96p.u.。如果该值过低，应适量提高逆变侧换流变压器绕组 2（直流侧）额定线电压，反之应降低。

(3) 逆变侧关断角一周期最小值是否在所设定的 17°附近。如果最小值高于设定值，应略微降低逆变侧换流变压器绕组 2（直流侧）额定线电压。整流侧直流电压过高也可能造成此现象，在小功率情况下同时筛查触发角上限的设置是否过低。

逆变侧符合条件后，关注整流侧几个变量的值：

(1) 整流侧直流电压是否在 1p.u. 附近。由于不同工程直流线路的压降不同，整流侧电压相比逆变侧升高的值可能有区别，但整流侧的直流电压只有在 1p.u. 附近，才能保证输送功率满足潮流要求。如果该值过低，应适量提高整流侧换流变压器绕组 2（直流侧）额定线电压，反之应降低。

(2) 整流侧触发角是否在 15°附近。如果触发角过高，应略微降低整流侧换流变压器绕组 2（直流侧）额定线电压。如果触发角过低甚至到达下限 5°，则应提高整流侧换流变压器绕组 2（直流侧）额定线电压。

3. 混合仿真计算

首先，在机电暂态程序选择暂稳计算，将计算模式选择为"Windows本机并"，并在机电暂态"任务分配"对话框中将直流子网的任务类型选择为"电磁暂态"，将交流子网的任务类型选择为“机电暂态”，如图 7 - 12 所示。

然后点击“数据提交”按钮生成本地并行计算数据，此时状态栏会提示并行计算文件生成并上传成功，如图 7 - 13 所示。

对电磁侧直流工程的整流侧和逆变侧母线上连接“机电暂态接口”元件，电磁暂态侧需要关联机电暂态工程和路径，如图 7 - 14 所示。

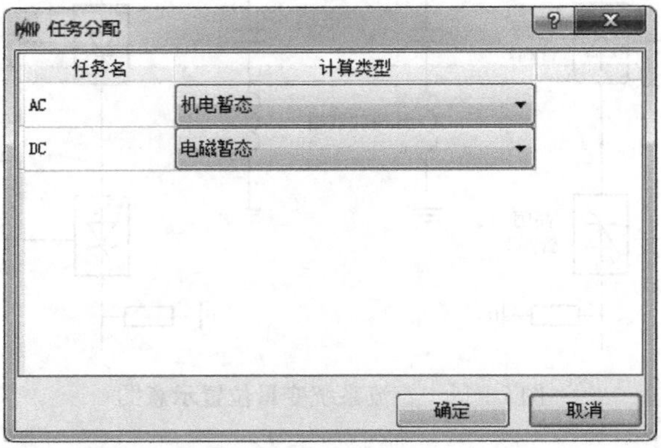


图 7 - 12　机电侧任务类型选择

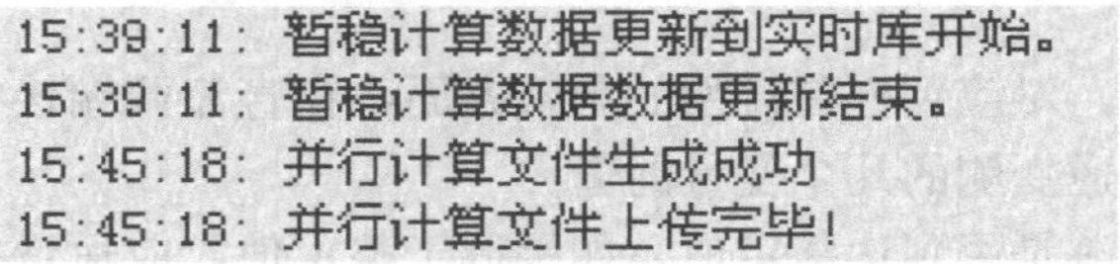
15:39:11: 暂稳计算数据更新到实时库开始。
15:39:11: 暂稳计算数据数据更新结束。
15:45:18: 并行计算文件生成成功
15:45:18: 并行计算文件上传完毕！

图 7 - 13　机电侧数据生成成功提示信息

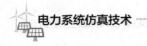

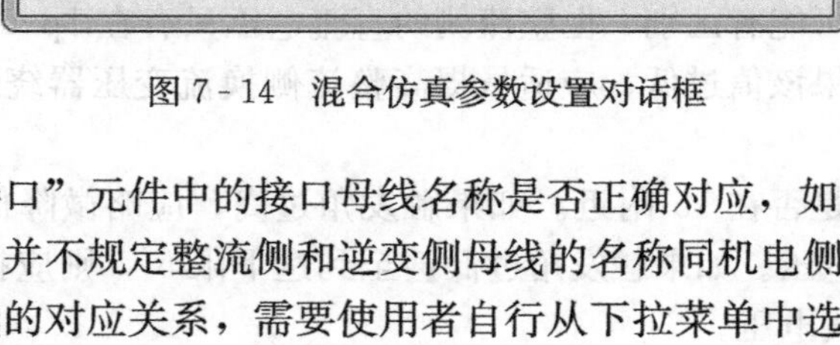


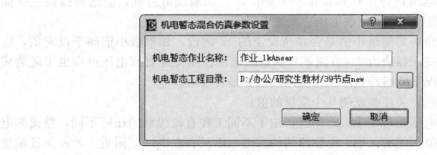

图 7 - 14　混合仿真参数设置对话框

确认“机电暂态接口”元件中的接口母线名称是否正确对应，如图 7 - 15 所示。请注意，对于电磁工程的建模，并不规定整流侧和逆变侧母线的名称同机电侧完全一致，接口元件也不能自动识别接口母线的对应关系，需要使用者自行从下拉菜单中选择，并连接到机电侧对应的交流母线上。

在正确找到机电暂态接口母线后，将电磁暂态计算模式点选为“Windows本机并行”，然后在电磁侧直接点击“计算启动”按钮，即可启动 Windows 本地并行混合仿真程序计算。

计算过程中，机电侧将弹出监视曲线，电磁侧通过观察时间窗口即可得知算例运行情况。计算结束后，机电侧可以通过报表曲线中的“T 编辑方式”功能查看结果，电磁侧可以打开曲线阅览室，查看3s无穷大电源断开之后的直流运行情况。

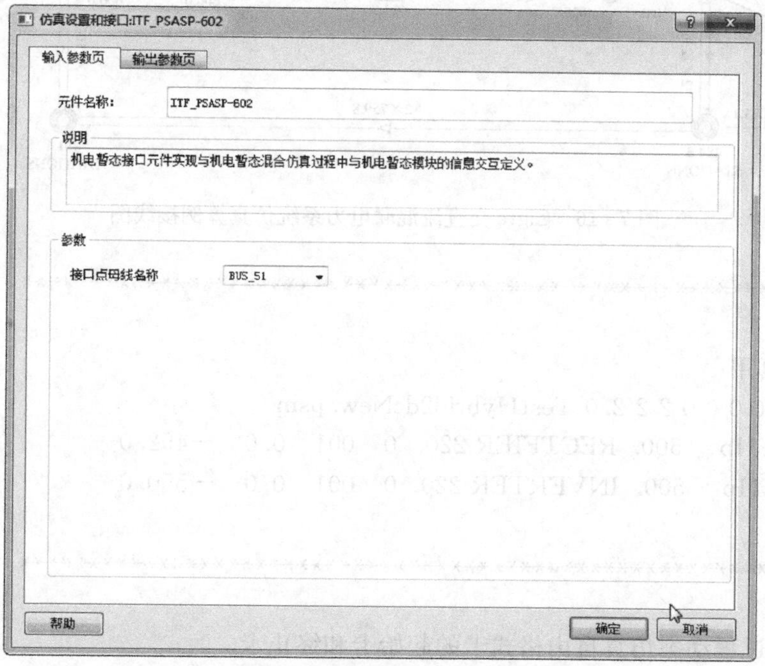


图7-15　机电暂态接口元件参数对话框

## 第二节　PSD-PSModel上机操作

Cigre交直流混联电力系统仿真算例接线图如图7-16所示，它具有规模较小、结构典型的特点，适于电磁-机电混合仿真程序的初学者作为入门算例。下面介绍在Cigre常规机电暂态算例的基础上进行混合仿真计算的流程。

1. 混合仿真算例构造

在Cigre交直流混联电力系统仿真算例中，交流系统使用机电暂态模型进行计算，直流系统使用电磁暂态模型进行计算。输入数据的填写包括以下内容：

(1) 对于交流系统，其输入数据的格式和内容与PSD软件中常规的潮流和稳定计算的使用方法完全相同。输入数据文件由潮流计算文件“TestHybrid2dcNew.dat”和稳定计算文件“TestHybrid2dcNew.swi”构成，可使用FDS软件包单独进行交流网机电暂态的过程。

(2) 对于直流系统，其电磁暂态模型由线路模型文件“TestHybrid2dcNew.PSM”，控制系统文件“DCEM_CigreCtrl.udm”“HVDC12InvComFail.udm”构成。

（3）直流系统电磁暂态模型与交流系统机电暂态模型的接口部分在机电暂态稳定计算文件“TestHybrid2dcNew. swi”的 99 卡之后添加。接口数据的格式如下。

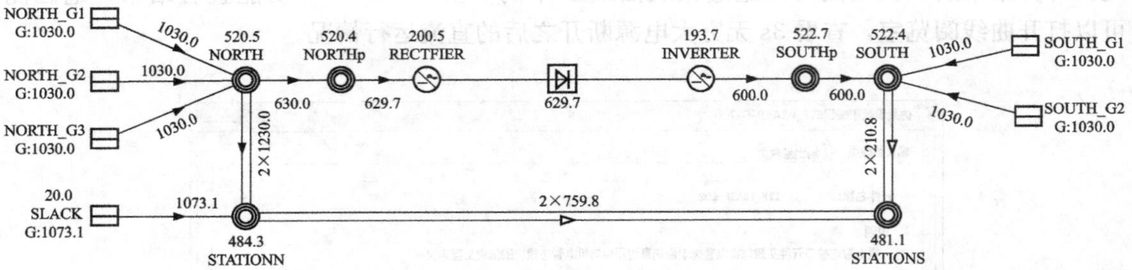


图 7-16　Cigre 交直流混联电力系统仿真算例接线图

```
*********************************************************************
68
. 混合仿真用
DG 001 0 0 0 0 0 2 2 2. 0 TestHybrid2dcNew. psm
DD NORTHp    500.  RECTFIER 220   0    001    0. 0    −452. 0
DD SOUTHp    500.  INVERTER 220.  0    001    0. 0    −550. 0
69
*********************************************************************
```

其中：

68、69 卡为全过程动态仿真自由格式卡的起始卡和终止卡。

DG 卡为电磁暂态计算控制卡。DG 卡格式如下：

| | | |
|---|---|---|
| 1～2 | A2 | DG 数据卡标识 |
| 4～6 | I3 | IGROUP 等值群编号 |
| 8 | I1 | ICOMPUT - -0：电磁暂态模型；1：自定义准稳态模型 |
| 10 | I1 | IEQU _ METHOD，等值方法标志 |
| 12 | I1 | ITHERE _ PHASE，是否对称标志 |
| 14 | I1 | IINPUT，输入方式 |
| 16 | I1 | IOUTPUT，输出方式 |
| 18 | I1 | IINITL _ OUT，是否输出初始化过程 |
| 20 | I1 | IPROCESS，计算过程标志（0：只输出等值系统；1：只到初始化阶段；2：正常计算） |
| 22～24 | F3. 1 | TIME _ INITL，初始化时间，缺省值为 1. 0s |
| 26 | A | psmodelfile. psm，自定义文件名称，最长为 44 列 |

DD 卡为换流变压器数据卡。DD 卡格式如下：

| | | | |
|---|---|---|---|
| 1～2 | A2 | DD | 数据卡标识 |
| 4～11 | A8 | BUSNAME | 整流侧换流变网测节点名称 |
| 13～16 | A4 | BUSKV | 整流换流器变测节点电压等级 |

| | | | |
|---|---|---|---|
| 18～25 | A8 | BUSNAME | 逆变侧换流变网测节点名称 |
| 27～30 | A4 | BUSKV | 逆变侧换流变网测节点电压等级 |
| 32 | I1 | Cid | 变压器的编号 |
| 34 | I3 | IGROUP | 等值群编号 |
| 36 | I4 | PMW | 机电暂态扣除的负荷有功功率进入电磁暂态（MW），一般填 0 |
| 41 | I8 | | QMVAR 机电暂态扣除的负荷无功功率进入电磁暂态（MVAR），感性为正，一般填无功补偿容量，该值额定电压下的功率值 |

2. 直流模型初始化调整

混合仿真算例搭建完毕后，需要对直流部分的电磁暂态模型进行初始化计算和参数调整，使熄弧角 $\gamma$、触发角 $\alpha$ 运行在合理的范围内。需要先后进行 $\gamma$ 角度调整和 $\alpha$ 角度调整两个步骤。

对于高压直流输电系统，系统的直流电压、触发角 $\alpha$、熄弧角 $\gamma$ 以及换流变压器阀侧空载线电压满足下式

$$U_{\mathrm{d1}} = N_1\left(1.35 \cdot U_1 \cdot \cos\alpha - \frac{3}{\pi}X_{\mathrm{r1}}I_{\mathrm{d}}\right) \tag{7-3}$$

$$U_{\mathrm{d2}} = N_2\left(1.35 \cdot U_2 \cdot \cos\gamma - \frac{3}{\pi}X_{\mathrm{r2}}I_{\mathrm{d}}\right) \tag{7-4}$$

其中：$N_1$、$N_2$ 表示整流侧和逆变侧每极中的六脉动换流器数，如六脉动换流器 $N_1$、$N_2$ 取 1，十二脉动换流器 $N_1$、$N_2$ 取 2。$U_1$、$U_2$ 表示整流侧和逆变侧换流变压器阀侧空载线电压。$X_{\mathrm{r1}}$、$X_{\mathrm{r2}}$表示整流侧和逆变侧每相的换相电抗（换流变的漏抗+阀的电抗）。

由式（7-3）、式（7-4）可知，若直流电压 $U_{\mathrm{d1}}$、$U_{\mathrm{d2}}$ 恒定，则 $U_1$ 与 $\alpha$ 角成正比，$U_2$ 与 $\gamma$ 角成正比。如果需要升高 $\alpha$ 角，则需要升高整流侧换流变压器阀侧空载线电压，进而需要调整整流侧换流变压器变比，降低变压器网测电压额定值；反之，如果需要降低 $\alpha$ 角，则需要升高变压器网测电压额定值。$\gamma$ 角的调整逻辑与 $\alpha$ 角相同。

由上面的分析可以总结出调节 $\alpha$ 角、$\gamma$ 角的规律：整流侧换流变压器网侧电压额定值调整方向与 $\alpha$ 角的目标方向相反，逆变侧换流变压器网侧电压额定值调整方向与 $\gamma$ 角的目标方向相反。

下面结合算例介绍具体的操作步骤。

（1）初始化计算。在 PSDEdit 中打开算例目录中的“TestHybrid2dcNew. dat”文件，进行常规的潮流计算。潮流计算结果收敛后，打开“TestHybrid2dcNew. swi”稳定计算文件。在 PSDEdit 菜单栏中运行全过程动态仿真程序（点击菜单栏上的全图标），进行电磁-机电混合仿真的初始化计算。3s 的初始化过程结束（命令行窗口的进度条完成），开始 0s 之后的仿真时，在命令行窗口双击空格或者在监视曲线窗口点击停止仿真按钮●结束仿真过程。PSDEdit 文本编辑平台界面如图 7-17 所示，混合仿真 3s 初始化计算过程如图 7-18 所示。混合仿真电磁暂态初始化计算完成后进行正常计算图如图 7-19 所示。

（2）$\gamma$ 角调整。混合仿真初始化结束后，使用 MyChart 软件打开算例目录中的“TEST-HYBRID2DCNEW. SYS1. out”文件，观察 CONT. GAMAI 曲线稳定后在 3s 附近的数值。如果不在（0.314±0.005）rad 的范围内，则需要进行调整，调整前的 $\gamma$ 角如图 7-20 所示。

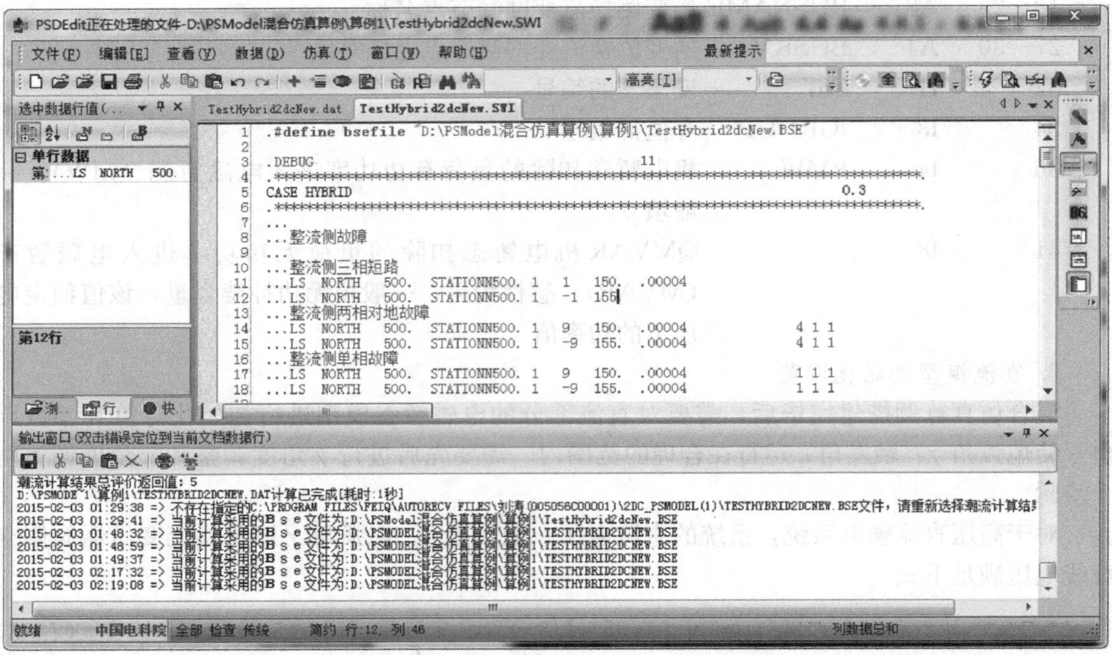

图 7-17　PSDEdit 文本编辑平台界面

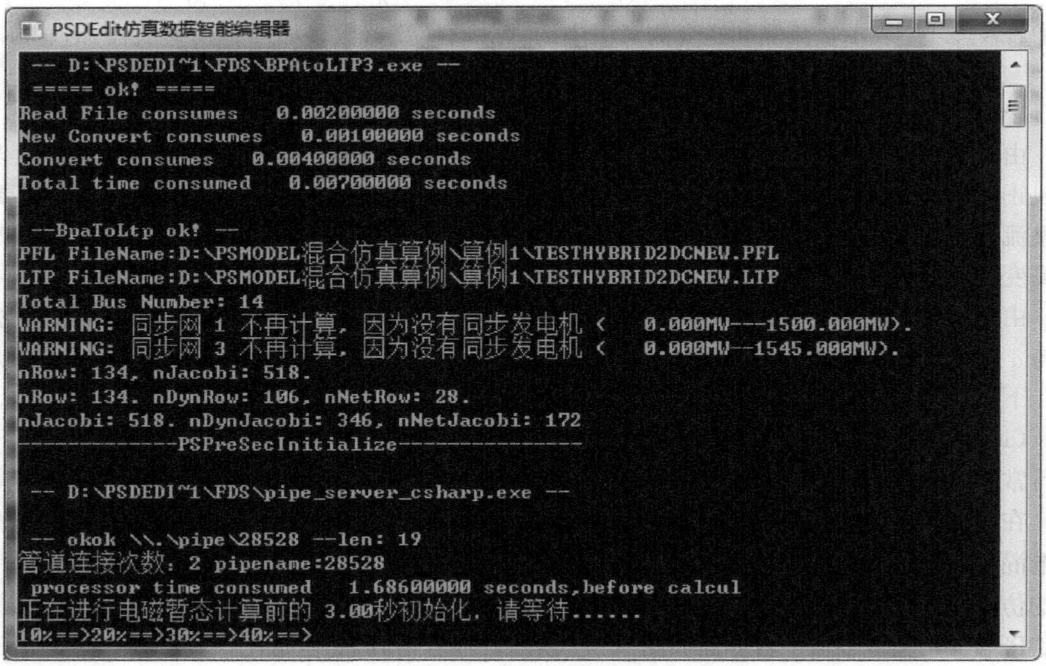

图 7-18　混合仿真 3s 初始化计算过程

γ 角调整方法为打开算例路径下的“TestHybrid2dcNew. psm”文件，查找到整流侧变压器和阀组”T3P2WYD TPYDI”与“T3P2WYD _ YH _ TPYYI”关键字所在的部分，同时调整对应上下两个的一次电压的数值，如图 7-21 所示。

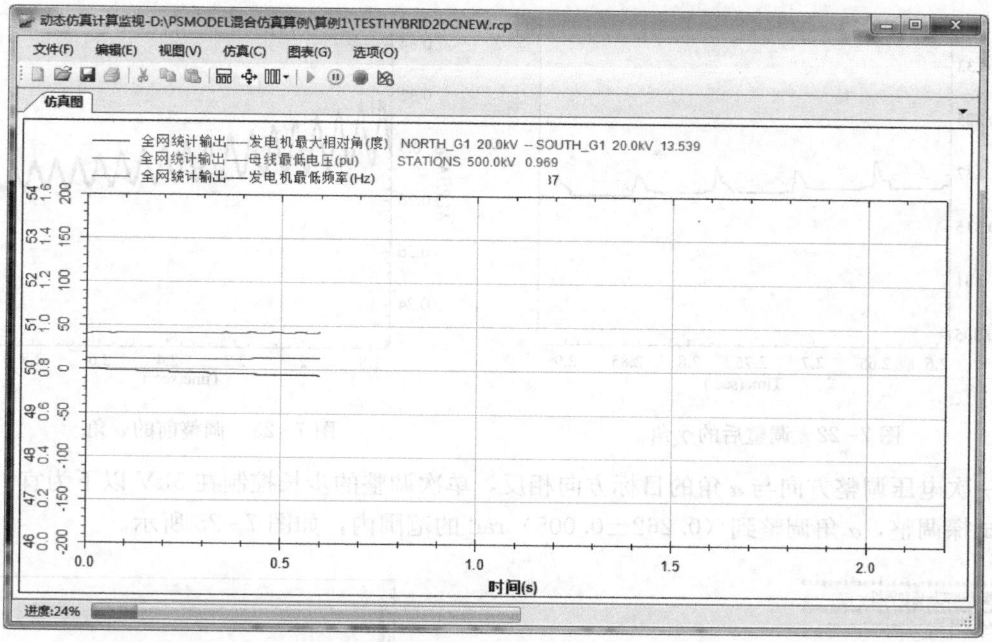


图 7-19 混合仿真电磁暂态初始化计算完成后进行正常计算图

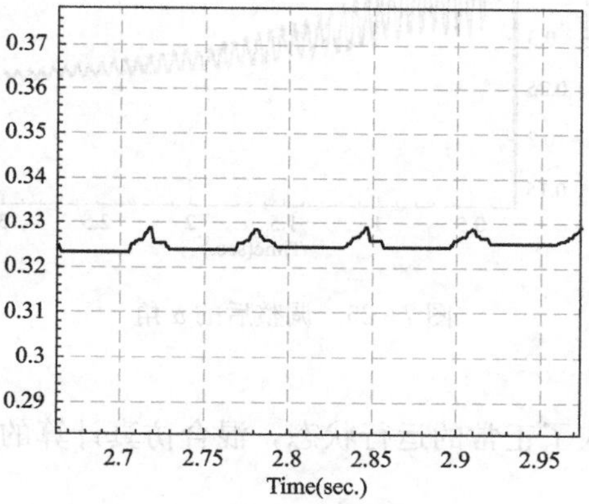


图 7-20 调整前的 $\gamma$ 角

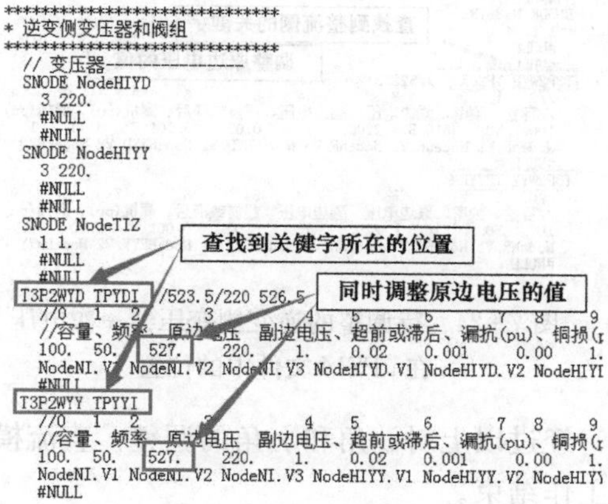


图 7-21 待调整的整流侧变压器一次电压在 .psm 文件中的位置

一次电压调整方向与 $\gamma$ 角的目标方向相反，单次调整的步长控制在 5kV 以下为宜。经过多次试探调整，$\gamma$ 角调整到 $0.314\pm0.005$ 的范围内，如图 7-22 所示。

(3) $\alpha$ 角调整。$\alpha$ 角初始化调整过程与 $\gamma$ 角调整中的过程相同。完成初始化计算后，观察"TESTHYBRID2DCNEW. SYS1. out"文件中的 CONT. ALPHAR 曲线，如果不在 $(0.262\pm0.005)$ rad 的范围内，则需要进行调整，调整前的 $\alpha$ 角如图 7-23 所示。

调整方法为打开算例路径下的"TestHybrid2dcNew. psm"文件，查找到整流侧变压器" T3P2WYD _ YH _ TPYDR"和"T3P2WYY _ YH _ TPYYR"关键字所在的部分，同时调整对应的上下两个一次电压的数值，如图 7-24 所示。

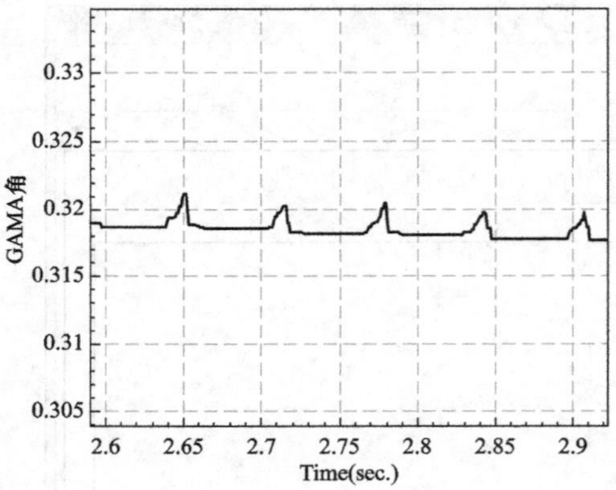


图 7-22　调整后的 $\gamma$ 角

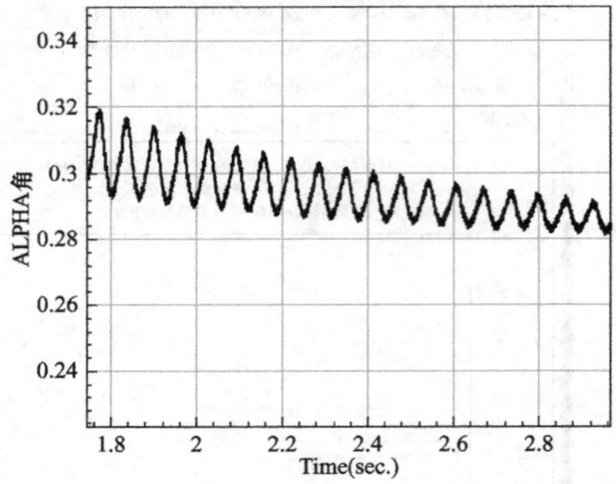


图 7-23　调整前的 $\alpha$ 角

一次电压调整方向与 $\alpha$ 角的目标方向相反，单次调整的步长控制在 5kV 以下为宜。经过多次试探调整，$\alpha$ 角调整到（0.262±0.005）rad 的范围内，如图 7-25 所示。

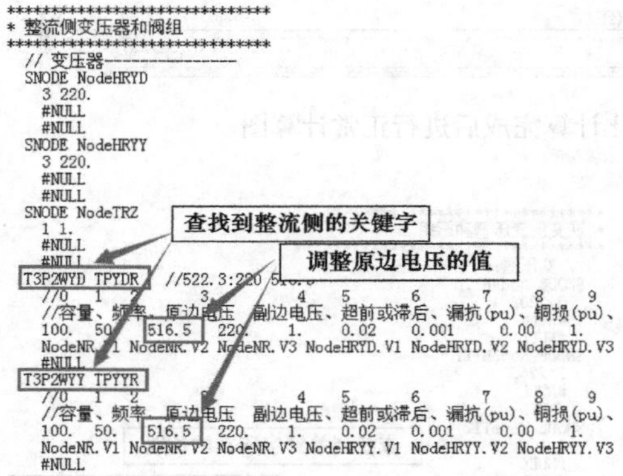


图 7-24　待调整的逆变侧变压器一次电压在 .PSM 文件中的位置

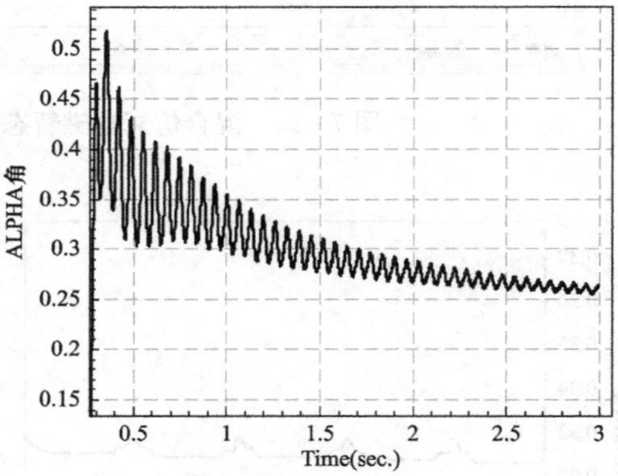


图 7-25　调整后的 $\alpha$ 角

经过以上对 $\alpha$ 角和 $\gamma$ 角的调整，直流模型进入了正常的运行状态，混合仿真计算的初始化工作结束。

3. 混合仿真计算

直流模型的初始化工作结束后，可以进行电磁-机电混合仿真的计算工作。

在 Cigre 交直流混联电力系统仿真中，设置“SOUTH 500-STATIONS 500”1 回线路 SOUTH 500 侧在 50 周波发生单相瞬时接地故障，55 周波故障消失，仿真故障后 10s 内交流系统和直流系统的动态过渡过程。故障卡如下。

```
****************************************************************
…逆变侧单相故障
LS  SOUTH   500.  STATIONS500. 1    9   50.   .00004    1 1 1
LS  SOUTH   500.  STATIONS500. 1   —9   55.   .00004    1 1 1
****************************************************************
```

在 PSDEdit 运行全过程动态仿真程序（点击菜单栏上的全图标），进行电磁 - 机电混合仿真计算，计算结束后使用 Mychart 工具打开“TestHybrid2dcNew _ FDS. cur”文件查看交流系统的动态曲线，打开“TESTHYBRID2DCNEW. SYS1. out”文件查看直流系统的动态曲线，如图 7 - 26 所示。

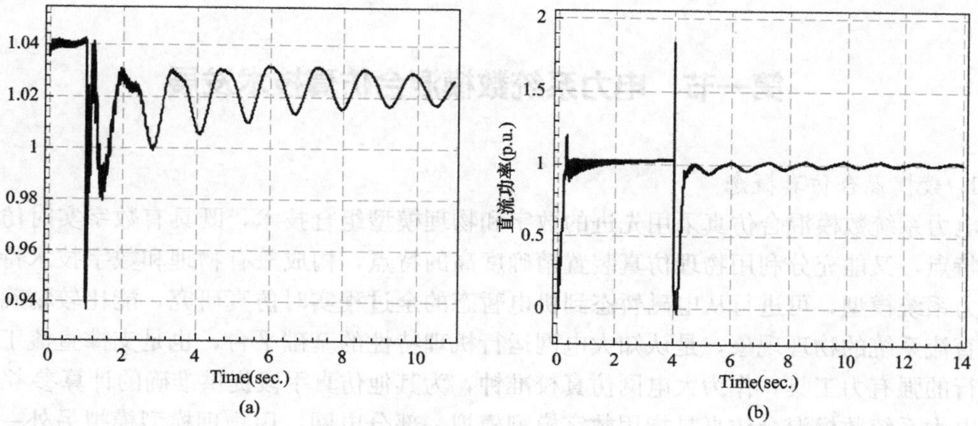


图 7 - 26　混合仿真计算结束后的交流系统和直流系统的动态曲线

（a）交流系统动态曲线；（b）直流系统动态曲线

# 第八章 电力系统数模混合仿真技术

## 第一节 电力系统数模混合仿真技术发展

1. 数模混合仿真概念

电力系统数模混合仿真采用先进的数字和物理模型组合技术，既具有数字实时仿真规模大等特点，又能充分利用物理仿真装置精确度高的特点，构成兼有物理和数字技术特点的实时电力系统模型，可进行从电磁暂态到机电暂态的全过程实时仿真研究，能比较精确地反映交、直流系统的物理现象，是认知大电网运行机理特性的基础平台，也是支撑直流工程建设和运行的强有力工具，作为大电网仿真校准钟，为其他仿真手段提供准确的计算参考。

电力系统数模混合仿真是指用数字模型模拟一部分电网，用物理模型模拟另外一部分电网，用相应的软硬件接口实现两种模型的联合仿真。物理模型既可以是实际设备的缩小，例如变压器、线路等，又可以是模拟实际装置的运行特性的电子器件，例如阀模型，其响应时间和运行特性与实际系统是一致的；还可以是实际控制保护等二次装置。为了实现与物理模型的联合仿真，数字模型的响应特性必须与实际系统一致，同时为了确保仿真的精确度，仿真计算步长通常在 50～100$\mu$s，采用电磁暂态仿真方法，数字模型的运行平台从最初的功率放大器发展到超级并行计算机。

二十世纪六十年代初，我国就开始对直流输电进行仿真研究，当时采用汞弧阀式换流器（水银整流器）直流输电物理仿真模型，用功率放大器模拟电源，为舟山直流输电工程投运提供必要的技术支撑。1988 年，我国开始建设第一条长距离大容量高压直流输电工程—葛洲坝—南桥（葛南）直流输电工程，伴随着该工程的建设，第一代直流输电模拟装置在实验室建成，由工程控制保护厂家 BBC 公司开发全部模拟装置，其中控制保护装置采用二十世纪八十年代的数字控制技术，与现场保持一致。该模拟装置一次回路全部为缩小比例的物理模型，其中换流阀采用小功率晶闸管进行模拟，并巧妙地利用负电阻元件对其压降、损耗进行了补偿；换流变压器模型装设有载分接开关，并可选择适当的一、二次绕组匝数调节其变比。整套装置设计巧妙、操作灵活、运行可靠，为葛南直流输电工程顺利投运及安全运行提供了必要的技术支撑，为直流输电技术在我国的应用奠定了坚实基础。

1997 年，中国电力科学研究院与加拿大魁北克水电局研究院合作，共同开发了交流电网数模混合仿真装置。该仿真装置中，除了发电机、电动机等旋转设备，其他电力系统设备如变压器、输电线路、断路器、负荷、避雷器等均采用缩小比例的物理元件进行模拟，并巧妙设计了电压传感器、电流传感器、可控负荷等元件。发电机等旋转设备采用数字仿真模型基于精简指令集（RISC）架构的中央处理器（CPU）POWER PC 进行模拟，并通过单向功率连接接口与模拟装置连接，实现单方向功率在数字模型和物理模型之间的流动。另外，配套设计的完整的数据库和采集监控系统，使用灵活，精确度高，可以满足电力系统从电磁暂态至机电暂态的全过程仿真研究。仿真规模可最多涵盖40台发电机，400个节点，8回直流。该仿真装置与第一代直流输电模拟装置相连接，在三峡电力送出，东北、华北、华中联网，西北750kV工程等仿真研究和工程应用中发挥了巨大的作用。

2007年，中国电力科学研究院开始与加拿大魁北克水电局研究院再次合作，共同攻关“双向功率连接数模混合仿真技术”，成功将其应用到了交直流大电网仿真研究中。“双向功率连接数模混合仿真技术”实现了功率在数字模型和物理模型之间的双向流动，改变了数模混合仿真的模式，即可以将重点研究的大功率电力电子器件和直流系统用物理装置模拟，将电网的其他部分用数字模型模拟。这种双向流动既提高了电力系统仿真研究精确度，又减少了仿真系统建模时间，并扩大了模拟系统的规模，使其可以达到70台发电机，800个节点，8回直流。2009年以来，实验室利用新一代数模混合仿真平台完成了直流多落点地区交直流相互影响研究、“三华”电网形成初期系统安全稳定性研究、国家电网“十二五”主网架规划设计方案试验研究等多个国家级和公司级重大科研任务。

随着公司“四交五直”“五交八直”特高压骨干网架的陆续投产，直流输送功率提升至1000万千瓦。在2014年，2～3年特高压电网滚动分析校核中已经发现，直流换相失败、再启动、功率瞬降等多种高概率故障，均可能对系统产生400万～800万千瓦有功、600万千瓦无功的冲击，造成交直流系统电磁-机电连锁反应；同时，交流系统内部电气距离的进一步减小，交流系统中非基波电磁过程不仅影响近端直流，还可能通过特高压交流线路向远方直流传导，引发多回直流同时换相失败，扩大故障波及范围。未来电网动态过程愈来愈呈现出电磁暂态与机电暂态紧密交织的显著特点，电网运行边界将极大取决于仿真精确度，需要更为精细化的、规模适应的仿真手段。

2015年，为分析未来特高压直流电磁暂态过程形成的能量冲击对系统稳定特性的影响，国家电网公司扩建数模混合仿真平台采用大规模交直流电网的电磁暂态仿真技术和电磁-机电混合仿真技术，仿真平台具备精细仿真电力电子元件及交流器件电磁暂态过程的能力。结合在运直流输电系统的实际情况，按照“一回直流、一套控保”的原则，中国电力科学研究院国家电网仿真中心配置了与实际工程相匹配的控制保护仿真装置，分阶段、有计划补充直流工程控保装置，并要求实验室攻克同时接入数十套实际直流控制保护的混合仿真接口精确度和同步性能技术难题，实现有限工况下的电网特性精确仿真。

除中国电力科学研究院，国内外也有一些类似数模混合仿真实验室，例如华北电力大学、加拿大魁北克电力研究所、日本中央电力研究所、巴西中央电力研究院、ABB、西门子等。到目前为止，仅中国电力科学研究院实现了全数字实时仿真与物理仿真装置的功率连接技术，成为仿真规模最大的数模混合仿真实验室。

从中国电力科学研究院电力系统数模混合仿真实验室30多年来所做的电网发展关键技术试验研究的实践表明，电力系统数模混合仿真装置具有如下的作用：

（1）对大型交直流互联电力系统规划方案的试验研究工作。如在三峡电力系统仿真及与俄罗斯动模试验的对比研究中，对三峡电力系统规划方案进行了深入研究，结果表明仿真中心装置可用于对全国联网、西电东送、南北互供输电方案及其关键技术的深入研究和验证。

（2）对电力系统控制保护装置的试验研究工作。如在可控串联补偿（串补）研究中，数模仿真装置上装设了真实的（而不是模拟的）控制器，得出的控制器的时延就是实际值。研究还指出了控制器在调节过程中的“过冲”现象。由于仿真装置能够模拟系统扰动后从电磁暂态到机电暂态的全过程，在试验过程中，研究人员能发现可控串补限压器在控制系统稳定过程中有可能动作。研究结果表明，工程应用之前，仅靠离线计算是不够的。

另外，在工程实施过程中，仿真装置能够接入实际控制设备，因此，它对控制系统的研制、开发和检验是一个重要的工具，对直流控制系统的研究、电力电子装置的研究，大都属于这一类。

（3）对离线计算无法完成的专题进行试验研究。如在东北—华北联网调试模拟试验中，利用仿真装置研究了联网过程中两端系统在不同频差或电压下并列操作的冲击现象及不同运行方式下并列或解列对系统稳定的影响，为联网试验的顺利进行提供了技术依据。

（4）仿真模拟可以得出离线计算难以实现或难以观察到的现象，以及纠正某些离线计算中不真实的结果。如在东北—华北—山东—华中和川渝系统联网研究中，数字计算程序中直流换流阀、控制器等模型尚不十分完善，对直流输电的作用一度得出了不真实的结论，经仿真试验发现了问题所在，纠正了不真实的结果，为类似的离线计算提供了正确的计算条件。

（5）目前，全国联网和国家特高压骨干电网的规模和复杂程度在国际上居于首位，很多技术问题没有先例可循，即使很有经验的工程技术专家也难以在使用离线计算时预计到所有的问题，因而容易产生疏忽甚至得出不真实的结果。而仿真中心的直流和交流模拟等装置，能够较好地模拟交直流系统的动态行为，得到的研究结果可以为决策提供可靠依据。

（6）随着我国电力系统全国联网、西电东送、南北互供工程的实施，以及国家特高压骨干电网的建设，我国电网将形成大容量交直流混联、受端局部电网多个直流落点，并可能出现多端直流输电的格局，在此期间会涌现出很多电力系统新技术，这些技术都将是仿真试验的研究课题。

2. 单向功率连接数模混合仿真技术

当数字仿真与物理仿真连接的传输功率为单方向时，接口硬件一般包括数模转换（D/A），功率放大器，变压器，模数转换（A/D），电压、电流传感器以及相应的缓冲板等。图 8-1 为硬件接口示意图。图中 I 表示电流传感器，V 表示电压传感器。

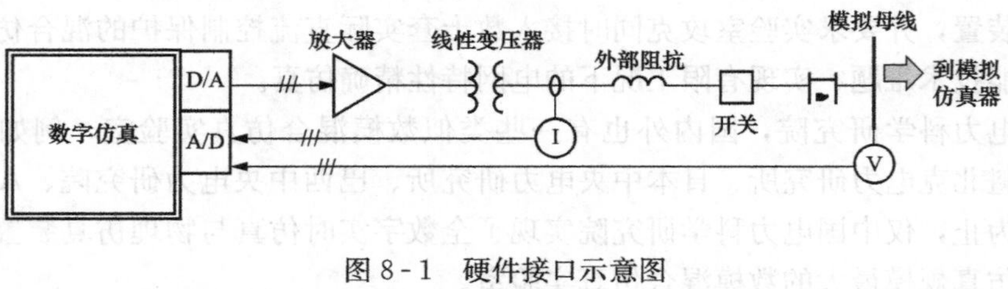


图 8-1　硬件接口示意图

单向功率连接数模混合仿真技术将发电机、感应电动机等数字旋转设备与输电线、变压器、负荷、直流输电等物理器件相连接，进行联合仿真，所模拟的功率输送方向为从发电机到电网。以发电机为例，发电机模型是将三相交流电压的数字信号通过三个数模转换通道输出到放大器再和模拟装置连接的，三相交流电压通过三个模数转换通道从模拟系统返回到数字系统中，三相交流电流通过另外三个模数转换通道从模拟系统返回到数字系统中。需要通过修改数模转换的增益（Gain）值使数字模型上的 1p. u. 电压与模拟系统的 1p. u. 电压值相匹配，通常模拟系统的 1p. u. 线电压为 100V。

修改模数转换的 Gain 值，使从模拟系统反馈回数字系统的三相电压和三相电流与模拟系统的值相一致。

单向功率连接数模混合仿真技术的实现，解决了用物理装置模拟发电机等旋转设备设计和运行复杂、占地空间大、噪声大、规模及受限制等问题，大大提升了仿真规模。但由于线路、变压器、负荷、直流输电等仍采用物理装置，整个仿真电网的规模仍然受限，而且建模复杂，周期长。

3. 双向功率连接数模混合仿真技术

为了大幅度增大电力系统的仿真规模，提高建模效率，同时保证仿真精确度，国内外研究者开始研究双向功率连接数模混合仿真技术，即功率可以在数字模型和物理模型之间双向传输。目前数字模型可以仿真大部分交流系统和一部分直流输电系统，物理模型可以仿真需要深入研究物理响应特性的交直流输电系统，并将它们连接起来，是目前大规模交直流系统仿真研究的较好方案。它可以满足大规模交直流混合互联电网试验研究的要求。功率连接技术的实现使这种数模混合仿真方式成为可能。

双向功率连接数模混合仿真系统示意图如图 8-2 所示。

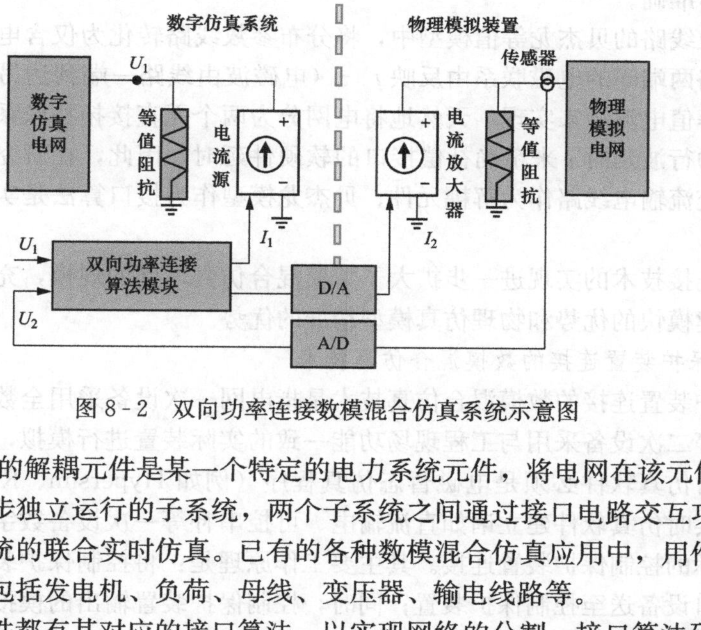


图 8-2　双向功率连接数模混合仿真系统示意图

图 8-2 中所示的解耦元件是某一个特定的电力系统元件，将电网在该元件处分割为数字和模拟的两个可同步独立运行的子系统，两个子系统之间通过接口电路交互功率，实现数字子系统和模拟子系统的联合实时仿真。已有的各种数模混合仿真应用中，用作解耦的电力系统元件有很多种，包括发电机、负荷、母线、变压器、输电线路等。

每一种解耦元件都有其对应的接口算法，以实现网络的分割。接口算法研究的主要内容是如何利用解耦元件将网络分割为拓扑上没有直接联系的两个部分，具体内容包括数字侧子系统应该怎样在模拟侧表示，模拟侧子系统又应该如何在数字侧表示，即接口等值电路的形式。等值电路的具体形式因解耦元件或接口算法的不同有较大差异，但其一般的形式都是数字侧通过 D/A 板卡输出数字侧信号，再通过电压、电流传感器和 A/D 板卡采集模拟侧信号。双向功率连接接口的一般形式如图 8-3 所示。

由图 8-3 可以直观地看到，双向功率连接的接口需要通过 D/A 板卡和 A/D 板卡分别将数字信号转换为模拟信号，以及将模拟信号转换为数字信号来实现系统之间的电气量交互，两个子系统之间并不存在直接的功率交换。由于仿真计算软件的离散计算特性以及接口中

D/A 板卡和 A/D 板卡以及功率放大器等接口元件的硬件延时，这个接口表达的功率交换特性和实际的系统特性是完全不同的。

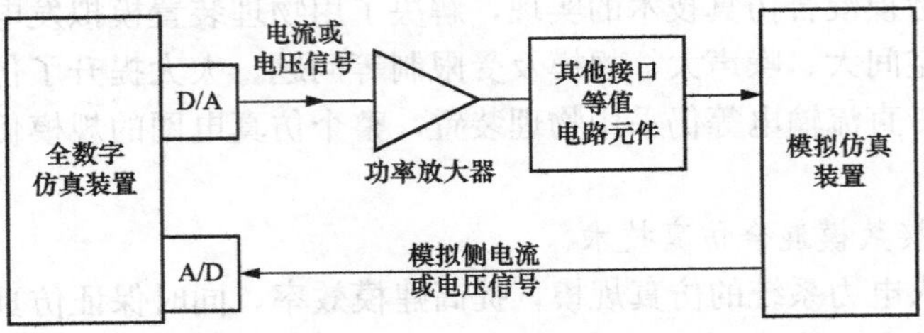


图 8-3　双向功率连接接口的一般形式

实际的系统中任何一个元件处的功率交换都是瞬时的，不存在延时问题。如果将实际系统中任意一个母线处的节点电压（或注入电流）看作激励，则它的响应注入电流（或节点电压）是同时得到的。而双向功率连接的接口电路使得电气量经过接口交互后，两侧系统之间的仿真出现了时差，即激励和响应之间不是同步的，如果不加以相应处理，将会导致系统的失稳或结果的不准确。

在分布参数线路的贝杰龙等值模型中，将分布参数线路转化为仅含电阻和电流源的集中参数电路，线路两端间的电磁联系由反映 $t-\tau$（电磁波由线路一端到达另一端的时间）两端电压、电流的等值电流源来实现，天然地将电网分为两个无直接拓扑联系的部分，这样可以利用输电线路的行波延时 $\tau$ 来精确补偿接口的软硬件延时。因此，在研究和比较了各种接口方案后，采用交流输电线路作为解耦元件、贝杰龙模型作为接口算法是实现双向功率连接比较理想的方案。

双向功率连接技术的实现进一步扩大了数模混合仿真电网的规模，充分发挥了数字仿真电网规模大、建模快的优势和物理仿真模型精准的优势。

4. 与控制保护装置连接的数模混合仿真技术

与控制保护装置连接的数模混合仿真技术是指电网一次设备采用全数字实时仿真进行模拟，控制保护等二次设备采用与工程现场功能一致的实际装置进行模拟，并通过数模接口连接。全数字实时仿真软件必须是电磁暂态仿真程序（例如 Hypersim、RTDS、ADPSS 等）。利用电磁暂态实时仿真软件建立诸如直流输电、可控串补等一次设备数字模型，再通过接口设备即可与实际的控制保护装置连接。其主要工作原理是：将控制保护装置所需的模拟量和数字量通过接口设备送至控制保护装置；同时，控制保护装置输出的模拟量和数字量也通过接口设备送至全数字实时仿真装置，这样就构成一个闭环的仿真系统。

## 第二节　与控制保护装置连接的数模混合接口技术

1. 模数转换技术

控制保护装置所需的模拟量和数字量通过接口设备送至控制保护装置；同时，控制保护装置输出的模拟量和数字量也通过接口设备送至全数字实时仿真装置，这样就构成一个闭环的仿真系统。图 8-4 为全数字实时仿真装置与控制保护装置连接的示意图。

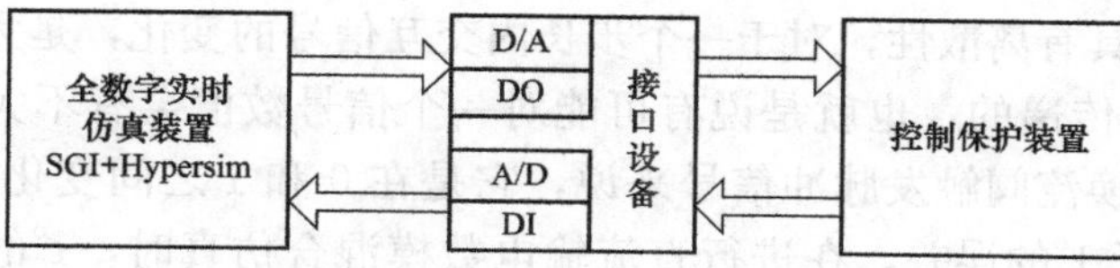


图 8-4　全数字实时仿真装置与控制保护装置连接的示意图

全数字实时仿真装置与控制保护装置连接的接口设备主要由四种板卡组成：数模转换（D/A）板卡，模数转换（A/D）板卡，数字开关量输入（DI）板卡和数字开关量输出（DO）板卡。每个接口模块包括 16 路 A/D 通道、16 路 D/A 通道、24 路 DI 通道和 24 路 DO 通道，如图 8-5 所示。

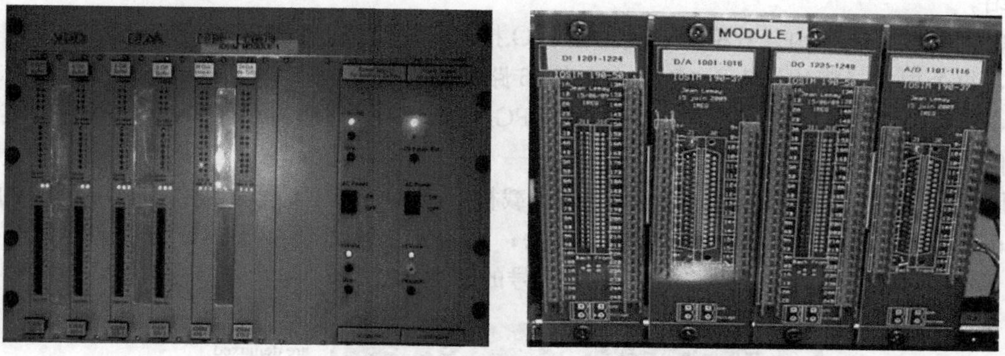


图 8-5　全数字实时仿真装置与控制保护装置连接的接口设备模块

全数字实时仿真装置将各个时刻的数据通过 D/A 板卡转换成模拟量，输送到控制保护装置；控制保护装置输出的模拟量通过 A/D 板卡转换成数字量，供全数字实时仿真装置使用。D/A 板卡的输出电压和 A/D 板卡的输入电压范围是－10V～＋10V，超出此范围的输入输出信号均需进行处理，否则将会失真。

DI 板卡的输入电压是 5V，如果要使用更高的输入电压，可以在接口板上增加分压电阻或者稳压二极管。当输入电压为 5V 时，输入电流约为 8mA。

DO 板卡的输出是悬空的光耦晶体管，可以根据控制保护装置的需要外接合适的电源，只要电压低于 50V，且电流小于 150mA 即可。

2. 光纤数字通信技术

对于与多个控制保护装置连接的数模混合仿真，如果接口数量庞大，就会给模数转换技术带来挑战，因为接口数量的庞大意味着连接电缆数量的增加，接线工作量巨大，需要空间也成倍增长。基于此需求，采用光纤数字通信技术实现电网全数字实时仿真装置与控制保护装置的连接，该技术无需模数转换，通过协议直接实现数字信号在控制保护装置和全数字实时仿真装置之间的传输，光纤通道传输的信号量非常大，这样大大提高了数模混合仿真建模效率，另外使用光纤通信允许连接线长度大大增加，信号衰减极小，便于数字仿真装置与位于不同距离范围内的多个控制保护装置的连接。光纤数字通信按数字仿真的计算步长收发数据，通常是 50$\mu$s 左右收发一次。数据经数模接口装置到电网实时仿真软件收通常需要小于 2 个计算步长的时间，也就是说数模接口延时通常在 50～100$\mu$s。

光信号传输数据具有离散性，对于一个步长内交互信号的变化，是无法在数字实时仿真和控制保护装置之间传递的，也就是说有可能对一个信号数值会有不大于 50μs 的误差。然而，对于直流输电的换流阀触发脉冲信号来说，它是在 0 和 1 之间变化，而 50μs 对应于换流阀触发角，相当于近 1°的误差，在进行直流输电数模混合仿真时，1°的误差有可能造成仿真模型计算的不稳定。因此，直流输电控制器向数字仿真装置发出的换流阀的触发脉冲信号，需要用插值法获得计算步长内脉冲信号变化的准确时刻。光纤数字通信接口无法满足插值需要，只能采用模拟电信号进行交互，即控制保护装置直接发出脉冲电信号给数模接口装置，因为数模接口装置中的快速处理器可以用 1μs 的速率采集从控制保护装置发出的持续电信号，从而准确获得脉冲突变时间，并传递给数字仿真系统。下面对光纤数字通信软硬件进行介绍。

（1）硬件系统结构。数模接口硬件由 I/O 接口机箱组成，机箱中有多个类型的 I/O 板卡模块，每个模拟量模块（A/D 或 D/A）有 16 路信号，每个数字量模块（DI 或 DO）有 32 路信号，所有的 I/O 转换器直接与机箱中的 FPGA 板卡相连，所有的 FPGA 内部均可实现快速通信。

图 8 - 6 中 A 为 RJ45 连接面板，与来自载板上的 I/O 板卡信号相连接，实现数据的监视功能；B 为电源开关；C 为 SFP 模块转接头；D 为同步信号转接头；E 为带有终端监控的 mini - BNC 连接器，与示波器相接，实现信号的监测功能。

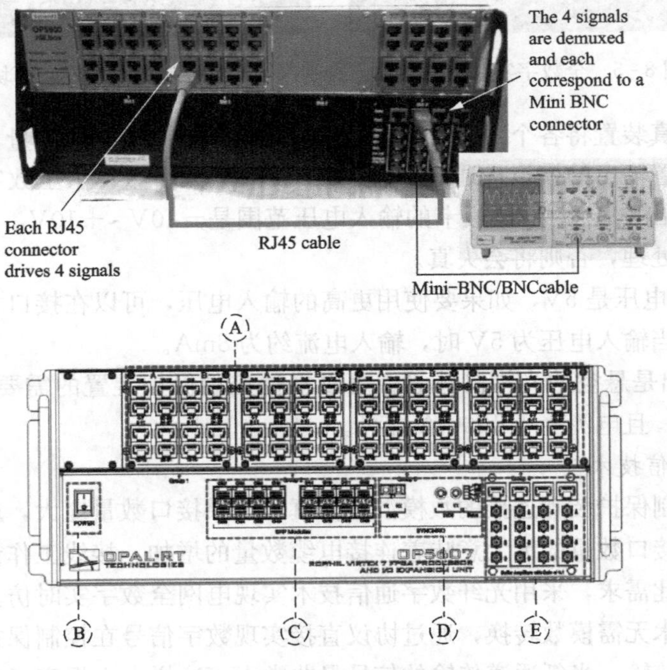


图 8 - 6　I/O 接口机箱前面板

图 8 - 7 中 A 为 DB37 I/O 转接头，B 为电源接口和电源开关，C 为＋5V/＋12V 连接头，D 为 PCIe 转接口（PCIe＊4 接 SGI），E 为机壳接地，F 为连接 VC707 的 USB - JTAG 接口。

（2）光纤传输协议。光纤通信接口技术采用 Aurora 通信协议。每帧数据部分为 128 个

32bit，其中 100 个模拟量，28 个数字量，数字量固定从第 101 个起（如仅有 5 个模拟量，3 个数字量，则1～5 是模拟量，101～103 是数字量），上下行通路均按照此约定。每一个 Aurora 帧，上下行均是 130 个 32bit，第 1 个 32bit 是 0×AAAAAAAA，第 2 至第 129 是数据部分，第 130 是 CRC32，实际不使用 CRC，CRC 位可以是任意 32bit 数。

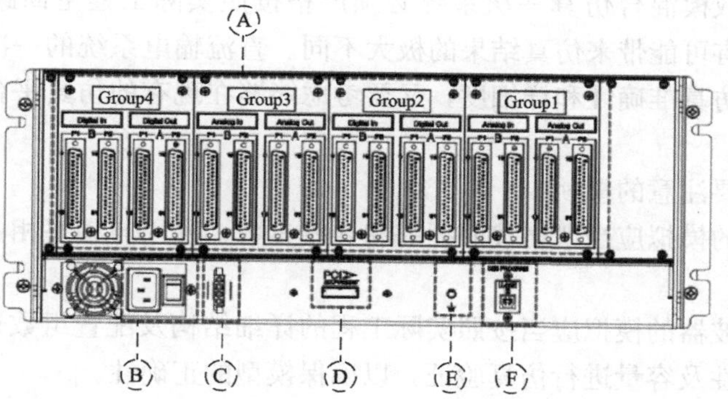


图 8-7　I/O接口机箱后面板

## 第三节　电力系统数模混合仿真技术应用

1. 数字大电网仿真系统建模

数模混合实时仿真系统进行系统稳定等问题研究时，以机电暂态计算分析结果为基础，按照简化前后的网络物理特性相符并适应仿真中心全数字实时仿真的规模对全网进行等值，然后利用全数字电磁暂态实时仿真软件建立试验模型。特高压交直流并联电网的电磁暂态实时仿真系统的稳态潮流与机电暂态离线程序计算结果应一致，满足华东电网多回直流集中落点的系统稳定性和多回直流协调控制问题工程研究的要求。

用电磁暂态仿真工具建立系统模型，通常能够从机电暂态离线仿真的数据文件中获取大部分参数，然而，还是有很多电磁暂态计算需要特殊考虑的参数无法从机电暂态仿真数据文件中获得。

(1) 发电机：电磁暂态仿真中，对发电机的仿真算法与机电暂态仿真基本一致，仅当需要模拟多轴系发电机模型时，有特殊参数的需求。

(2) 变压器：在对变压器的仿真中，多数基础参数可以从 PSD-BPA 的数据文件中获取，但变压器饱和特性、励磁电抗以及中性点小电抗参数无法获取。在做系统稳定性研究时，可忽略上述参数，但当要进行合空载变压器（合空变）操作对直流系统影响的研究中，是需要以上参数的。

(3) 负荷模型：与 PSD-BPA 模型保持一致。

(4) 线路模型：目前，电磁暂态仿真中主要用三种线路模型。

1) 集中参数模型（Ⅱ模型）。该模型中的参数可以直接从 PSD-BPA 数据文件中获取，但在仿真中使用较少，只有短线路（小于 15km）使用该模型仿真。

2) 频率恒定的分布参数模型。目前 PSD-BPA 中主要提供线路正序零序参数，但电磁暂态模型中需要填写单位长度线路正序零序参数及长度，对于 PSD-BPA 中部分提供了长度的线路，可以进行折算。

3）频率相关的分布参数模型。需要提供详细的杆塔结构参数和导线参数进行仿真计算。

2. 直流输电工程数模混合仿真一次系统建模

直流输电工程数模混合仿真一次系统必须严格按照实际工程主回路结构及参数进行搭建，微小的差异都有可能带来仿真结果的极大不同。直流输电系统的一次模型为电磁暂态仿真模型，既要保证仿真准确性和详细度，又要考虑能够在现有的仿真平台上实现仿真步长为 $50\mu s$ 的实时仿真。

建模过程中需要注意的事项：

（1）直流线路的模拟应当严格按照杆塔和导线参数，利用与频率相关的分布参数模型进行搭建。

（2）交直流滤波器的模拟应当按照实际工程的详细结构及配置组数进行搭建，并应分别对各类别的谐振特性及容量进行仿真验证，以确保模型的正确性。

（3）换流变压器的模拟应当采用可解耦变压器模型，以确保整个直流一次模型能够利用多个计算核并行计算以确保实时性。

（4）换流阀模型中的阳极电抗和 RC 均压阻尼回路的参数，应当以换流阀消耗的无功与工程无功控制要求的交流滤波器所提供的无功相平衡为目标。

（5）中性线装设工频阻波器的工程，必须严格按照回路参数进行搭建。

为了节省计算资源，确保模型实时性，模型中应尽量减少额外的电压、电流传感器，尽可能从主回路的元件或开关上获取状态量。

直流输电系统的一次模型搭建完成后，应当首先跟数字控制保护模型连接，对一次系统的稳态进行实时仿真，确保模型的正确性及计算的实时性。

3. 仿真试验技术路线

（1）数据收集整理分析。收集整理电网规划数据，分析规划系统中可能存在的技术问题。

（2）系统动态等值。根据仿真中心数模混合式实时仿真设备的规模，对研究系统进行动态等值，建立仿真模型。

（3）实时仿真试验研究。选择重要输电骨干线路，对以下几种故障进行模拟试验研究：

1）交流系统单一故障试验研究。

2）重要同杆并架交流输电线路发生异名相故障后跳双回线路试验研究。

3）重要交流输电线路发生三永故障单相开关拒动试验研究。

4）直流系统单极闭锁故障试验研究。

5）直流系统双极闭锁故障试验研究。

结合试验波形，对特高压交直流电网交互影响特性进行重点分析，例如：多直流落点的华东地区受端电网交流系统故障时，多个或所有直流逆变站存在发生换相失败的可能性，以及交直流系统在故障清除后的恢复特性；通过对交直流故障后交直流系统相互影响和恢复特性研究，分析系统的安全稳定性，掌握直流多馈入系统的运行机理和特性；分析特高压交直流并列运行特性和相互作用，对特高压交直流输变电项目安排提出建议；对利用多回直流系统的协调控制提高交直流系统稳定性进行研究。

如图 8-8 所示为数模混合仿真试验工作流程图。

4. 重大试验介绍

目前，无论从装机容量和电源构成，还是从输电联网方式、电压等级和电网覆盖面看，我国电网都将成为世界上最庞大、最复杂的电网。围绕我国特高压电网和大型交直流混合电网的建设和运行安全需要，针对大型交直流混合电网规划、设计、建设和运行技术，进行电力系统实时仿真研究是必不可少的。下面以“2017 水平年华东电网直流多落点仿真研究”为例，介绍电力系统数模混合实时仿真研究技术的应用。

（1）主要研究内容。

本次仿真试验的内容包括华东电网直流多落点问题研究。

金沙江一期输电系统建成后，在华东地区逆变站集中的受端电网交流系统故障时，存在多个或所有直流逆变站发生换相失败的可能性，以及交直流系统在故障清除后的恢复特性。

1）通过对交直流故障后交直流系统相互影响和恢复特性研究，分析系统的安全稳定性，掌握直流多馈入系统的运行机理和特性。

分析特高压交直流并列运行特性和相互作用，对华东地区交流特高压输变电项目安排提出建议。

2）利用多回直流系统的协调控制来提高交直流系统稳定性的研究。

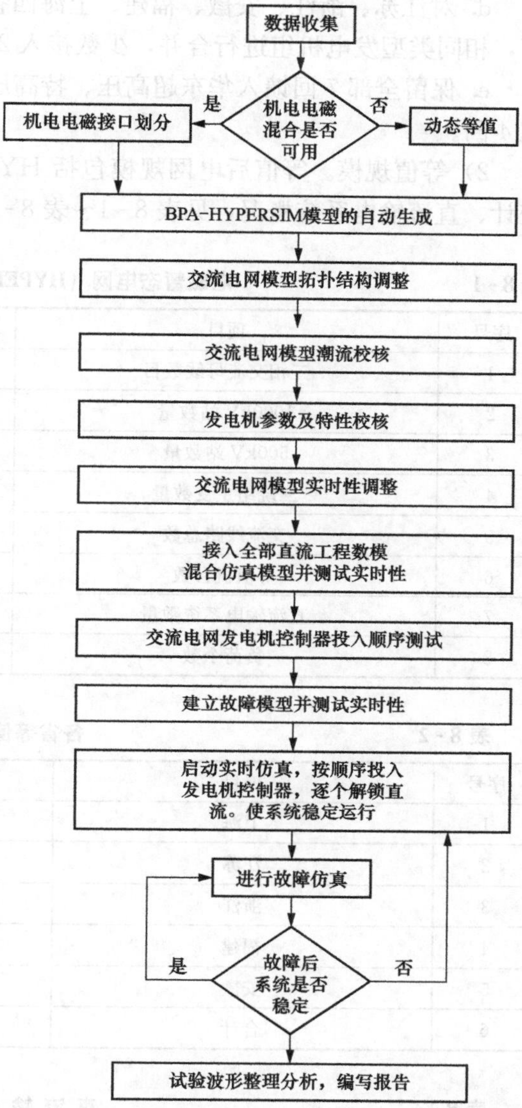


图 8-8 数模混合仿真试验工作流程图

（2）仿真模型介绍。

1）等值原则。2017 水平年华东电网等值原则如下：

a. 由于上海电网规模相对较小，直流馈入比较密集，原始网架全部保留，与 PSD-BPA 中的网架一致，不予等值化简。

b. 江苏、浙江、安徽、福建四省保留全部 500kV 站及 1000kV 站网架，包括全部主变压器及出线。

c. 对江苏、浙江、安徽、福建四省的 220kV 及以下电压等级网架进行等值化简，等值电网中保留了 220kV 主要联络线。

d. 对江苏、浙江、安徽、福建、上海四省一市的发电机进行等值合并，主要按照相同电厂，相同类型发电机组进行合并，少数接入 220kV 网架的容量较小电厂可适当进行合并。

e. 保留全部 7 回馈入华东超高压、特高压直流输电系统，其中特高压直流 3 回，常规直流 4 回。

2）等值规模。等值后电网规模包括 HYPERSIM 建模总体规模概况、各省等值机数量统计、直流输电系统概况，见表 8-1～表 8-3。

**表 8-1　电磁暂态电网（HYPERSIM）建模总体规模概况**

| 序号 | 项目 | 数量 | 备注 |
|---|---|---|---|
| 1 | 三相交流母线数目 | 1447 | — |
| 2 | 1000kV 站数量 | 7 | — |
| 3 | 500kV 站数量 | 164 | — |
| 4 | 三绕组主变数量 | 339 | — |
| 5 | 交流线路总数 | 1456 | 三相 |
| 6 | 等值机台数 | 235 | — |
| 7 | 直流输电系统数量 | 7 | — |
| 8 | 负荷个数 | 1632 | — |

**表 8-2　各省等值机数量统计**

| 序号 | 项目 | 数量 | 备注 |
|---|---|---|---|
| 1 | 上海 | 21 | — |
| 2 | 江苏 | 87 | — |
| 3 | 浙江 | 49 | — |
| 4 | 福建 | 31 | — |
| 5 | 安徽 | 47 | — |
| 6 | 合计 | 235 | — |

**表 8-3　直流输电系统概况**

| 序号 | 项目 | 电压等级 | 输送容量 | 备注 |
|---|---|---|---|---|
| 1 | 锦苏直流 | ±800kV | 7200MW | 落点江苏 |
| 2 | 龙政直流 | ±500kV | 3000MW | 落点江苏 |
| 3 | 林枫直流 | ±500kV | 3000MW | 落点上海 |
| 4 | 宜华直流 | ±500kV | 3000MW | 落点上海 |
| 5 | 葛南直流 | ±500kV | 1200MW | 落点上海 |
| 6 | 复奉直流 | ±800kV | 6400MW | 落点上海 |
| 7 | 宾金直流 | ±800kV | 8000MW | 落点浙江 |

注意，直流输电系统严格按照实际工程参数建模，3 回特高压直流按照双十二脉冲换流器双极完整建模，4 回超高压直流按照十二脉冲换流器双极完整建模；建模内容还包括与实

际工程一致的交直流滤波器、换流变压器及平波电抗器（每回特高压直流包括 8 台三绕组换流变压器，每回超高压直流包括 4 台三绕组换流变压器）；直流控制保护模型采用 HYPER-SIM 内置控制器。

5. 仿真试验结果示例

以奉贤—远东线路 N-1 单相永久（单永）故障为例。故障发生前交直流系统稳定运行，奉贤—远东 4 回线输送有功功率 5917MW，奉贤母线线电压有效值为 508.86 kV（0.969p.u.），远东母线线电压有效值为 509.21kV（0.970p.u.）。奉贤—远东线路奉贤侧发生 N-1 单永故障时，华东共 7 回直流发生换相失败，各直流换相失败时间及直流功率恢复情况见表 8-4，故障时特高压直流系统波形如图 8-9、图 8-10 所示，故障清除后交直流系统能够恢复稳定运行。

**表 8-4　各直流换相失败时间及直流功率恢复情况**

| 直流名称 | 复奉 | 锦苏 | 宾金 | 林枫 | 葛南 | 宜华 | 龙政 |
|---|---|---|---|---|---|---|---|
| 直流是否发生换相失败 | 是 | 是 | 是 | 是 | 是 | 是 | 是 |
| 换相失败次数 | 2 | 2 | 2 | 3 | 2 | 2 | 1 |
| 换相失败持续时间（ms） | 74/68 | 44/57 | 38/18 | 35/35/34 | 50/45 | 37/37 | 37 |
| 故障发生至直流功率恢复至故障前 90%时间（s） | 1.313 | 0.657 | 1.332 | 1.350 | 1.423 | 1.329 | 0.416 |

注　“/”：每次换相失败持续时间用此符号隔开。

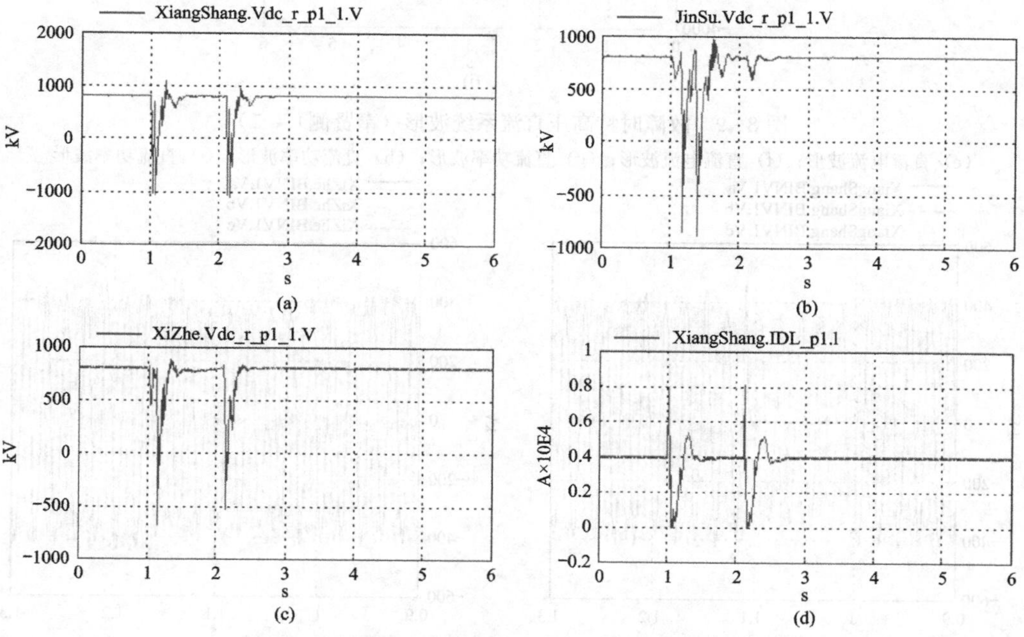


图 8-9　故障时特高压直流系统波形（奉贤侧）（一）

（a）复奉极 1 直流电压波形；（b）锦苏极 1 直流电压波形；（c）宾金极 1 直流电压波形；（d）直流电流波形

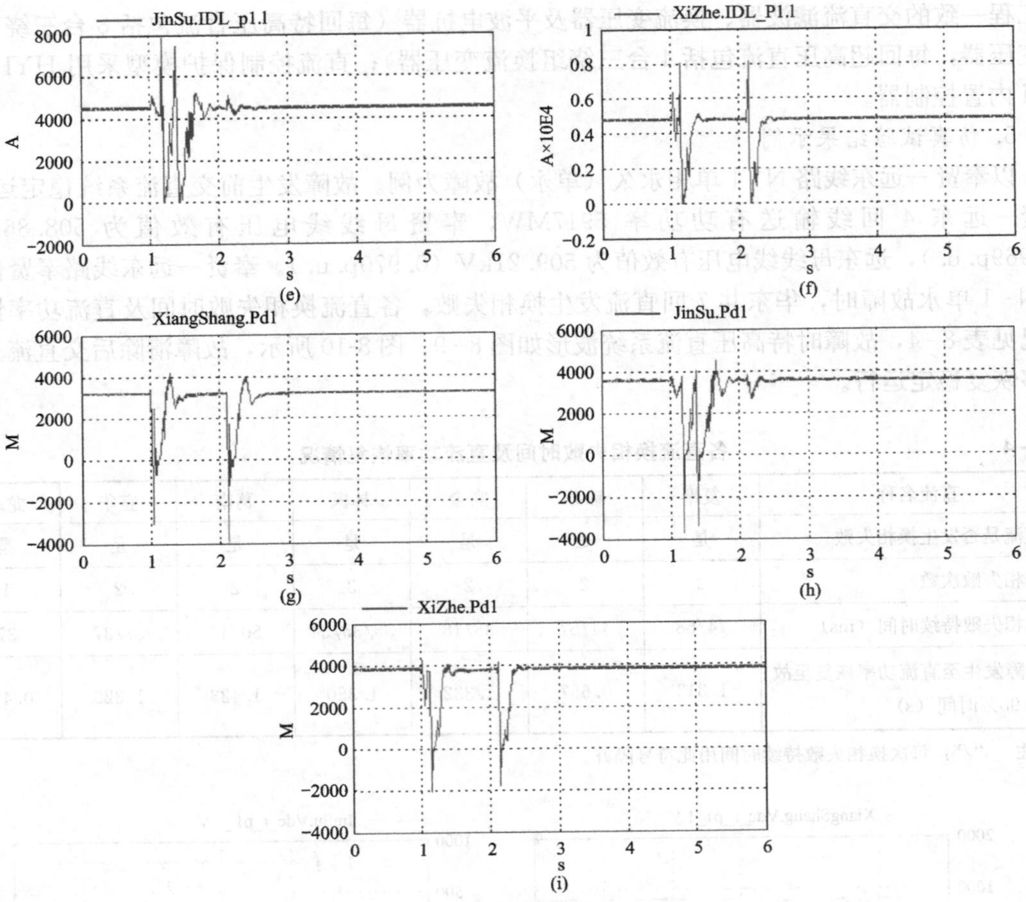


图 8-9 故障时特高压直流系统波形（奉贤侧）（二）

（e）直流电流波形；（f）直流电流波形；（g）直流功率波形；（h）直流功率波形；（i）直流功率波形

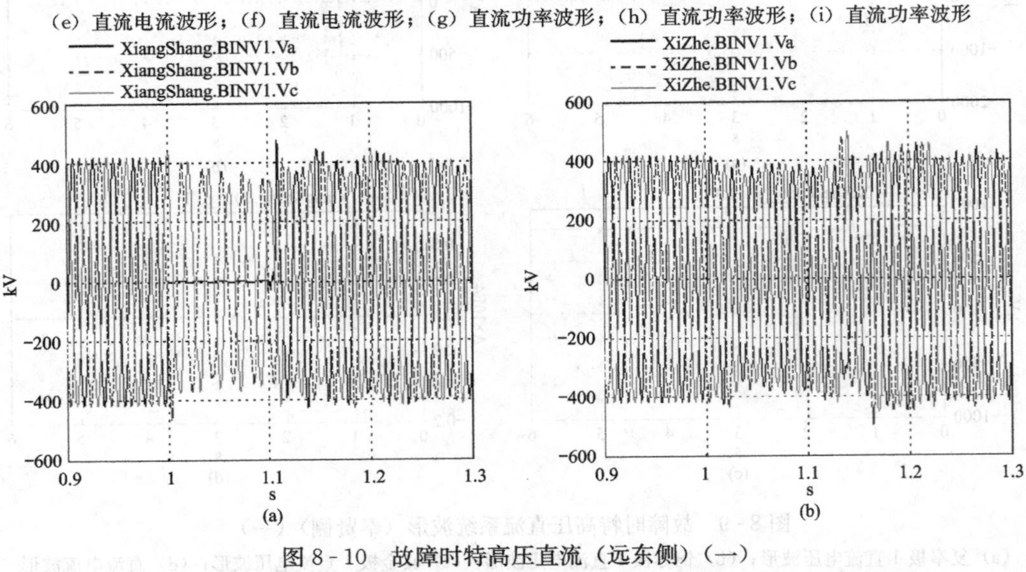


图 8-10 故障时特高压直流（远东侧）（一）

（a）复奉直流逆变侧换流母线三相电压波形；（b）锦苏直流逆变侧换流母线三相电压波形

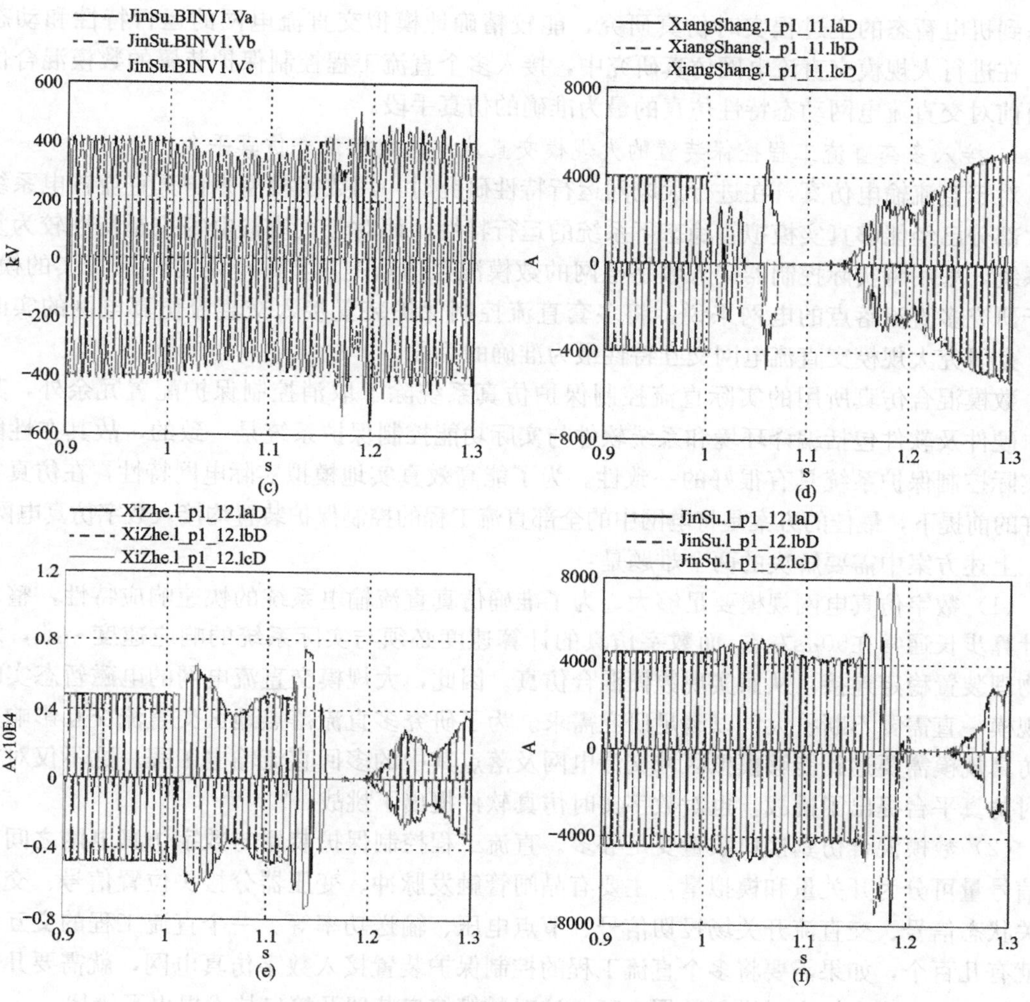


图 8-10　故障时特高压直流（远东侧）（二）

（c）宾金直流逆变侧换流母线三相电流波形；（d）复奉直流阀侧三相电流波形；
（e）锦苏直流阀侧三相电流波形；（f）宾金直流阀侧三相电流波形

## 第四节　新一代电力系统数模混合仿真平台

随着特高压电网的快速发展，国家电网呈现出交直流混联的显著特征，在传统交流系统运行特性基础上，交直流之间、多回直流之间的相互耦合，直流送受端间的相互影响等新特性逐渐显现，并随着直流输电规模的提升日趋复杂，已成为影响大电网安全稳定的关键因素。准确认识和把握交直流电网的机理、特性，关乎特高压电网安全和运行效率，是发展规划、调度运行必须着重考虑的问题。电能生产、消费的实时平衡与电网安全的重要性，决定了不可能通过在实际电网中进行试验的方法认知电网特性，只能依靠仿真。针对我国目前特高压交直流电网的实际情况，在进行电网安全稳定仿真研究时，需对直流输电工程动态特性的仿真提出更高需求。电力系统数模混合仿真兼有物理和数字仿真技术特点，可进行从电磁暂态到机电暂态的全过程实时仿真研究，能较精确地模拟交直流电网的运行特性和动态过程。在进行大规模交直流电网仿真研究中，接入多个直流工程控制保护装置的数模混合仿真是目前对交直流电网动态特性仿真的最为准确的仿真手段。

1. 接入多套直流工程控保装置的大规模交直流电网数模混合仿真平台

对于直流输电仿真，在进行大电网运行特性研究时，用数字模型来仿真直流输电系统的一次部分已经能够真实模拟暂稳态下系统的运行特性，而对于直流输电等控制特性较为复杂的系统，采用将实际控制器接入数字电网的数模混合仿真是对实际电网特性最真实的模拟。对于研究多直流落点的电网来说，将多套直流控制保护装置接入交直流仿真电网的实时仿真，是研究大规模交直流电网交互特性最为准确的手段。

数模混合仿真所用的实际直流控制保护仿真系统除了取消控制保护配置冗余外，其结构、硬件及软件包括编译环境和系统软件与实际功能控制保护系统是一致的，故其在性能上与实际控制保护系统具有很好的一致性。为了能高效真实地模拟实际电网特性，在仿真技术允许的前提下，最佳的方案是将电网中的全部直流工程的控制保护装置均接入数字仿真电网。

上述方案中需要解决的两个难题是：

(1) 数字仿真电网规模要足够大。为了准确仿真直流输电系统的快速响应特性，整个仿真计算步长通常在50$\mu$s左右，而数字仿真的计算速度必须与实际系统的响应速度一致，才能与物理装置稳定连接，从而实现数模混合仿真。因此，大规模交直流电网的电磁暂态实时仿真规模一直需要不断扩大，以满足研究需求。为了研究多直流落点地区交直流交互影响，电网仿真规模需要达到能够模拟区域交流电网及落点其中的多回直流输电工程。这不仅对数字实时仿真平台提出了挑战，也对数字实时仿真软件提出了挑战。

(2) 数模混合仿真接口数量要足够多。直流工程控制保护装置与数字仿真电网之间交互的信号量可分为开关量和模拟量，主要有晶闸管触发脉冲、变压器分接头位置信号、交直流开关状态信号、交直流开关场投切信号、节点电压、输送功率等。一个直流工程的交互信号量就有几百个，如果需要将多个直流工程的控制保护装置接入数字仿真电网，就需要几千个数模接口，并要求均实时进行数据交互。这对数模接口装置及接口技术提出了挑战。

鉴于以上难题，提出的能够接入多套直流工程控制保护装置的数模混合仿真平台基于商用并行机，其各 CPU 的结构与计算能力完全相同，仿真给定电网时，可以实现自动分网，自动计算所需 CPU 数目或仿真的最小步长。考虑到各 CPU 的计算速度及多 CPU 之间的通信速度要求，目前选择的是 SGI 超级计算机最新产品 SGI UV300，其有的采用 NUMAFlex 体系，单一操作系统，所有处理器共享内存，具有通信速率快、管理简单、运算效率高、易于编程等特点。目前，选择的仿真软件是加拿大魁北克水电局研究院研发的 HYPERSIM 实时仿真软件。HYPERSIM 的软件核心为 EMTP 程序，这是国际通用的是电磁暂态仿真程序。HYPERSIM 代码生成器用来分析网络拓扑，分解线路、母线、控制元件及其子系统为不同的任务，自动将任务合理分配给各并行处理器，使各任务之间通信负担最小。测试表明，基于 SGI UV300 平台，HYPERSIM 可利用 200 个计算核进行电网电磁暂态实时仿真，仿真规模可达到 800 台发电机，6000 条三相输电线路，10 回直流输电系统，完全满足对多直流落点区域电网的仿真需求。

SGI 超级计算机的每个计算处理单元均配备一定数量的通用 PCIE 插槽，用于插入与数模接口板卡。以 SGI UV300 为例，一个计算处理单元含 40 个计算核，最多配置 12 个 PCIE 插槽。经过测试，使用 2 个计算处理单元即可同时连接接入华东地区的 8 回直流输电工程控制保护装置并实时交互数据。

新一代电力系统数模混合仿真平台的核心是电磁 - 机电暂态数字实时仿真装置，通过数模混合接口与实际直流输电控制保护装置、交直流协调控制装置、FACTS 控制器、新能源控制器等多种控制器连接，形成闭环大电网实时仿真环境，如图 8 - 11 所示。

2. 新一代数模混合仿真平台的功能定位

数模混合仿真用于解决仿真精确性的问题，定位为大电网“校准时钟”。具有以下四方面功能：

(1) 特高压交直流混联电网特性认知及运行决策，包括对交直流、多直流相互影响下大电网机理特性的仿真揭示，极限工况校核以及电网故障分析及应对措施制定。

(2) 直流输电工程控制保护试验研究，包括直流控制保护优化与校核，直流控制保护更新校核与认定以及直流控制策略优化。

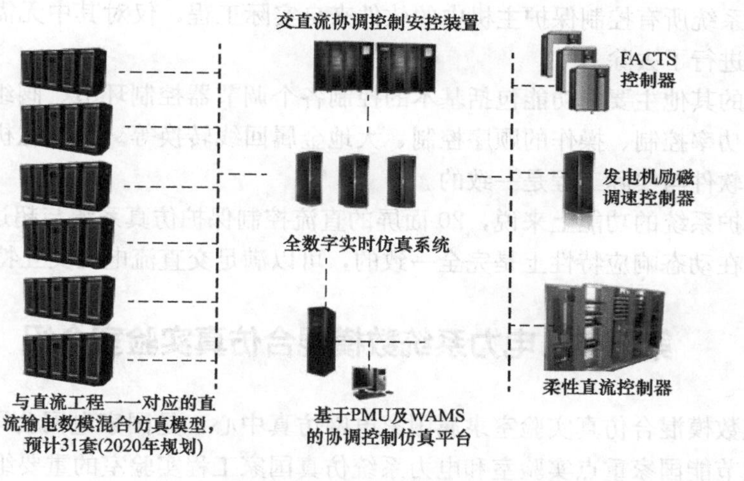


图 8 - 11　新一代数模混合仿真平台示意图

(3) 新技术、新装置应用研究验证，包括对现有数字仿真模型校准和 FACTS、柔性直流等装置建模验证。

(4) 技术培训，包括调度运行人员业务培训和电力系统新技术培训。

随着特高压交直流电网建设进一步推进，输送能力大幅提高，系统特性发生显著变化，电网中交直流相互作用、送受端相互影响加剧，如何准确分析系统特性并进行有效控制，是电网安全运行面临的严峻挑战。国家电网的不断发展、演化，迫切需要仿真工具在现有基础上大幅提升，建立相应的仿真平台，以实现对电网未来特性全面、清晰、深入的认知、分析。

3. 直流输电工程控制保护仿真装置简化原则

实际直流输电工程控制保护屏柜的总数量超过 200 面，这是因为实际控制保护系统进行了分区控制及保护，每个区域均配置了控制保护系统，而且每个区域均配置了三套保护系统，采用三取二的动作策略，每套保护的测量回路是独立的；同时控制系统配置互为备用的两套系统，每套控制系统的测量回路均是独立的。从软件上来说，互为备用的控制主机软件是一样的。

对于直流输电数模混合仿真模型中使用的实际控制保护装置来说，无需考虑运行的可靠性及测量回路的独立性，因此可以在确保与现场控制保护装置动作特性一致的前提下，进行大幅简化。简化原则是：

（1）所有分区的控制保护系统均保留一套，每套包含一套主机，主机所含的软件略做修改，如保护主机去除三取二逻辑，控制主机去除切换功能。同时同极的控制保护主机、同换流器的控制保护主机布置在一面屏中，从布局上尽量减少屏柜数，对于一个特高压工程来说，两站最终的控制保护主机屏柜数约为13～14面。

（2）测量回路集成在6～8面屏柜中，包含所有的测量回路保护输入、输出信号处理板卡及对应的接线端子屏柜。

屏柜数量的减少并不意味着功能大量缩减，仿真系统的整体结构与实际控制保护系统还是一致的，包括双极区域控制保护、极区域控制保护、换流器区域控制保护；同时实际直流控制保护仿真系统所有控制保护主机中的软件来自实际工程，仅对其中无需在实验室进行试验验证的部分进行了去除。

控制主机的其他主要的功能包括基本的控制各个调节器控制环节、阀组投退控制、分接头控制、无功功率控制、操作的顺序控制、大地金属回线转换等。保护主机除了三取二逻辑不起作用外，软件与实际工程是一致的。

从控制保护系统的功能上来说，20面屏的直流控制保护仿真系统与超过200面屏的实际控制保护系统在动态响应特性上是完全一致的，可以满足交直流电网交互特性的研究需要。

## 第五节　电力系统数模混合仿真实验室介绍

电力系统数模混合仿真实验室隶属国家电网仿真中心，是国家电网公司重点实验室，也是电网安全与节能国家重点实验室和电力系统仿真国家工程实验室的重要组成部分。

该实验室主要研究工具是数模混合式电力系统实时仿真装置。它采用先进的数字和物理模型组合技术，既能发挥数字实时仿真规模大等特点，又能充分利用物理仿真装置精确度高的特点，构成兼有物理和数字技术特点的实时电力系统模型，可进行从电磁暂态到机电暂态的全过程实时仿真研究，能比较精确地反映交直流系统的物理现象，是认知大电网运行机理特性的基础平台；是支撑直流工程建设和运行的强有力工具，作为大电网仿真校准钟，为其他仿真手段提供准确的计算参考。实验室仿真规模如下：

（1）含576个处理器并行超级计算机SGI为平台的高性能数字实时仿真系统，能够进行电磁-机电混合的实时仿真。

（2）拥有19套实际在运直流工程控制保护装置，并与实际工程同步更新。

（3）拥有基于电压源换流器（VSC）的柔性直流输电系统控制保护装置。

（4）拥有双极直流输电系统物理仿真模型。

（5）充足的与实际系统控制器接口装置，具备将多个控制器（直流输电、FACTS、励磁等）接入实时仿真电网进行协调控制相关试验研究的能力。

（6）拥有可控高抗（高压并联电抗器）、SVC、TCSC、STATCOM 等多种 FACTS 控制器。

（7）拥有可模拟不同结构安控系统功能的试验平台。

（8）拥有基于 WAMS 的协调控制闭环仿真平台。

（9）拥有交直流电网实时仿真集中监控平台。

（10）拥有三相四线输电线路模型 180 组。

（11）拥有多套变压器、高压并联电抗器、可变负荷等模型。

实验室实现了数字实时仿真与物理仿真装置双向功率传输技术的应用，填补了国内外该领域的空白，具备研究新技术和新装置接入大电网的特性及控制策略检验和优化；实现了不同电力系统分析软件在统一超级计算机上采用不同计算步长的联合仿真；实现了多套直流输电工程控制保护装置同时接入数字交直流大电网的实时电网，数模混合仿真技术国际领先，该实验室的软硬件构成如图 8 - 12 所示。

实验室主要研究领域是：特高压交直流混联电网运行特性实时仿真，特高压交直流混联电网协调控制策略仿真校核，直流工程控制保护参数与策略的优化与校核，直流工程控制保护参数与策略的更新校核与认定，电网故障再现及解决措施仿真，新技术新装置在电网中的应用，国家级、公司级重大科技项目的仿真研究与验证。

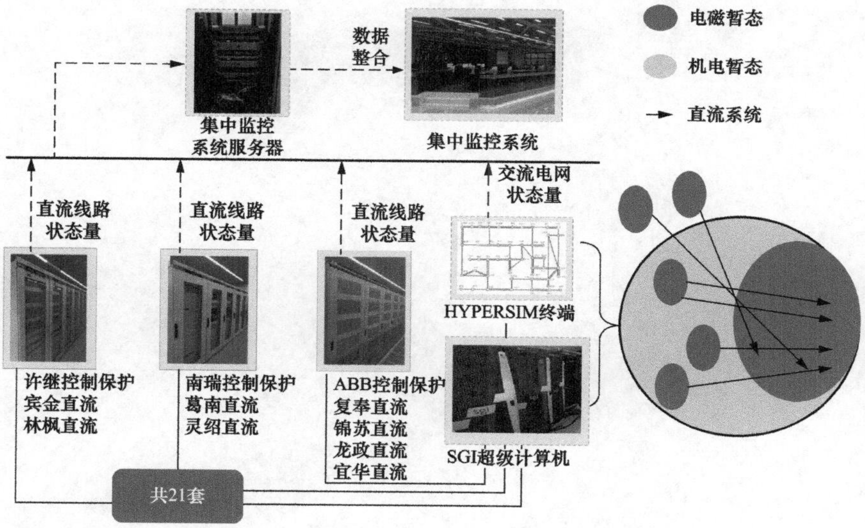


图 8 - 12　电力系统数模混合仿真实验室的软硬件构成

实验室从成立以来，培养了一批批优秀的专家，拥有一批具有坚实理论基础和实践经验的专家学者在实验室从事相关工作。一名优秀的电力系统数模混合仿真研究人员，应当具备以下综合素质：

（1）扎实的电力系统理论基础。

（2）深入了解直流输电理论及应用。

（3）对硬件设备的充分认识。

（4）丰富的电磁暂态建模经验。

（5）丰富的实时仿真经验。

（6）较强的分析定位问题的能力。

（7）足够的耐心和坚定的信念。

近年来，实验室开展了全国联网特高压交直流混合输电系统规划方案、华东等直流多馈入系统交直流相互影响、大电网安全稳定性控制技术、柔性直流输电、多端直流输电、新能源入网等方面的试验研究工作，还对一系列国家重点交直流输电工程开展了系统调试和投运的关键技术试验研究，为工程的顺利投运与安全稳定运行提供了坚强的技术支撑，在以三华特高压电网为核心的大电网规划、特高压交直流示范工程建设、西北新疆联网工程和大电网安全稳定运行中发挥了巨大的作用。

# 第九章　电力系统动态模拟的基本原理

## 第一节　概　　述

电力系统动态模拟是根据相似性原理，在实验室用小型物理系统模拟实际电力系统的动态过程，是研究电力系统运行状态和电磁及机电过渡过程问题的有效方法之一。电力系统规模庞大，且处于实时运行状态，在实际电力系统中进行试验受到了很大制约，不可能随时进行类型多样的重复性试验。而电力系统动态模拟是对原型电力系统进行研究、设计和运行的一个重要的试验工具，它和其他各种研究计算工具相互结合，对于电力系统各种复杂物理现象的阐明和定量的研究，以及对新型电力设备的开发和应用都起着极为重要的作用。在电力系统研究领域内，动态模拟的方法和应用技术得到了很大的发展，对研究和解决电力系统各种复杂问题发挥着重要作用。

1. 电力系统动态模拟的基本理论

动力学系统中的物理模拟是建立在相似原理基础之上反映实物物理过程的模拟仿真技术，电力系统的动态模拟也是根据相似原理，保证在模型上所反映的过程和实际系统中的过程相似，模型上的过程和原型的过程具有相同的物理实质，对电力系统在实验室中进行特性相似模型的研究，以便研究者可以完整、连续和实时地观察到电磁暂态、机电暂态和中长期动态全过程，最终得到明确的物理概念和规律。

如前所述，相似原理是所有物理模拟的理论依据，也是电力系统动态模拟原理的理论基础，它指出了相似现象间的关系，提供了要使模型与原型系统中的物理现象相似的充分和必要的条件，相似原理建立在三个基本定理的基础上。

（1）相似定理一：相似现象之间所具有的相似判据在数值上是相等的。

（2）相似定理二：假如一个物理系统是由 $N$ 个量纲不同的物理量组成，物理过程的关系由如下方程式决定

$$F(X_1, X_2, \cdots, X_N) = 0$$

式中：$X_N$ 为构成一个物理系统的 $N$ 个量纲不同的物理量。

上式 $N$ 个物理量中有 $K(K \leqslant N)$ 个是互相独立的，另有（$N-K$）个是不独立的，则表示这一物理现象的方程式也可以用（$N-K$）个无量纲的比例系数完全表达出来，而这些无量纲的比例系数就是相似判据（通常用 $\pi$ 表示）。

（3）相似定理三：如果现象之间的单值条件相似，且这些单值条件所组成的相似判据在数值上相等，则这些现象是相似的。单值条件是指一个现象从一群现象中区别出来时所需要的条件。

定理一说明如果两个系统相似，则这两个系统的对应变量和参数在整个动态过程中应分别保持一个固定的比例值，即模拟比。定理二指出如何利用量纲分析法找到描述一个物理现

象的相似判据的个数，并确定这些判据的表达式。定理一和定理二给予了我们决定所观察的现象是否相似的条件，定理三一方面使这些条件更确切，另一方面可证实当现象单值条件和由单值条件所组成的判据在数值上相等时，这些现象是相似的。按照此定理，在决定相似条件时，应该找出属于单值条件中决定性的判据，如果这些决定性判据相同，即可认为满足了相似，在相同的决定性判据下，必然会得到相同的结果。

除了以上三个相似定理外，还有四个补充条件，对实现电力系统的动态模拟有着重大的意义。

（1）由若干个系统组成的复合系统，只要单个系统分别相似，且各个系统的边界条件是相似的，那么复合系统相似。

（2）适用于线性系统的相似条件，可推广至非线性系统中，只要对应的非线性参数的相对特性是重合的，即该可变函数对于某一变量的函数关系也是相似的。

（3）适用于各向同性或均质系统的相似条件，可以推广到各向异性和非均质系统中去，只要在所比较的系统中对应的各向异性和非均质特性是相对一致的。

（4）几何上不相似的系统，其物理过程可以相似，而且系统空间中的每一点都可在其相似系统的空间中找到完全对应的点。

从应用角度出发，相似可分为几何比例相似、特性比例相似、感觉相似、逻辑思维方法相似、微分方程的数值解法及离散相似等类别，电力系统动态模拟理论是根据特性比例相似原则建立的，这个原则可以理解为实际系统与模拟系统具有相同的无量纲（标幺值）方程。因此，为了真实反映原型中的过程，在电力系统原型和模型之间，必须保证两个系统用标幺值写成的过渡方程相同，由此条件可进一步导出一系列的相似判据。若模型系统与原型系统间对应的每一个元件都相似，而且连接处的边界条件和起始条件也相似，则两个系统也是相似的。因此，动态模拟的各元件模型在设计上一般只考虑模拟电路特性及参数的相似，而没有考虑几何空间场的相似。只要能准确模拟系统中的每一元件及其相互间的连接关系，组合起来的复杂电力系统也就能够被准确模拟。

电力系统动态模拟的实质是根据相似原理建立起来的电力系统物理模拟，把实际电力系统的各个部分（如发电机、变压器、输电线路、负荷等）按照相似条件设计，建造并组成一个电力系统模型，复制电力系统的各种运行情况，用以代替实际系统进行各种正常与故障状态的试验研究。

*2. 动态模拟技术的发展历程*

（1）技术发展初期阶段（1917—1935 年）：利用普通同步电机作为模型电机，输电线路采用了等值的“Π”型元件模拟，对原动机和变压器都没有进行模拟。这种模型主要用来进行稳态运行情况的研究，在动态试验中不能给出准确结果。

（2）技术发展成熟阶段（1936—1960 年）：随着电力系统相似理论的研究和发展，研究人员得到了精确模拟的相似条件。在普通同步电机的基础上改制成为模型电机，并进一步发展，专门设计、制造出特殊结构的模型电机，大部分参数的模拟都得到了满足。包括短路附加损耗在内的各种参数，都得到了很好的模拟，而且其参数可以在相当大的范围内调节，保证了模型的通用性，使同步电机的物理模拟和整个电力系统的模拟技术得到进一步的发展并逐步成熟。

（3）技术稳定阶段（1961—1980 年）：动态模拟技术发展平稳，理论基础基本完善，各研究机构的实验室维持在一定规模，在电力系统研究中发挥着重要作用。

(4) 技术创新阶段（1981年至今）：随着世界范围内电力系统的快速发展，电力系统规模更为庞大、复杂程度更高。同时，随着电力系统分析与研究的不断进步，使得许多新型电力设备、元件及控制技术开始在系统内得到广泛的应用。为深入研究这些设备、元件及控制技术的特性，及其对电力系统整体性能的影响，动态模拟技术也不断地发展与创新。针对超、特高压输电系统、新型电力电子设备、风力发电等技术设计并制造了相应的动态模拟元件及系统，并随着电力系统技术的发展而不断更新。

3. 动态模拟系统的作用

随着电力系统动态模拟技术的发展，动态模型成功地完成了大量的科学研究和试验工作，而且它的运用范围还在不断地扩展，具体体现在以下方面：

(1) 它能研究实际运行系统中出现的各种非正常运行状态，进行事故分析，提出分析结论及预防措施。

(2) 它能研究交直流互联系统在正常和故障时的运行情况下，直流系统对交流系统稳定的影响，以及它们各自的调节与控制原则。

(3) 它能研究系统在各种运行情况下继电保护及安全自动装置的动作行为。

(4) 它能研究大电机接入对系统运行的影响，研究同步电机的频率特性、系统非同步运行和再同步过程。

(5) 它能研究同步电机励磁系统、制动对系统稳定的影响，以及和其他提高稳定的措施如强行励磁、强力调节、自动重合闸等的配合规律。

(6) 它能研究发电机、变压器和同步调相机的工作状态以及其稳定条件，研究无功补偿与调压问题以及静止补偿器的应用。

(7) 它能研究电力系统各种负荷特性以及对电力系统稳定的影响，包括特殊负荷问题如冲击负荷、整流负荷等。

(8) 它能研究其他新技术的应用与发展，如特高压输电技术、FACTS、智能变电站技术、新能源接入系统相关技术等。

认识电力系统中的出现的各种问题，研究其中的内在规律，常受到客观条件的限制而只能进行模拟试验研究。而对于许多单纯利用数字仿真软件无法进行的试验研究，只能采用动态模拟的方法加以实现。电力系统动态模拟技术的发展，对电力系统研究领域内的一些复杂和新问题的了解与解决起了很大的推动作用。虽然计算机技术的发展促使数字仿真技术在电力系统中发挥的作用越来越大，但动态模拟将继续保持它应有的独特地位，它具有的一系列的特点，使其在电力系统的科学研究与实践中发挥着不可替代的作用。

(1) 许多在实际环境中难以进行的试验观测，可以通过动态模拟实验在模型上直接观察到现象的物理过程，研究的结果具有明确的物理概念，并可以很方便地对电力系统特性和各种过程进行定性研究。

(2) 随着电力系统物理模型设计方法不断改进和精确度更加精准，动态模拟不仅可以完成对电力系统特性和过程的定性研究，而且也可以进行一定精确度的定量研究。

(3) 由于对某些新问题或物理现象认识上的局限性，不能完全用数学公式表达或者还没有一套求解数学模型公式的方法时，利用动态模拟的方法可探求现象的本质。动态模拟的试验结果还可以用来校验电力系统的理论和计算公式，以及在建立数学模型时各种假设的合理性，并为理论简化确定标准，进而使理论得到进一步的完善和发展。

(4) 对于许多还处于设计阶段，并没有真正建立起来或投入应用的新型元件或技术，动态模拟实验可以对它们的特性进行全面的观察，甚至可以研究它们的内部过程，是获取第一手资料和研究结果最为有效的手段。

(5) 动态模拟系统可以接入实际电力元件，可以直接研究自动装置和控制系统，研究新型调节装置、继电保护以及其他新的装备和元件，研究它们的控制效果和实际作用。

(6) 动态模拟系统可以在较短时间内观测到各种动态参量变化全过程，并估计各个元件及参数对系统行为的影响。

动态模拟系统也有它的不足之处，如难以模拟大规模电力系统，模型元件必须专门设计制造，加工比较困难，建模时间长等。所以，应根据研究的对象和问题，综合考虑数字仿真和动态模拟各自合适的应用范围和特点选择最适合的研究方法。

## 第二节　动态模拟关键技术

动态模拟适合于模拟研究电力系统中各种参数和时间过程的关系，一般的情况不考虑各量空间场上的分布，因此可以不考虑物理模型的几何相似，采取特殊的设计方法来获得参数的模拟，这样，可以避免由于利用小尺寸的元件模拟大型电力系统元件而产生的许多困难。考虑模型在设计和制造上的方便，可以根据不同的问题，确定最主要的、对研究结果影响最大的参数进行准确的模拟。因此，要满足模拟系统与实际系统的相似，实质上就是使模型设备阻抗标幺值与原型设备阻抗标幺值相等，以便尽量使模拟系统中的各元件具有与原型系统一样的特性，进而保证由它们组成的模拟系统能够准确反映实际系统的特性。要使模型系统与原型系统参数特性完全一致，实际上是做不到的，动态模拟相似是局部的、近似的相似，其主要参数是相似的，模拟出的过程和现象能够满足准确度要求。

进行动态模拟系统设计时，首先要确定模拟比的选择原则。由相似定理可知，相似判据是相似理论中的重要组成部分。相似判据是无量纲的，用于说明某些物理现象中各物理量之间的关系，电力系统的动态模拟必须以相似判据为依据，求得相似判据就得出相似指标，同时也决定了动态模拟比的选择条件。确定相似判据的方法有量纲分析法和分析方程式法（包括比例系数法、积分相似法和标幺值相等法）。可以应用这些方法，并通过对基本电磁过程的分析得到电磁过程之间的相似判据，再将这些判据具体应用到电力系统动态模拟中去。

所有满足基尔霍夫定律的电力系统的特性都可以表示为

$$F(R,L,C,U,I,t)=0 \qquad (9-1)$$

式中：$R$、$L$、$C$、$U$、$I$、$t$ 分别为电阻、电感、电容、电压、电流和时间。通过简单数学推导不难求出方程中独立的物理量个数为 3，由相似定理二可知，系统的相似判据个数为 3。根据电路基础理论，我们知道所有电力系统都是由电阻、电感、电容构成的，并且可由电阻、电感、电容元件的欧姆定律表达式复合而成，因此，电力系统的基本表达式为

$$
\begin{aligned}
U &= RI \\
U &= L\frac{\mathrm{d}I}{\mathrm{d}t} \\
I &= C\frac{\mathrm{d}U}{\mathrm{d}t}
\end{aligned} \tag{9-2}
$$

由此可以得出系统的三个相似判据为

$$
\begin{aligned}
\pi_1 &= \frac{RI}{U} \\
\pi_2 &= \frac{LI}{Ut} \\
\pi_3 &= \frac{CU}{It}
\end{aligned} \tag{9-3}
$$

对应于动态模拟比的相似指标为

$$
\begin{aligned}
\frac{m_{\mathrm{R}}m_{\mathrm{I}}}{m_{\mathrm{U}}} &= 1 \\
\frac{m_{\mathrm{L}}m_{\mathrm{I}}}{m_{\mathrm{U}}m_{\mathrm{t}}} &= 1 \\
\frac{m_{\mathrm{C}}m_{\mathrm{U}}}{m_{\mathrm{I}}m_{\mathrm{t}}} &= 1
\end{aligned} \tag{9-4}
$$

式中：$m_{\mathrm{R}}$ 、$m_{\mathrm{L}}$ 、$m_{\mathrm{C}}$ 、$m_{\mathrm{I}}$ 、$m_{\mathrm{U}}$ 、$m_{\mathrm{t}}$ 分别为 $R$、$L$、$C$、$U$、$I$、$t$ 的动态模拟比，且 $m_{\mathrm{R}} = m_{\mathrm{L}} = \frac{1}{m_{\mathrm{C}}} = m_{\mathrm{Z}}$ ，$m_{\mathrm{Z}}$ 为模拟阻抗比。

考虑到动态仿真的实时性，$m_{\mathrm{t}} = 1$ ，则可得出

$$
\frac{m_{\mathrm{Z}}m_{\mathrm{I}}}{m_{\mathrm{U}}} = 1 \tag{9-5}
$$

式(9-5)即为电力系统动态模拟比的关系式，也是进行动态模拟系统设计时模拟比的选取原则。

确定了动态模拟比的选择原则后，需要解决模拟系统的设计中最基础的问题：同步发电机的模拟、输电线路的模拟、动态模拟系统线路电压的选择及动态模拟系统频率的选择，处理好这几个问题就抓住了动态模拟系统的建模关键。

1. 同步发电机的模拟

同步发电机是电力系统中的主要电源，其机械动力学运动状况决定了系统的功率变化规律，所以同步发电机的模拟是整个动态模拟系统的关键。由动态模拟比的选择原则可知，一旦动态模拟系统的电压、电流与实际系统的模拟比确定后，阻抗基准值的模拟比随之确定，根据相似定理三，模型与原型的电气参数标幺值应该相等（实时模型的惯性时间常数有名值相等）。动态模拟的出发点是以小容量、低电压的电气元件来对大容量、高电压的同类实物元件进行模拟。使用小型同步电机模拟大型装置时各种复杂因素相互制约，相互影响，有些参数和特性很难满足要求，要采用如下的方法予以调整：①采用外加补偿；②改变标幺值的基值来改变整个系统的标幺值；③各部分模拟装置之间相互补偿，以近似求得整体的性能和参数满足要求。

同步发电机模型的设计除了要满足上述所提的参数和特性要求外，还有一个重要因素，

就是机组容量的选取问题。模型容量太小，将会引起一系列技术上的困难，首先是参数的模拟问题，利用小容量的模型电机得到满意的参数模拟比较困难，特别是电机的短路附加损耗随着基准容量的减小而增加。此外，减小机组容量也就减小了整个模型的功率，相对增加了测量设备的功率比重，这些功率往往可以和系统有效电阻的功率相比拟，严重影响在模型上试验的准确性，特别是影响模型上所发生的动态过程。但增大模型机组的容量，不仅增加了电机本身的材料消耗，而且也增加了整个系统模型设备和附属设备的容量，以及实验室的电源容量，所有这一切都会使实验室的投资大大提高。因此，模型机组容量的选取是直接影响整个模拟系统的一个重要因素。综合考虑各方面的要求，模型发电机的容量一般认为在5～30kVA比较合适。

2. 输电线路的模拟

输电线路分布参数的模拟是整个动态模拟系统中的重点，在实验室中，要实现分布参数的物理模型是十分困难的，动态模拟系统中线路的模拟不可能采用分布参数的精确物理模拟。在只要求线路上某些点的电压与电流随时间的变化过程与实际系统相似的情况下，采用四线制等值分段集中参数单元链接的方式完成对输电线路的模拟。这种模拟接线与实际线路情况并不一致，或者说是非几何相似的，实际输电线路的零线（中性线）中只有地电阻没有电抗元件，但在模拟线路的零线中要接入电抗元件来补偿模型零序电抗的不足。其本质是对输电线路相间互感的解耦，并在零回路中进行补偿。该模拟方法只是改变了零序电压的分布，而从线路两侧看线路参数仍然是等效的。

以集中参数的等值链形电路来模拟输电线路，会引起某些电气量畸变，频率越高误差越大，集中参数单元所代表的线路长度越长误差也会相应增加。但这并不是说线路长度越小越好，因为随着集中参数单元模型连接数目的增加，元件模拟中存在的固有误差也会累积增加。

3. 动态模拟系统线路电压的选择

动态模拟系统的线路电压选择的不仅会直接影响整个动态模拟系统中模型的设计、加工和系统的组建，还会影响系统模拟特性的准确性。电压等级选择过高对绝缘要求高，使运行不安全，给试验研究也带来诸多不便。同时，电压的升高也会使模拟设备的造价和体积增加，并且当电压太大时，用来模拟线路断路器的低压交流接触器不易断弧，电流的切断需要较长时间，这样会使模拟现象发生扭曲。另外，在系统模拟容量一定的情况下，线路电压过大还将使电流减小，影响二次回路某些元件的动作灵敏度。如果模拟系统线路电压选择过小，运行安全，对断路器的要求相对较低，二次回路某些元件灵敏度相对提高，同时也产生了其他不利因素，其中一个重要的问题就是各连接点的接触电阻对模拟系统的影响。从变压器到受端线路模型有许多连接点，这些连接点的接触电阻在线路电压降低时，将在全部线路电阻中占一定的比例，同时，接触电阻受外界影响大，不够稳定；模型线路电压选取太小时，线路电流增大，则需要增加线路导线半径，这将使线圈的绕制和元件的连接及调整很不方便。结合国内外的实际经验，动态模拟系统的线路电压一般选择在800～2000V。为了满足试验研究的灵活性要求，根据具体研究对象的不同和模型电机容量的不等，动态模拟系统的线路额定电压应该可以做适当的调整。

4. 动态模拟系统频率的选择

从相似理论的观点来看，动态模拟系统中的频率基值，即原型与模型变化过程的时间比例尺，可以是任意的，只要最后能满足各相似判据中所要求的原型与模型间的相似关系即可。在动态模拟中，提高频率可以大大缩小模型电机和其他元件的体积，同时还可以使需要模拟的某些参数（如电抗）更加容易满足要求。但是，在电机模拟中最难满足而且也是最重要的参数，是电阻和损耗，他们的值在提高频率后却大大增加了，使其更难于满足模拟的要求。另外，改变时间比例尺，动态模拟系统将失去实时性，容易产生调节和控制过程上的失真。所以，动态模拟系统的时间模拟比 $m_t = 1$，即动态模拟系统的频率基值选择工频 50Hz。

## 第三节　电力系统动态模拟实验室构成

1. 电力系统动态模拟实验室概况

电力系统动态模拟实验室是实现模拟技术的载体，为电网安全稳定运行技术、继电保护及安全自动装置性能、新型电力设备的基本原理和性能指标进行试验研究提供平台。实验室应包含发电厂、输电线、变电站、负荷、电力电子设备以及电力系统的相关辅助设备，可建立与实际电力系统等值的模拟系统，实现运行方式的控制、数据的采集和各种故障的模拟。

电力系统动态模拟实验室的规模及设备种类应依据其所进行的科研试验任务及实验室的功能定位来决定。一个功能完备的动态模拟实验室应具备可接入的电源系统、发电机系统、变压器、线路元件、控制开关、电压电流互感器、并联电抗器、分布电容、电阻、电动机、不同的负荷模拟元件、各种电力电子设备、直流输电系统等。在实际实验室的设计过程中，可根据电力系统动态模拟实验室的规模选择配备相应数量的设备，包括模拟容量确定，机组的数量，模拟设备种类，线路长度，电压等级及一、二次设备数量等。在此基础上对未来可能新增的实验室设备留有裕度，以保证实验室的升级能力。

电力系统动态模拟实验室的建立，应密切跟踪电力行业发展动态，服务于电力行业，可进行电力系统二次设备的测试研究和相关前瞻性的试验研究工作，为电力系统分析研究提供有力的技术支撑。

电力系统动态模拟实验室构成示意图如图 9-1 所示。

2. 电力系统动态模拟实验室的主要元件

电力系统动态模拟实验室应该包括的主体设施有电源、发电机组、变压器、负荷、线路元件、电力电子设备、电抗器、互感器、开关、测量系统和控制系统等一系列建立各种模拟系统所需要的主体元件；还可配备一些保证实验室安全可靠运行的辅助设施，如监控系统、安全警示标示、隔离设施等。

（1）电源。可靠的电源系统是电力系统动态模拟实验室必须具备的条件之一。电源容量包括实验室设备所需工作电源和模拟系统所需电源，其中设备所需工作电源包括试验设备和被试设备所需的工作电源，有交流（380、220V）直流电源（24、110、220V 等）；模拟系统所需电源有发电机直流电机的工作电源和等值电源系统。等值电源系统需考虑模拟系统的最大短路容量。考虑上述容量后，电源系统还需留有一定裕度，为实验室发展留有空间。

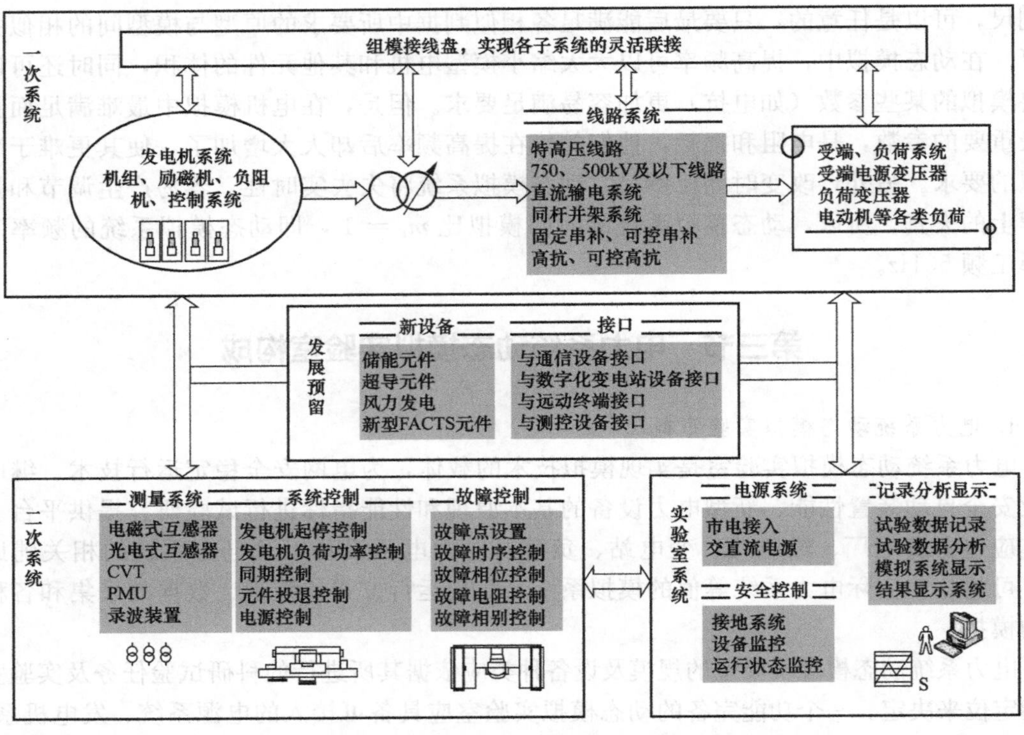


图 9-1　电力系统动态模拟实验室构成示意图

推荐实验室采用独立的电源进线，一般为 10kV 进线，经配电变压器（10kV/380V）进入实验室。为了确保实验室能够顺利进行试验研究，可配两台配电变压器，其中一台备用。

根据实验室规模配备相应台数的电源变压器，即无穷大变压器（简称无穷大电源）用来模拟电力系统电源，经调压器调整至试验所需电压等级，模拟系统的线电压一般在 800～2000V。

用于建立动态模拟系统的无穷大电源在未接入动态模拟系统前，高压侧的谐波电压值应小于额定值的 1.5%；三相短路时的二次电流最大值应达原型水平，单相短路时的零序回路 3 倍电流值应小于三相短路相电流值，短路电流中的非周期分量衰减时间常数不小于 90ms（相当于短路阻抗角不小于 88°）。

无穷大电源三相应平衡，在未接入动态模拟系统前，额定电压下的负序相电压分量应小于 0.5V（二次值），在模拟线路末端三相短路时，负序相电流应小于相电流值的 4%。

(2) 发电机组。模拟发电机组的容量是直接影响整个实验室规模的重要元素，机组数量越多，种类越丰富，越能灵活真实地模拟电力系统，结合实验室规模、面积确定机组容量及与之匹配的直流发电机组、励磁系统和发电机升压变压器。根据实验室功能定位，考虑研究工作的某些特殊要求以及电力系统发展需要，确定模拟机组的种类如汽轮机、水轮机、风力发电机组等多种类型模型机组，合理确定模拟发电机数量。为了研究新型发电机的运行状况，以及其接入系统后对整个电力系统的影响，实验室还需具有特殊的发电机模型。

一般应采用两台及以上发电机组模拟一个发电厂，对大容量有切机要求的发电厂，要求其中一台机组的容量与原型的一台或几台机组等值。

接入220kV及以下系统的最小发电厂容量按100MW考虑，最大发电厂容量按不小于800MW考虑；接入500kV及以上系统的最小发电厂容量按300MW考虑（送电线长度不超过300km）或按600MW考虑（送电线长度超过300km），最大发电厂容量按大于2100MW考虑。

模拟发电机配有自动调压器及调速器，其励磁系统应与原型相似，模拟发电机未接入系统前，高压侧谐波电压应小于额定电压值的1.5%，高压侧发生三相短路时，其短路电流中的非周期分量衰减时间常数应大于100ms。模拟发电机应有匝间短路设置，匝间短路的匝数（与总匝数之比）应在1%～25%。

（3）线路。模拟线路是动态模拟系统中的重要组成部分。模拟线路由线路元件、并联电抗器、并联电容等模拟元件组成。设计模拟线路元件时结合实验室功能定位和需要模拟的实际系统电压等级，确定线路元件的阻抗角。对交流线路的模拟，应与各电压等级的原型线路相符。根据实验室规模来确定线路模拟元件数量和模拟实际线路的长度，在资金和空间许可的情况下推荐设计元件的阻抗角越大越好，这样便于组建不同电压等级的线路模拟系统。模拟低电压等级的线路时，可在线路模拟元件连接时适当串联电阻以减小线路阻抗角。根据线路长度及并联补偿度确定模拟并联电抗器台数和容量，模拟并联电抗器的阻抗角宜大于89.4°。同时，并联电抗器宜采用多抽头设计，通过不同的抽头选择可调节并联电抗器的阻抗值，便于满足不同模型的需求。在其他条件满足要求的情况下，线路元件尽量由多个Ⅱ型等效电路构成，参数分布均匀，可使模型更接近真实情况，且组模方式也更加灵活多样。对于同杆并架线路的模拟要考虑对线间互感的模拟，实验室可根据序参数等值法，使用互感变压器来实现线路间互感的模拟。

原型为100km及以上的模拟线路，应至少由5节以上的等值Ⅱ回路组成，需接入分布电容，在模拟故障点不应装设模拟电容器。100km以下的线路，可适当地减少等值Ⅱ回路的节数，40km以下线路可不考虑装设模拟电容。在接入电流、电压互感器后各电压等级线路的模拟阻抗角应不小于表9-1中的要求。

**表9-1　　各电压等级线路的模拟阻抗角要求**

| 电压等级 | $L\geqslant100$km | 60km$<L\leqslant$100km | 40km$<L\leqslant$100km | 20km$<L\leqslant$100km |
|---|---|---|---|---|
| 1000kV | 88.4° | 86° | / | / |
| 750kV | 87.4° | 86° | / | / |
| 500kV | 86.4° | / | 85° | / |
| 330kV | 86.4° | / | 85° | / |
| 220kV | 83° | / | / | 80° |
| 110kV | 81° | / | / | 80° |

在进行同杆并架线路的模拟时，应保证互感比例系数（回路间互感与相间互感的比值）在0.88～0.9。双回线运行时的零序阻抗角小于单回线运行时的零序阻抗角，线路半长处的

零序电抗大于单回线半长处的零序电抗，而小于线路全长时的零序电抗的1/2。

（4）变压器及负荷。变压器是电力系统的重要设备，电力系统动态模拟实验室应根据功能定位设计研制各类模拟变压器。如无穷大电源、双绕组变压器、三绕组变压器、自耦变压器、特高压变压器（中性点分体调压式）等。模型的功能结构和参数按照实际系统中一次设备的参数及需求来制定。无穷大电源要按实验室最大短路容量来设计其短路阻抗，其他负荷变压器需针对不同的试验模型进行设计和研制。

变压器模型在空载投入时其涌流应足够大，三相中最大涌流峰值应不小于2倍额定电流峰值。变压器模型高压侧绕组应有匝间短路设置，匝间短路匝数（与总匝数之比）应在1%～10%。

此外，电力系统动态模拟实验室还应配置各种类型的模拟负荷，包括有旋转负荷（如同步、异步电动机）、照明、家电负荷、冲击性负荷等。原则上应结合实际系统尽可能地配置多种类型的负荷，有助于更好地模拟电力系统用电侧负荷特性。

（5）电流、电压互感器。为了便于测量模拟电力系统中的电压和电流，并为继电保护装置和自动调节装置提供电流、电压信号，电力系统动态模拟实验室需要配备不同类型、不同参数和相应数量的各种互感器，包括模拟式电流、电压互感器及电子式电流、电压互感器。新型的光电式电流、电压互感器也可按实际需要定制。设计电流、电压互感器最关键的问题是尽量减少测量设备从主回路吸收的功率，避免测量系统影响一次回路的物理特性，尽量缩短电流二次回路的电缆距离，增大二次接线的截面积。同时，应选择合适的变比以减小实验室二次回路的电流值。为了减少互感器本身的损耗，电力系统动态模拟系统中互感器需要经过特殊设计，以减小电磁负荷，并采用损耗系数小的铁磁材料做铁芯。此外，在设计时还应注意保证其测量精确度。

模拟系统的二次额定交流电流值应与原型系统的二次电流值相同。模拟电流互感器的二次额定电流应为5A和1A可选。模拟电流互感器的二次侧接入被试设备后，自一次侧所测量到的阻抗值应不大于0.4Ω，接入系统后不导致系统阻抗角减小。模拟电压互感器应有电磁型及电容抽取型（CVT）两种模型。对于CVT模拟电压互感器（有谐振型和速饱和型），在接入不大于5VA的负载后，当在一次模拟系统发生短路故障时，其二次输出的暂态过程应符合IEC 60044—5《电容式电压互感器》的有关要求。模拟电压互感器的二次侧接入被试设备后，其电压降不应超过额定值的2%。将一次侧三相短路，在被试设备端子上所测量到的阻抗值应小于2Ω。二次额定线电压为100V，二次开口三角额定电压为100V。

（6）开关。为了模拟实际电力系统的各种运行工况，电力系统动态模拟实验室需配备单相和三相线路开关。为了实现对动态模拟系统中故障的模拟，电力系统动态模拟实验室需要有故障模拟系统，它包括多个故障点开关、故障选相开关以及故障开关，通过对这些开关的组合实现各种类型的故障模拟。根据实验室规模选择开关数量，开关的型号根据不同的功能选定。在选择线路开关和故障开关规格和参数时充分考虑开关容量、分闸时间、消弧能力等实验室一次系统匹配的要求，以满足不同类型实验项目的需求。

模拟220kV及以上模拟线路上的断路器应为分相操作式，其他位置的断路器可为三相操作式。任一组模拟断路器在进行三相合闸及分闸时，三相触头闭合时间之差应小于5ms，三相触头分离时间之差应小于 3.3ms。对于特殊试验，模拟断路器三相合闸时，可根据需要增大时差，模拟断路器应提供辅助触点。

用以切除故障电流的断路器应有足够的遮断容量，在触头断开 20ms 以内能可靠灭弧。模拟短路回路的所有连接线应有足够大的截面，所有连接点，包括断路器的触头应接触可靠。为防止出现较大的接触电阻，在电压互感器装设点发生金属性单相接地短路及三相短路时，故障相的残压不大于额定值的 0.2%。

(7) 接线盘。建立一个模型系统需要把各元件各环节有机连接在一起，组建一个电力系统。为了便于灵活组合搭建不同的模型系统，每个独立的模型元件通过电缆统一接于模拟接线盘上。模拟接线盘是动态模型各元件的汇总处，反映了该实验室的元件规模和有效利用能力。模拟接线盘上各元件的位置，要根据典型模型和使用频率，将线路开关、电流电压互感器、线路元件、并联电抗器、故障点、负荷变压器、发电机、无穷大电源等元件合理分布在模拟接线盘上，尽量缩短各元件的接线距离，方便组模接线。

(8) 测量系统。电力系统动态模拟实验室的测量系统，主要由各种测量仪器仪表、录波器及模拟互感器等设备组成，功能上在满足动态模拟试验要求的同时，最大限度地完成对系统中各种状态量的全面灵活的监测。模拟系统中的互感器模型应当在技术上尽量减小模型本身所消耗的功率以及与它们相连接的仪表消耗的功率，不能因为测量设备的接入而引起主回路的过渡过程与实际系统不符，导致研究结果产生误差。用于完成工作人员监测任务的测量设备，通常采用高性能微处理器和数字信号处理技术设计而成的智能电力仪表代替，有时为了观测的直观和便捷，会根据实验室需要，对一些观测量保留采用指针式仪表的显示方式。

(9) 控制系统。动态模拟实验室元件众多，组模灵活，可以展现电力系统的各种状态，模拟各种运行方式和故障类型，进行系统研究、系统分析、各种装置功能验证等。实现这一系列的功能均离不开实验室的控制系统，一套完善、可靠、灵活、实时、便捷的控制系统体现一个实验室的整体水平。

实验室控制系统应能够灵活地实现各种类型故障的模拟，故障时序可以灵活配置，开关可以实现自动时序控制、就地控制和继电保护装置控制等多种控制方式。因此对控制系统主要有以下要求：

1) 可靠性。动模控制系统是实物模型，是对现场运行的实物模拟，因此保证试验装置可靠运行是试验成功与否的关键。应采用可靠性较高的工业总线控制，应采用可靠性较高的控制器及继电器，提高整个系统的可靠性。

2) 实时性。进行试验时，需要对各项试验参数进行实时的监控，同时控制命令也要快速执行，因此要保证系统数据的实时性。控制系统应有较高的通信速率，保证系统内部数据流通的快速与准确。

3) 分散性。目前的动模控制系统将原有的集中控制变为分布控制。控制系统也应采取相应的分布式控制方式，将控制执行机构分散到现场，由现场单元执行控制命令，并最终实现现场控制与远程控制相结合。

4) 灵活性。动模控制系统可以根据实验要求的不同，采取各种运行方式，调节系统参数。

## 第四节　电力系统动态模拟实验实例

以 500kV 线路保护实验模型参数计算为例，根据需要模拟的线路长度及电压等级，依据阻抗模拟比，计算模拟线路的正、负零序阻抗，将线路全长参数划分为多个Ⅱ节，选取合适数量的线路模拟元件，进行组合搭建。

1. 系统原型参数

本实例中，线路有关参数原型值见表 9-2。

表 9-2　500kV 无互感输电线模拟系统原型参数值（每 100km）

| $U_n$ | $X_1$ | $\varphi_1$ | $C_1$ | $X_0$ | $\varphi_0$ | $C_0$ |
|---|---|---|---|---|---|---|
| 500kV | 28Ω | 86° | 1.35μF | 86Ω | 78° | 0.92μF |

(1) 正序电阻：$R_1=X_1/\tan\varphi_1=28/\tan86°=1.958$（Ω/100km）。

(2) 零序电阻：$R_0=X_0/\tan\varphi_0=86/\tan77°=19.85$（Ω/100km）。

(3) 并联电抗器：按 $S_p=150$MVA，$U_H=500$kV 考虑，$X_{PP}=1666\Omega$。

(4) 并联电抗器中性点电抗器取：$X_{PN}=500\Omega$。

(5) TA 变比，$K_{TA}=1250$A/1A，TV 变比 $K_{TV}=500$kV/0.1kV。

其中电压模拟量由线路侧电容式电压互感器提供。

2. 模拟比计算

模拟比为各电气量原型值与模型值的比值，建立模拟系统前首先要确定模拟比。根据实验室最高电压等级、设备容量，及其他模拟设备参数确定模拟系统对原型系统的模拟比分别为：

(1) 电压比：$m_U=500$kV/1.5kV$=333.33$，即模型 1kV 代表原型 333.33kV（线路侧）。

(2) 电流比：$m_I=1250$A/5A$=250$，即模型 1A 代表原型 250A（线路侧）。

(3) 功率比：$m_S=m_Um_I=83333$，即模型 1kVA 代表原型 83333kVA。

(4) 线路阻抗比：$m_Z=m_U/m_I=1.33332$，即模型（线路侧）1Ω 电阻（电抗）代表原型 1.33332Ω 电阻（电抗）。

3. 400、200km 无互感线路参数计算

(1) 400km、500kV 线路参数原型值计算如下。

正序电抗原型值 $X_{1y}$ 为

$$X_{1y}=X_1L=28/100\times400=112(\Omega) \tag{9-6}$$

正序电阻原型值 $R_{1y}$ 为

$$R_{1y}=R_1L=1.958/100\times400=7.832(\Omega) \tag{9-7}$$

式中：$X_1$ 为每千米正序电抗原型值；$L$ 为线路长度；$R_1$ 为每千米正序电阻原型值。

零序电抗原型值 $X_{0y}$ 为

$$X_{0y}=X_0L=86/100\times400=344(\Omega) \tag{9-8}$$

零序电阻原型值 $R_{0y}$ 为

$$R_{0y}=R_0L=19.85/100\times400=79.4\Omega \tag{9-9}$$

式中：$X_0$ 为每千米零序电抗原型值；$R_0$ 为每千米零序电阻原型值。

正序电容原型值 $C_{1y}$ 为

$$C_{1y} = C_1 L = 1.35/100 \times 400 = 5.4(\mu F) \tag{9-10}$$

零序电容原型值 $C_{0y}$ 为

$$C_{0y} = C_0 L = 0.92/100 \times 400 = 3.68(\mu F) \tag{9-11}$$

式中：$C_1$ 为每千米正序电容原型值；$C_0$ 为每千米零序电容原型值。

（2）400km、500kV 线路模型值计算如下。

正序电抗模型值 $X_{1m}$ 为

$$X_{1m} = \frac{X_{1y}}{m_z} = \frac{112}{1.33332} = 84(\Omega) \tag{9-12}$$

正序电阻模型值 $R_{1m}$ 为

$$R_{1m} \leqslant \frac{R_{1y}}{m_z} = \frac{7.832}{1.33332} = 5.874(\Omega) \tag{9-13}$$

零序电抗模型值 $X_{0m}$ 为

$$X_{0m} = \frac{X_{0y}}{m_z} = \frac{344}{1.33332} = 258(\Omega) \tag{9-14}$$

零序电阻模型值 $R_{0m}$ 为

$$R_{0m} \leqslant \frac{R_{0y}}{m_z} = \frac{79.4}{1.33332} = 59.55(\Omega) \tag{9-15}$$

零序补偿电抗模型值 $\Delta X_{0m}$ 为

$$\Delta X_{0m} = \frac{X_{0m} - X_{1m}}{3} = \frac{258 - 84}{3} = 58(\Omega) \tag{9-16}$$

零序补偿电阻模型值 $\Delta R_{0m}$ 为

$$\Delta R_{0m} \leqslant \frac{R_{0m} - R_{1m}}{3} = \frac{59.55 - 5.874}{3} = 17.892(\Omega) \tag{9-17}$$

正序电容模型值 $C_{1m}$ 为

$$C_{1m} = C_{1y} m_z = 5.4 \times 1.33332 = 7.2(\mu F) \tag{9-18}$$

零序电容模型值 $C_{0m}$ 为

$$C_{0m} = C_{0y} m_z = 3.68 \times 1.33332 = 4.91(\mu F) \tag{9-19}$$

零序补偿电容模型值 $\Delta C_{0m}$ 为

$$\Delta C_{0m} = \frac{3 \times C_{0m} \times C_{1m}}{C_{1m} - C_{0m}} = \frac{3 \times 4.91 \times 7.2}{7.2 - 4.91} \cong 46.31(\mu F) \tag{9-20}$$

并联电抗模型值 $X_{PPm}$ 为

$$X_{PPm} = \frac{X_{PP}}{m_z} = \frac{1666.67}{1.3333} = 1250(\Omega) \tag{9-21}$$

式中：$X_{PP}$ 为并联电抗原型值。

因此 400km 线路模型中连接的元件参数如下。

正序电抗 84 Ω。

正序电阻 5.874 Ω。

零序补偿电抗 58 Ω 。

零序补偿电阻 17.892 Ω 。

正序电容 7.2μF。

零序补偿电容 46.31μF。

同理，200km 模型中连接的元件参数如下。

正序电抗 42 Ω 。

正序电阻 2.937 Ω 。

零序补偿电抗 29 Ω 。

零序补偿电阻 8.946 Ω 。

正序电容 3.6μF。

零序补偿电容 23.15μF。

(3) 模型组合。本例中，用 12 个 Ⅱ 节模拟 400km 的保护线；利用 7 个 Ⅱ 节模拟 400km 非保护线，构成 400km 双回模型如图 9-2 所示。同样地，用 6 个 Ⅱ 节模拟 200km 的保护线，利用另外 6 个 Ⅱ 节模拟 200km 非保护线，构成 200km 双回模型如图 9-3 所示。

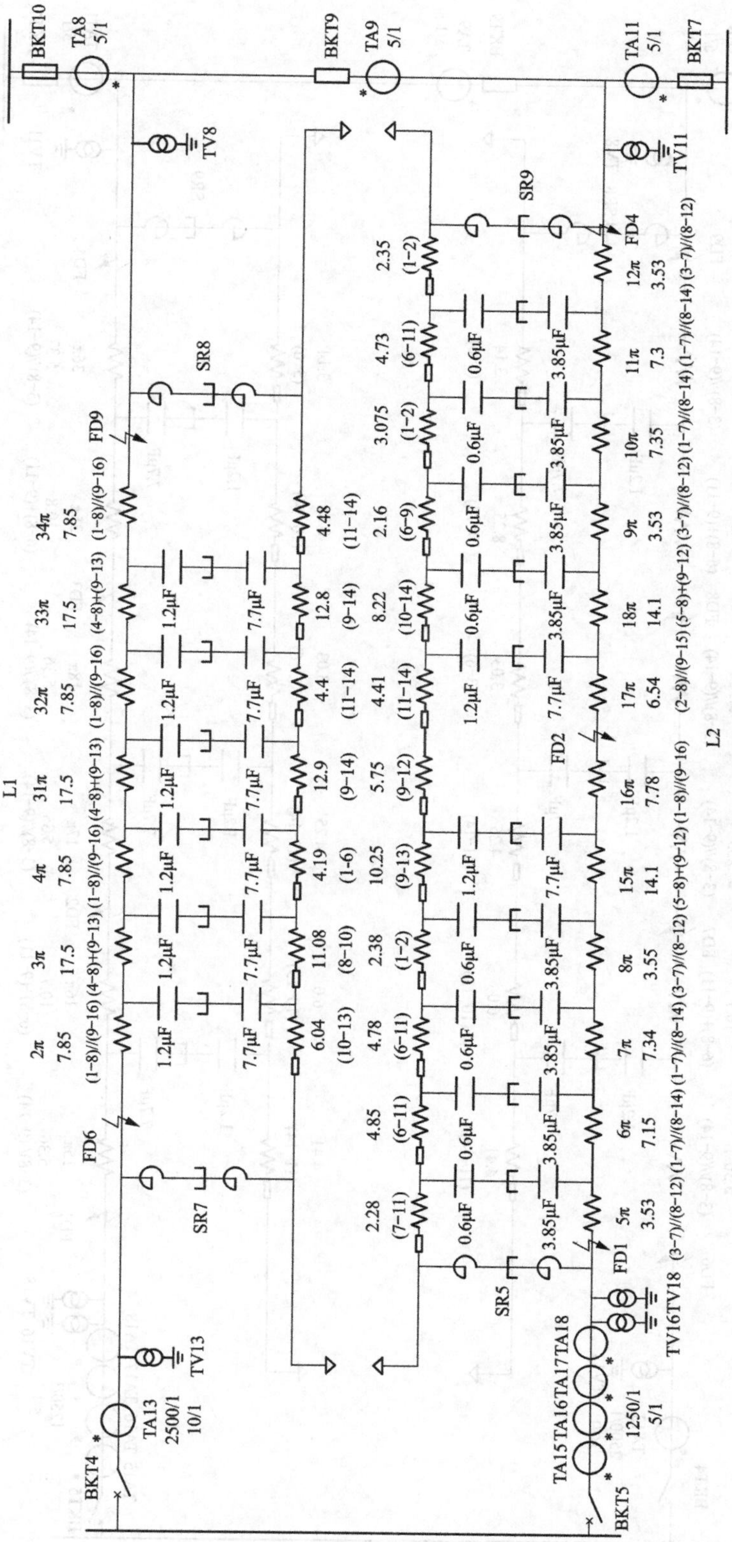


图9-2 400km 双回模型

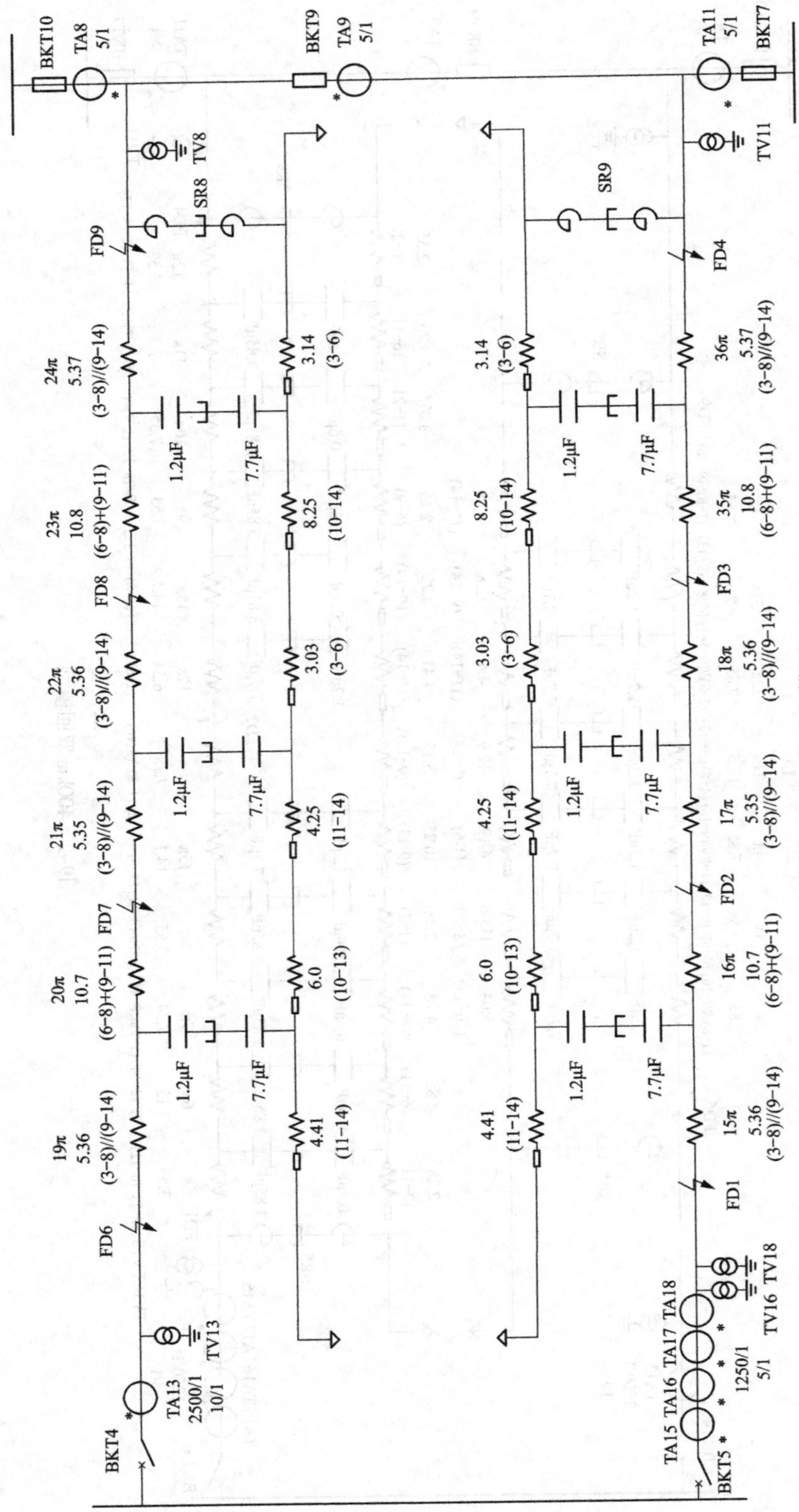


图9-3　200km 双回模型

# 参考文献

[1] 周孝信，田芳，李亚楼，等. 电力系统并行计算与数字仿真［M］. 北京：清华大学出版社，2014.
[2] 黄家裕，陈礼义，孙德章. 电力系统数字仿真［M］. 北京：水利电力出版社，1995.
[3] 刘振亚. 特高压电网［M］. 北京：中国经济出版社，2005.
[4] 刘振亚，张启平. 国家电网发展模式研究［J］. 中国电机工程学报，2013，33（7）：1-10.
[5] 田芳，黄彦浩，史东宇，等. 电力系统仿真分析技术的发展趋势［J］. 中国电机工程学报，2014，13：2151-2163.
[6] 汤涌. 电力系统数字仿真技术的现状与发展［J］. 电力系统自动化，2002，17：66-70.
[7] 刘文焯，汤涌，万磊，等. 大电网特高压直流系统建模与仿真技术［J］. 电网技术，2008，22：1-3，7.
[8] 万磊，丁辉，刘文焯. 基于实际工程的直流输电控制系统仿真模型［J］. 电网技术，2013，03：629-634.
[9] 中国电力科学研究院. 电力系统分析综合程序 7.1 版用户手册［M］. 北京：中国电力科学研究院，2015.
[10] 汤涌，卜广全，印永华，等. PSD-BPA 暂态稳定程序用户手册［M］. 北京：中国电力科学研究院，2008.
[11] Manitoba HVDC Research Centre. PSCAD user guide［R］. Winnipeg，Manitoba，Canada：Manitoba HVDC Research Centre，2003.
[12] Power technologies INC. PSS/E Program Application Guide（PAG）［R］. Schenectady：Power technologies INC，2004.
[13] 鞠平，谢会玲，陈谦. 电力负荷建模研究的发展趋势［J］. 电力系统自动化，2007，31（2）：1-4，64.
[14] 汤涌，张东霞，张红斌，等. 东北电网大扰动试验仿真计算中的综合负荷模型及其拟合参数［J］. 电网技术，2007，31（4）：75-78.
[15] 汤涌，张红斌，侯俊贤，等. 考虑配电网络的综合负荷模型［J］. 电网技术，2007，31（5）：34-38.
[16] DL/T 755—2001 电力系统安全稳定导则［S］.
[17] 汤涌. 交直流电力系统多时间尺度全过程仿真和建模研究新进展［J］. 电网技术，2009，33（16）：1-8.
[18] 王成山，李鹏，王立伟. 电力系统电磁暂态仿真算法研究进展［J］. 电力系统自动化，2009，33（7）：97-103.
[19] 穆清，周孝信，王祥旭，等. 面向实时仿真的小步长开关误差分析和参数设置［J］. 中国电机工程学报，2013（31）：120-129.
[20] 穆清，李亚楼，周孝信，等. 基于传输线分网的并行多速率电磁暂态仿真算法［J］. 电力系统自动化，2014（7）：47-52.
[21] 汤涌. 电力系统全过程动态（机电暂态与中长期动态过程）仿真技术与软件研究［D］. 中国电力科学研究院，2002.
[22] 朱旭凯，周孝信，田芳，等. 基于电力系统全数字实时仿真装置的大电网机电暂态-电磁暂态混合仿真［J］. 电网技术，2011，03：26-31.
[23] 岳程燕，田芳，周孝信，等. 电力系统电磁暂态-机电暂态混合仿真接口原理［J］. 电网技术，2006，30（1）：23-27，88.

[24] 李亚楼，周孝信，吴中习. 基于PC机群的电力系统机电暂态仿真并行算法［J］. 电网技术，2003，27（11）：6-12.

[25] 岳程燕，周孝信，李若梅. 电力系统电磁暂态实时仿真中并行算法的研究［J］. 中国电机工程学报，2004，24（12）：1-7.

[26] 田芳，周孝信. 交直流电力系统分割并行电磁暂态数字仿真方法［J］. 中国电机工程学报，2011，31（22）：1-7.

[27] 叶林，杨仁刚，杨明皓，等. 电力系统数字实时仿真器RTDS［J］. 电工技术杂志，2004（7）：49-52.

[28] 周保荣，房大中，LAURENCE A. SNIDER，等. 全数字实时仿真器—Hypersim［J］. 电力系统自动化，2003，27（19）：79-82.

[29] 田芳，李亚楼，周孝信，等. 电力系统全数字实时仿真装置［J］. 电网技术，2008，22：17-22.

[30] 郑三立，黄梅，张海红. 电力系统数模混合实时仿真技术的现状与发展［J］. 现代电力，2004，21（6）：29-33.

[31] 胡涛，朱艺颖，张星，等. 全数字实时仿真装置与物理仿真装置的功率连接技术［J］. 电网技术，2009，34（1）：51-55.

[32] 董鹏，朱艺颖，冈虎，等. 特高压电网建设初期“三华”电网数模混合实时仿真试验研究［J］. 电网技术，2012，36（1）：18-25.

[33] 李亚楼，张星，李勇杰，等. 交直流混联大电网仿真技术现状及面临挑战［J］. 电力建设，2015，12：1-8.